AF345113

ESSAI

D'UNE

NOUVELLE CLASSIFICATION

DE LA

FAMILLE DES GRAMINÉES.

Epernay.   Imp. de Victor FIÉVET.

ESSAI

D'UNE

NOUVELLE CLASSIFICATION

DE LA

FAMILLE DES GRAMINÉES

Par E.-A. REMY

(de Mareuil-le-Port)

DOCTEUR EN MÉDECINE DE LA FACULTÉ DE PARIS
MEMBRE CORRESPONDANT DE LA SOCIÉTÉ D'AGRICULTURE, SCIENCES
ET ARTS DU DÉPARTEMENT DE LA MARNE.

PREMIÈRE PARTIE. — LES GENRES.

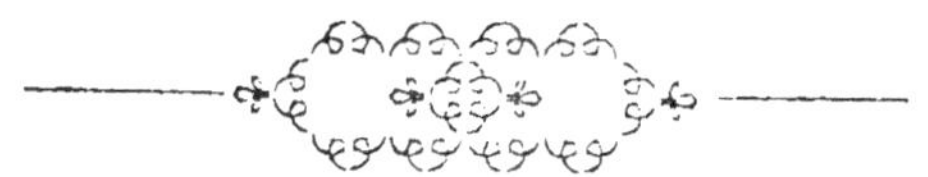

PARIS

Librairie Germer BAILLIÈRE, éditeur

RUE DE L'ÉCOLE-DE-MÉDECINE, 17

—

1861

INTRODUCTION.

De tous les végétaux, les graminées sont bien certainement les plus répandues sur la surface de la terre, on les rencontre partout des pôles à l'équateur, à toutes les expositions, à toutes les altitudes, sur les terres fertiles, sur les terres arides ; aux bords des eaux salées, au milieu des eaux douces, etc., etc. Cela devait être ainsi pour leur donner la possibilité de remplir la mission que le Créateur de toutes choses leur a donnée. *Graminum pecoribus et jumentis læta pascua ; semina minora ovibus, majora hominibus vulgatissima sunt esculenta* (Linnée, *Phil. Bot.*)

Toujours, pour les mêmes fins, chacune d'elles a reçu une organisation appropriée au milieu dans lequel elle doit vivre ; les unes pourvues de longues racines traçantes doivent fixer les sables mouvants ; les autres, se fixent aux roches des montagnes par de courtes racines fibreuses, touffues ; d'autres, pourvues de tiges ligneuses qui atteignent souvent plus de 20 mètres de hauteur, donnent un ombrage bienfaisant aux habitants des pays tropicaux ; d'autres enfin, appelées à végéter sur les hautes montagnes, n'ont qu'une tige grêle et flexible pour pouvoir résister aux ouragans fréquents qui agitent l'air des hautes régions.

Douées d'une rusticité et d'une force vitale très-grande, elles résistent avec succès aux mille causes de destruction qui les entourent ; on les foule aux pieds, on les écrase, elles se relèvent plus vigoureuses ; les bestiaux les broutent, les hommes coupent leurs tiges, les arrachent, les oiseaux se nourrissent de leurs graines, et cependant elles renaissent plus nombreuses. Dans les climats froids, sur les hautes montagnes, où la courte durée des chaleurs ne permet pas aux graines de mûrir, la nature leur a donné d'autres moyens de se reproduire : aux unes, par la prolification des panicules ; aux autres, au moyen de longs rejets traçants, ou en donnant aux chaumes renversés le pouvoir d'émettre des racines au niveau des nœuds.

Linnée a dit : « les graminées sont les plébéiens de l'empire de Flore ; elles sont la force et le soutien des empires........ — Le soin de leur conservation coûte peu, et cependant elles payent de forts tributs à tous les animaux, elles nourrissent l'homme. Ce sont elles qui entretiennent ces nombreux troupeaux, la richesse du cultivateur ; c'est d'elles que le cheval, compagnon de nos travaux, reçoit l'aliment qui le soutient ; sans elles que ferions-nous de ce bœuf qui trace avec vigueur le sillon de nos céréales ? Sans elles, comment pourrions-nous peupler nos basses-cours. » (Poiret, *Histoire des Plantes*, t. **2**, page 266.)

Sans le froment (*Triticum sativum*), dans les pays d'Europe ; sans le riz, dans les contrées de l'Asie ; sans le sorgho (*Dourah-beledi*) (*holcus sorgho*) en Afrique ; sans le mays (*Zea mays*), en Amérique, que deviendraient les hommes ? Les années malheureuses où la récolte de ces graminées a manqué, répondent par des faits désastreux à cette question.

Que de ressources l'homme tire encore de ces précieux végétaux pour les arts, le commerce, l'industrie, l'agriculture : les *saccharum*, par le sucre qui est devenu un aliment presque indispensable pour l'homme ; les grandes graminées ligneuses qui, tout en fournissant aux peuples de ces contrées un aliment, leur fournissent la matière première pour une foule d'objets utiles dans la vie de société. L'alcool, si utile dans les arts et l'industrie, si nuisible à la santé et à l'intelligence de l'homme qui en abuse comme boisson, s'obtient aussi par la fermentation de leurs graines et des sucs de plusieurs d'entre elles ; avec les tiges du plus grand nombre, on fabrique du papier, et des vêtements avec les chaumes de quelques-unes. Rien n'est perdu dans ces précieux végétaux ; les détritus qui restent de la nourriture des bestiaux, ou les débris des parties employées par les arts et l'industrie, sont rendus par l'agriculture à la terre qu'ils fertilisent et la disposent à produire avec cette abondance qui fait la richesse du cultivateur intelligent.

Les anciens ne connaissaient guère que les graminées que j'appellerai domestiques : le froment, le seigle, l'orge, l'avoine, etc. : toutes les autres étaient ou ignorées, ou confondues sous le nom d'herbes des champs, de *gramen ;* trop modestes, sans port élégant, dépourvues de corolles aux brillantes couleurs, elles n'attiraient pas l'attention des hommes de ces anciens temps, qui commençaient à s'occuper de l'étude des plantes. A cette époque reculée, on n'étudiait les plantes que pour en rechercher les propriétés médicinales, et on ne les classait pas suivant leur organisation ; mais selon les propriétés thérapeutiques qu'on leur attribuait.

Les connaissances en botatique des anciens Egyptiens ne nous sont pas encore révélées ; on retrouve bien sur leurs gigantesques monuments l'énoncé de leur trente-six plantes sacrées : les fleurs brillantes du *Lotus* (*Nelumbium speciosum*) (WILLD.) ; les figures de l'*Arum esculentum,* du *Carthamus tinctorius,* du *Cyperus papyrus*, du *Scilla maritima*, du *Triticum sativum*, etc., etc. ; mais nous n'avons rien qui nous fasse connaître l'état de la science de cette époque reculée.

Il n'en est plus de même en Grèce, là, appuyé sur les autorités écrites nous pouvons assister aux débuts de la botanique et de ses applications ; nous voyons Homère, par ses chants harmonieux, appeler l'attention des hommes de son époque sur la culture et le perfectionnement de la vigne, des arbres fruitiers, des herbes des prairies, des plantes aux fleurs odoriférantes qui doivent servir de pâture aux abeilles.

PYTHAGORE (580 ans av. J.-C.), dans le même but, assure que les végétaux sont doués d'intelligence, et qu'ils servent de berceau aux âmes prêtes à subir la transformation humaine.

EMPÉDOCLE (504 ans av. J.-C.), ANAXAGORE (500 ans av. J.-C.) et DÉMOCRITE (494 ans av. J.-C.), jettent les premières bases d'une étude sérieuse, en enseignant, que la graine est l'œuf végétal, que les feuilles absorbent et exhalent de l'air.

HIPPOCRATE [1] (460 ans av. J.-C.), ARISTOTE [2] (384 ans av. J.-C.), DIOSCORIDE [3] (54 ans ap. J.-C.), n'ont étudié les végétaux qu'au point de vue médical et économique, mais THÉOPHRASTE (371 ans avant J. - C.), disciple d'Arioste, a

[1] HIPPOCRATES, *Opera omnia quæ exstant in VIII sectiones distributa*. 1 v. in-fol. 1557, Genevæ.

[2] ARISTOTELES (stagerita), *De Plantis*. Basileæ 1561.

[3] DIOSCORIDES (Pedacius), *Materia medica latine*. 1 v. in-fol, Coloniæ 1478

étudié l'organisation des plantes et a écrit le premier traité d'anatomie et de physiologie végétale [1], il divise tous les végétaux connus de son temps (400 espèces environ) en quatre classes : les arbres, les arbrisseaux, les sous-arbrisseaux et les herbes; il connaissait les moyens de fructification des dattiers, mais il n'est pas prouvé qu'il a eu l'idée du sexe dans les végétaux.

Dans les livres des Hébreux, il est fait mention d'un certain nombre de végétaux. SPRENGEL [2] en fait connaître soixante-dix espèces qui ont pu être rapportées, avec quelque certitude, a des espèces aujourd'hui connues.

PLINE (23 ans av. J.-C.), le premier des encyclopédistes, n'était qu'un compilateur qui, s'il n'a pas beaucoup contribué à l'avancement de la botanique par ses propres travaux [3], ne l'a pas moins servie en recueillant le résultat des recherches de ses devanciers, en y ajoutant toujours un nouvel intérêt par sa manière de présenter les faits, et, surtout, en transmettant à la postérité les résultats de son immense érudition.

Les Romains s'occupèrent peu de la botanique comme science, mais comme agriculteurs, voyageurs, industriels, etc., on leur doit la connaissance de plusieurs végétaux utiles à l'agriculture, au commerce, à l'industrie, etc. Ils connaissaient dix-huit espèces de céréales; toutes les autres graminées, ils les confondaient sous le nom de *gramen*, d'herbes des champs; mais ils avaient su en reconnaître leur immense utilité en agriculture, et, pour cette raison, elles étaient tellement en honneur chez eux, qu'ils en composaient des couronnes qui étaient données aux empereurs, aux généraux, et même aux simples soldats qui avaient rendu de grands services à la patrie. Ces couronnes étaient décernées par les soldats, qui les composaient avec les *gramens* cueillis sur le lieu même où l'action s'était passée ; on les appelait couronnes obsidiennes.

Corona quidem nulla fuit graminea nobilior in majestate

[1] THEOPHRASTUS, *Opera omnia*. Venetiis 1495, in-fol. (en grec).

[2] SPRENGEL, *Antiquitatum Botanicarum specimen*. In-4°, Lipsiæ 1798.

[3] Caii PLINII, *Secundi naturalis historiæ*. Libri xii xxviii — 23-79 ans ap. J. C. 1 v. in fol., Venise 1469.

populi terrarum principis, præmiisque gloriæ..... cæteras (coronas) imperatores dedere : hanc solam miles imperatoris.

Pline, Hist., Lib. xxii.

Avec le moyen-âge, arrive pour les sciences en général, et la Botanique en particulier, une époque de décadence, de profonde obscurité ; chassées par le fanatisme inintelligent et intolérant de cette malheureuse époque, elles se réfugièrent en Orient, chez les Arabes ; bien que les RHAZES (880 ans ap. J.-C.), les AVICENNE (978 ans ap. J.-C.), les SERAPION [1] (1066 ans ap. J.-C.), les EBN-TAITOR, les ABDALLATIF, etc., ne se soient occupés des végétaux qu'au point de vue de la matière médicale, la Botanique leur doit cependant de précieuses découvertes, notamment la connaissance de beaucoup de végétaux de l'Asie.

Du temps des Arabes, au 16e siècle, nous ne rencontrons plus que barbarie, ignorance et fanatisme religieux, en ce qui concerne la Botanique ; on en peut juger par les ouvrages qui nous restent de cette époque néfaste pour les sciences ; notamment, par les œuvres de l'abbesse HILDEGARDE, qui, suivant GESNER [2], vivait en Allemagne vers l'an 1180 ; par celles que l'on attribue à ARNAULD DE VILLENEUVE (1253) ; par le *Herbolario Volgare, nel quale si demostra a conoscor le herbe e le sue virtu,* publié à Venise en 1536 et 1540, œuvre de Jacques DONDIS, qui vivait à Padoue vers 1344 ; par les traités des plantes et d'agriculture de PETRUS CRESCENTIUS [3], de Bologne (1471), de ÆMILIUS-MACER [4] (1477), premiers ouvrages sur la Botanique, accompagnés de planches, grossières, il est vrai ; par celui de CUBA, qui parut en 1486.

Pendant le moyen-âge, l'esprit humain, occupé par les lourdes et mystiques discussions théologiques et les sombres rêveries de la métaphysique, avait été arrêté dans sa marche ; il

---

[1] SERAPIO, *De Simplicium medicamentorum historia interpr.* 1 v. in-fol., Venetiis 1552.

[2] GESNER, *Epistolæ medicinales.* 1 vol. in-fol., Wittebergæ 1584.

[3] CRESCENTIUS Petrus, *Opus ruralium commodorum.* 1 v. in-fol., Levani 1471.

[4] MACER Æmilius, *De Virtutibus herborum.* 1 v. in 4°, Neapoli 1477.

sembla même, pendant ces temps de barbarie et de despotisme, rétrograder vers les temps de l'ignorance primitive.

Avec le 15e siècle, une faible lueur apparut à l'horizon ; on commença à ne plus se contenter de vaines subtilités. Le besoin du libre examen se fit sentir, et l'intelligence reprenant sa liberté demanda à l'observation rigoureuse et exacte des phénomènes de la nature, le chemin qui conduit à la connaissance de la vérité.

En botanique, comme dans toutes les autres branches des connaissances humaines, les premières tentatives ne donnèrent que des résultats incomplets, car au lieu de porter exclusivement les yeux sur le grand livre de la nature, on s'attachait trop à commenter les auteurs de l'antiquité ; on perdait souvent un temps précieux en vaines et futiles discussions ; les traductions, les commentaires ne furent cependant pas sans utilités pour la science, car, en mettant les travaux des anciens à la portée d'un grand nombre de lecteurs, ils vulgarisèrent le goût pour l'étude, et firent plus vivement et plus généralement sentir le besoin de l'observation, la seule voie qui devait conduire au progrès.

En tête de ces restaurateurs de la science, nous devons placer Théodore GAZA, de Thessalonique (1478), qui traduisit du grec en latin les œuvres de THÉOPHRASTE : ce fut un point lumineux au milieu des ténèbres ; HERMOLAUS BARBARUS, patriarche d'Aquilée, qui ressuscita DIOSCORIDE et PLINE, en 1492 [1] ; Georges VALLA, en 1499 [2] ; MARCELLUS VIRGILIUS, le Florentin, en 1506, et Jean RUEL, de Soissons, en 1536, suivirent la même voie [3]. Citons encore Nicolas LEONICENUS, de Ferrare (1492) [4] ; Antoine BRASAVOLA, dit MUSA (1534), le médecin de François Ier, de Charles-Quint, du Pape Léon X et d'Hercule IV [5] ; OTHO-BRUNFELSIUS, de

---

[1] BARBARUS Hermolaus, *in Pleni naturalem historium castigationes*. 1 v. in-fol., Basileæ 1492.

[2] VALLA George, *De expetendis et fugiendis rebus*, imprimé en 1501 à Venise, après la mort de l'auteur.

[3] RUEL Jean, *De Natura stirpium, libri tres*. 1 vol. in-fol., Paris 1536.

[4] LEONICENUS Nicolas, *De Plinii erroribus*. In-4°, Basileæ 1529.

[5] BRASAVOLA Antoine, *Examen simplicium medicamentorum* 1 v. in-8°, Londini 1544.

Mayence (1520) [1] ; ENRICIUS CORDUS (1522), qui le premier fonda un jardin botanique [2] ; RYFFIUS, de Strasbourg (1525) ; VALERIUS CORDUS (1540) [3] ; AMATUS LUCITANUS (1550) ; ANDRÉ LACENA, de Ségovie (1545) ; l'Italien MARANTA (1550) [4] ; TRAGUS (1525) [5] ; le Saxon CORNARIUS (1555) ; GOUPIL (1556) ; CONRAD GESNER [6] (1541) ; MATHIOLE P. A. (1530) [7] ; bien que les Charles CLUSIUS (1557) [8] ; les DODOENS-RAMBERTUS 1550) [9] ; les LOBELIUS MATHIAS (1576 [10] ; les DALECHAMPS, Jacques (1570) [11] ; les COLUMNA-FABIUS (1592) [12] ; les FUCHS LEONARD (1540) [13] ; les CESALPINUS, Andreas (1580) [14] ; les deux Bauhin : GASPARD (1596) [15] ; JEAN

[1] BRUNFELSIUS OTHO, *Herbarium.* 3 vol. in-fol., Argentorati 1530-1536.

[2] CORDUS ENRICIUS, *Botanologicon.* 1 v. in-18, Coloniæ 1534.

[3] CORDUS VALERIUS, *Adnotationes in Pedacii Dioscoridis de Materia medica.* 1 v. in-fol., Argentorati 1561.

[4] MARANTA BARTH., *Methodi cognoscendorum simplicium.* 1 vol. in-4°, Venetiis 1559.

[5] TRAGUS HIERON. :

Kreüterbuch. 1 vol. in-fol., Strasbourg 1553.

Imagines omnium herbarum. etc. 1 vol. in-4°, Strasbourg 1553.

[6] GESNER CONRAD, *Historia Plantarum et vires.* 1 vol. in-12, Basileæ, 1541.

[7] MATHIOLUS P. A., *Opera omnia. Ed. c. Bauhino.* 1 v. in-fol., Francof. 1598.

[8] CLUSIUS CHARLES :

Recueil d'aucunes gommes et liqueurs, bois, fruits, racines, etc. Anvers 1557, in-fol.

Rariorum plantarum historia. 1 vol. in-fol., Antverpiæ 1576.

[9] DODOENS RAM., *Histoire des Plantes.* Anvers 1557, 1 vol. in-fol., etc., etc.

[10] LOBELIUS MATTHIAS :

Plantarum seu stirpium historia. 1 vol., Antverpiæ 1576.

Stirpium icones. 1 vol., Antverpiæ 1591, etc.

[11] DALECHAMPS JACQUES, *Historia generalis plantarum.* 2 vol. in-fol., Lugduni 1586-1587.

[12] COLUMNA FABIUS, *Phytobasanos.* 1 v. in-4°, Neapoli 1592.

[13] FUCHS LEONARD, *De Historia stirpium commentarii Insignes.* 1 v. in-fol., Basileæ 1542.

[14] CESALPINUS ANDREAS, *De Plantis,* libri xvi. 1 v. in-4°, Florentiæ 1583.

[15] BAUHIN GASPARD, 1560-1624 :

Phytopinax, etc. 1 v. in-4°, Basileæ 1596

(1650) [1], ne se soient pas contentés seulement de traduire ou de commenter les auteurs anciens, grecs ou latins, qu'ils ont été sur bien des points, des auteurs originaux; cependant, on ne doit encore les considérer que comme des collectionneurs qui, sans méthode, rassemblaient des plantes, les décrivaient plus ou moins exactement et les classaient, les uns par ordre alphabétique, les autres, selon l'utilité que l'on devait en tirer ; très-peu avaient adopté une apparence de classification ; la nomenclature, livrée à l'arbitraire, était dans un état déplorable, elle n'avait aucune base fixe ; chaque auteur en adoptait, ou en avait créé une à sa convenance, ce qui rendait leurs écrits obscurs, souvent incompréhensibles, et qui retardait beaucoup les progrès de l'aimable science, malgré l'incontestable mérite des savants qui s'en occupaient avec tant de soin. Le principal mérite des auteurs de la fin du 15e et de tout le 16e siècle a été de tirer la Botanique de l'obscurité dans laquelle elle languissait depuis tant de siècles; de préparer les esprits aux études sérieuses, en vulgarisant la connaissance des anciens et en posant les jalons qui devaient lui faire faire tant de progrès pendant le siècle suivant.

LINNÉE, avec le style clair, précis, imagé qui lui est habituel, a donné en peu de mots, dans la préface de sa Bibliothèque botanique [2], une histoire très-ingénieuse de l'origine et des progrès de la Botanique ; laissons-le parler :

« La Botanique est une plante du genre de celles qui, comme
« les palmiers, sont quelquefois des siècles sans fleurir ; elle
« poussa d'abord quelques feuilles séminales sous le règne
« d'Alexandre-le-Grand. Transportée à Rome après la guerre
« de Mithridate, ses feuilles radicales commencèrent à parai-
« tre ; mais comme on cessait de la cultiver, la plante se flé-
« trissait et ne faisait aucun progrès, elle fut transportée en

Catalogus plantarum circa Basiliam sponti nescentium. In-fol., in-8°, Basileæ 1622.

Pinax theatri Botanici, etc. 1 v. in-4°, Basileæ 1623.

Theatri Botanici sive historiæ plantarum liber primus. 1 vol. in-fol., Basileæ 1658.

[1] BAUHIN Jean, 1541-1613 :

De Plantis. 1 fasc. in-4°, Basileæ 1591.

Historiæ Plantarum universalis. 3 v. in-fol., Ebroduni 1650-1653.

[2] LINNÆUS, 1703-1777. *Bibliotheca Botanica.* 1 v. in 8°, Amstelod 1739

« Asie, de là en Arabie, où elle végéta jusqu'au 12e siècle ,
« elle fut alors portée en France, où elle languit pendant trois
« siècles ; les feuilles radicales nées à Rome se séchaient
« et allaient périr. Enfin, jusqu'au 16e siècle, elle ne donna
« qu'une fleur (CESALPIN), petite et faible, et sur une tige
« courte et grêle, qu'un souffle agitait et pouvait abattre, et
« cette fleur ne fut suivie d'aucun fruit. Au 17e siècle, cette
» tige superbe, si longtemps attendue, commença à s'élever,
« mais elle ne portait que quelques feuilles éparses, et ne
« donnait aucune tige de floraison, tout-à-coup, au premier
« printemps de cet âge d'or, à peine si la neige était dissipée,
« que la tige donna une fleur, et cette fleur un fruit, qui par-
« vint à maturité (GASPARD BAUHIN) ; ensuite la tige fut en-
« vironnée de verdure d'où sortirent plusieurs fleurs.» (*Tra-
duction de Fontenelle.*)

Pendant les dernières années du 16e siècle, les voyages
scientifiques se multiplient ; les savants qui les entreprennent
font successivement connaître un grand nombre de plantes
étrangères, nombre qui vient s'ajouter aux plantes d'Europe
déjà connues, et à celles des mêmes localités que l'on décou-
vrait chaque jour. Pierre BELON, voyage en Orient, aux frais
du cardinal de Tournon, en 1549 [1] ; RAUWOLF, parcourt la
Perse en 1573 ; Prosper ALPIN, l'Egypte en 1580 [2] ; GUILAN-
DINUS, la Syrie (1556) [3] ; le Portugais GARCIAS AB-HORTO,
parcourt l'Inde et fonde, en 1560, un jardin botanique à Bom-
bay [4] ; l'Espagnol Christophe ACOSTA parcourt les mêmes
pays, en 1525 ; OVIEDUS DE VALDES décrit les premières
plantes de l'Amérique ; CABEIA VACA, celles des Florides ;
LOPEZ DE GOMERA, celles du Mexique ; CARATE, celles du
Pérou, et notamment la pomme de terre ; THEVET, André,
parcourt le Brésil (1550) [5] ; LERI, patronné par l'amiral de Co-

---

[1] BELON Pierre :
  De Arboribus coniferis… etc. 1 fac. in-4°, Parisiis 1553.
  *Les Observations de plusieurs singularités trouvées en Grèce,
  Asie, Judée, Egypte, Arabie.* 1 v. in-4°, Paris 1554.

[2] ALPINUS Prosper, *De Plantis Ægypti.* 1 v. in-4°, Venetiis 1592.

[3] GUILANDINUS Melchior, *De Stirpibus aliquot Epistolæ.* 5 v.
in-4°, Patavii 1558.

[4] AB.-HORTO Garcias, *Aromatum et Simplicium aliquot medicamentorum historia.* 1 v. in-8°, Antverpia 1567.

[5] THEVET André, *Les Singularités de la France antarctique.* 1 v.
in-4°, Paris 1558.

ligny, suivit les mêmes traces en 1576 ; l'Espagnol Nicolas MONARDES [1] donne la première description du tabac, apporté en Europe par NICOT, en 1560 ; du *ricin, du copal du baume de tolu*, etc., etc.

En même temps que les voyages se multipliaient, et que par eux on augmentait le nombre des végétaux connus, on commença à sentir le besoin, pour les étudier plus facilement et plus exactement, de créer des jardins botaniques ; ces écoles vivantes, qui ont été si utiles aux progrès de la science.

Le premier jardin a été créé à Pise par les ordres du grand-duc COME Ier (1543), peu de temps après le jardin particulier que Hercule IV avait fait établir par BRASAVOLA dit MUSA, dans une presqu'île du Pô ; il en donna la direction à LUCGHINI, auquel succéda CESALPIN ; ANGUILARA, par les ordres de la république de Venise, en créa un à Padoue, en 1545 ; la ville de Florence forma le sien en 1556 ; celle de Bologne, en 1568, et lui donna pour directeur ALDOVRANDI [2] ; MERCATUS créa celui du Vatican, en 1568 ; en 1534, CORDUS fonda à Brême un jardin particulier ; mais le premier jardin public de l'Allemagne ne fut créé à Leyde que plusieurs années après, et à Leipsick en 1580 seulement ; le premier jardin botanique fut créé en France à Montpellier, par les ordres de Henri IV, en 1597, qui lui donna pour directeur RICHER DE BELLEVAL ; celui de Paris ne le fut qu'en 1626, par les ordres de Louis XIII, et placé sous la direction de GUY LA BROSSE. L'Angleterre resta en arrière sous ce rapport ; son premier jardin, celui d'Oxfort, ne fut créé qu'en 1640 ; la même année voyait naître celui de Copenhague ; celui d'Upsal avait été ouvert en 1637 ; celui d'Amsterdam ne le fut qu'en 1684 ; celui de Madrid, en 1753, et enfin celui de Coïmbre, en 1773.

Nous venons de faire un exposé rapide de l'histoire de la Botanique en général, depuis son origine jusqu'au commencement du 17e siècle ; nous avons dit son origine, et fait connaître sa marche lente et incertaine à travers les siècles. Dans cet exposé, il ne pouvait pas être question des graminées, par le motif que, pendant cette longue période d'an-

---

[1] MONARDES Nicolas, *De las cosas que se traen de las Indias occidentales*. 1 v. in-4°, Sevilla 1580.

[2] ALDOVRANDUS Ulysse, *Dendrologiæ naturalis libri duo*. 1 v. in-fol., Bononiæ 1667.

nées, elles étaient à peu près inconnues ; les savants, comme les peuples, ne connaissaient guère que les céréales alimentaires et quelques espèces industrielles ; quant à toutes les autres, elles étaient confondues sous la désignation commune de *gramen*, ou herbe des champs. Il faut arriver aux deux BAUHIN pour trouver la première mention raisonnable, outre le catalogue qu'ils donnent dans leurs ouvrages, de celles connues de leur temps, ils ont essayé de les décrire et de les figurer. Après eux, LOBEL, DODOENS, MORISON. etc., etc., s'occupèrent avec succès de leur étude.

Ce serait sortir du cadre que nous nous sommes tracé, que de continuer cet exposé au-delà du commencement du 17e siècle, parce que, à partir de cette époque, la Botanique est définitivement constituée comme science ; qu'elle est enfin sortie des langes de l'enfance, et qu'elle va, libre de toutes entraves, marcher rapidement de progrès en progrès ; que cette histoire, devenue plus complexe, nous entraînerait dans des longueurs qui pourraient nuire au sujet que nous nous proposons d'étudier.

Nous allons donc maintenant laisser de côté l'histoire générale de la Botanique, pour ne plus nous occuper que de l'histoire particulière des graminées.

L'Anglais Jean RAY (1650) [1], un des premiers, a cherché à débrouiller la classe des graminées qu'il désigne ainsi : « *Plan-* « *tes herbacées privées de bourgeons ;* parfaites, *monocoty-* « *lédones à étamines ;* » elles forment la 1re et la 2e section de la 25e classe de son système de classification générale.

Il divise les graminées en deux sections : la première composée de toutes celles qui sont pourvues d'épi ; la seconde

[1] **RAY Jean**, 1628-1705 :

Catalogus Plantarum circa Cantabrigium nascentium. 1 v. in-12, Cantabr. 1660.

Catalogus Plantarum Angelicæ insularum que adjencentium. 1 v. in-8°, Londini 1670.

Methodus Plantarum nova. 1 v. in-8°, Londini 1682.

Stirpium Europæarum extra Britannias nascentium. 1 vol. in-8°, Londini 1694.

Historia Plantarum. 3 v. in-fol., Londini 1686-1688 et 1704.

De Variis Plantarum methodis dissertatio. 1 vol. in-8°, 1696, Londini.

Index Plantarum agri Cantabrigiendis. 1 v. in-8°, 1660.

renferme celles qui ont des panicules ; il divise la première, suivant la forme de l'épi, en simple ou digité, et la seconde, suivant la nature de l'épillet simple ou écailleux. Il en désigne 87 espèces dans son catalogue.

L'Ecossais ROBERT MORISON (1645) [1] désigne les graminées sous la dénomination de *Plantes herbacées culmifères* ; elles forment les 1re, 2e, 3e, 4e et 7e sections de la 11e classe de sa classification générale des végétaux ; il les divise en 7 classes, basées sur la forme et la nature du fruit et de la floresence.

Le Saxon Paul HERMANN (1670) [2] appelle les graminées : *Plantes herbacées, apétales staminées culmifères* ; elles forment la 1re section de la 21° classe de sa classification générale ; il énumère et décrit toutes celles connues de son temps, mais il ne les divise pas.

TOURNEFORT, Joseph PITON (1680) [3] fit, pour les graminées, ce qu'il faisait pour la Botanique en général, il essaya de les distribuer régulièrement en genres et en espèces, et à mettre de l'ordre où régnait encore beaucoup de confusion. Les graminées, qu'il appelle : *Plantes herbacées, apétales à étamines*, forment la 3e section de la 15e classe de sa classification générale.

[1] MORISON Robert, 1620-1683 :
> *Prœludia botanica part.* 1. 1 v. in-8°, Londini 1669.
> *Plantarum historia universalis Oxoniensis.* 2 v. in-fol., Oxonii 1680.

[2] HERMANN Paul, 1640 1695 :
> *Horti Lugduno Batavi Catalogus.* 1 v. in-8, Lugd.-Bat. 1687.
> *Florœ Lugduno Batavœ flores.* 1 v. in-8°, Lugd. Bat. 1690.
> *Paradisus Batavus, opus posthumum.* 1 v. in-4°, Lugd.-Bat. 1705.
> *Musœum Zeylanicum.* 1 vol. in-8°, Leidæ 1714.
> *Musœi indici Catalogus.* 1 v. in-8°, Leidæ 1711.
> *Cynosura materiæ medicæ ante 16 annos in lucem emissa.* 1 v. in-4°, Argentorati 1726.

[3] TOURNEFORT (Joseph PITON de), 1656-1708 :
> *Eléments de Botanique.* 3 v. in-8, Paris 1684.
> *De Optima methodo in re herbaria.* In-8°, Paris 1697.
> *Histoire des Plantes des environs de Paris.* 1 v. in-12, Paris 1698.
> *Institutiones rei herbariæ.* 3 v. in-4°, Paris 1717-1719.
> *Corollarium institutionum rei herbariæ.* In-4°, 1703.
> *Relation d'un Voyage dans le Levant.* 2 v. in-4°, Paris 1717.

Il les divise en 5 tribus : la 1re, les loliacées (ou ivraie) ; la 2e, les graminées en épi ; la 5e, en digitation ; la 4e, en panicule ; la 5e, en ressemblance d'avoine.

Pour CHRIST. KNAUTH (1680) [1], les graminées sont des *Plantes herbacées apétales, à étamines culmifères ;* elles constituent la 5e section de la 13e classe de sa classification générale, mais il ne les subdivise pas.

Appelées *Plantes herbacées à calice externe, seulement renfermant une fleur à étamine,* par MAGNOL, Pierre (1686) [2], elles forment la 4e section de la 4e classe de sa classification générale ; mais, comme KNAUTH, il ne les subdive pas.

BACHMANN, dit RIVIN (1691) [3], basa son système de classification générale sur les fleurs ; il fut le premier qui rangea dans la même classe les arbres et les plantes ; les graminées, qu'il appelle : *Plantes à fleurs imparfaites à étamines,* forment la 5e section de sa 18e classe ; comme MAGNOL et KNAUTH, il ne les subdivise pas.

Le Florentin MICHELI, Pierre-Antoine (1729) [4], fit pour les

---

[1] KNAUTH Christ.,1636-1694, *Enumeratio plantarum circa halam. sponte provenientium.* 1 v. in-8º, Lipsiæ 1688.

[2] MAGNOL Pierre, 1638-1715 :
> *Botanicon Monspeliense.* 1 v. in-12, Monspelii 1686.
> *Prodromus historiæ generalis plantarum.* 1 v. in-8º, Monspelii 1689.
> *Hortus regius Monspeliensis.* 1 v. in-8º, Monspelii 1697.
> *Novus caracter plantarum opus posthumum.* 1 v. in-4º, Monspelii 1720.

[3] RIVIN ou BACHMANN, 1652-1725 :
> *Introductio generalis in rem herbarium.* 1 v. in-fol., Lipsiæ 1690.
> *Ordo plantarum flore irregulari monopetalo.* 1 v. in-fol., Lipsiæ 1690.
> *Ordo plantarum flore irregulari tetrapetalo.* 1 v. in-fol., Lipsiæ 1691.
> *Ordo plantarum flore irregulari pentapetalo.* 1 v. in-fol., Lipsiæ 1699.

[4] MICHELI Petr.-Ant., 1659-1737 :
> *Relazione dell' erba orobanche o succiamele.* 1 v. in-8º, Firenze 1723.
> *Nova plantarum genera.* 1 v. in-fol., Florentiæ 1729.
> *Catalogus Plantarum horti Florentini.* 1 v. in-4º, Florentiæ 1748

graminées ce que Tournefort avait fait pour les végetaux en général. Doué d'un esprit remarquable d'observation, il fit connaitre beaucoup de nouvelles espèces, qu'il décrivit avec une rigoureuse exactitude; il chercha à rapprocher toutes celles connues jusqu'alors en genres et en espèces ; puis il proposa de les classer en six ordres : les 5 premiers comprenaient les graminées proprement dites; le 6e, les plantes analogues aux graminées. La composition, la forme et la structure de l'épi, de l'épillet, et les rapports de la fleur avec la semence servent de base à sa classification.

De tous les ouvrages qui, pendant les 17e et 18e siècles, ont traité des graminées, l'un des plus importants, est sans contredit l'*Agrostographie* du Suisse Jean SCHEUCHZER [1], ouvrage publié pour la première fois en 1709, et réimprimé après la mort de l'auteur par les soins de HALLER, en 1775. Cet ouvrage qui, dans le même cadre, renferme les graminées et les cypéracées connues alors (390 espèces environ), est écrit avec beaucoup de clarté, une rigoureuse exactitude et un esprit remarquable d'observation ; il décrit longuement et minutieusement les espèces ; il les classe avec ordre et méthode, et il indique, aussi bien que l'on peut l'espérer pour l'époque, les caractères différentiels; il étudie avec beaucoup de soin l'inflorescence, la disposition, la composition, la structure et l'organisation de l'épi, de l'épillet, des glumes et des glumelles ; mais il néglige un peu trop la nomenclature, qu'il laisse confuse, embarrassée, sans clarté ni méthode ; elle ne se ressent pas des progrès qu'il a fait faire aux autres parties de la science. Cet ouvrage est encore remarquable par les planches qui l'accompagnent, notamment celles qui se trouvent dans l'édition de 1775 ; ces planches qui, pour le plus grand nombre, ne représentent malheureusement que des faibles parties de l'inflorescence, sont d'une exactitude rigoureuse et d'une perfection telle, qu'elles ne seraient pas désavouées par les plus habiles artistes de nos jours.

A cause du mérite hors ligne de SCHEUCHZER, du grand pas qu'il a fait faire à l'agrostographie, nous devons donner une analyse un peu plus étendue de sa classification, classi-

---

[1] SCHEUCHZER Jouan, 1674 1738 :
Agrostographiæ Helveticæ prodromus In-fol., Tiguri 1708.
Operis agrostographici idea. 1 v. in-8°. 1719.
Agrostographia. 1 v. in 4°. 1719-1775.

lication qui, je dois le dire, a servie de base et de modèle au plus grand nombre de celles qui lui ont succédée.

Comme ses prédécesseurs, il réunit les cypéracées aux graminées, qu'il sépare souvent, mais qu'il confond quelquefois.

Il forme trois classes de toutes ces plantes : la première comprend toutes celles qui sont en épi; la seconde, celles qui sont en panicule; la troisième, celles qui n'ont pas été classées dans les deux premières, et toutes celles qui ont de l'affinité avec les graminées.

La première classe est divisée en quatre ordres : le 1er renferme celles qui ont l'épi simple (*Monostachya*); le 2e, celles qui ont l'épi composé (*Partim Monostachya, Partim Polystachya*); le 3e, celles qui ont l'épi multiple (*Polystachya*); le 4e, celles qui ne sont ni en épi, ni en panicule, mais dont la conformation est anomale (*Anomala.*)

Le premier ordre, qui renferme 73 genres, espèces ou variétés, est divisé en 16 tribus :

1° Les *Triticœa*; 2° les *Triticœa spuria*; 3° les *Hordeacea*; 4° les *Hordeacea singulari*; 5° les *Secalina*; 6° les *Secalina affini*; 7° les *Loliacea*; 8° les *Loliacea spuria*; 9° les *Phaloroidea*; 10 les *Alopecuroidea*; 11° les *Typhoidea*; 12° les *Typho-Phalaroidea*; 13° les *Myosuroïdea*; 14° les *Echinata*; 15° les *Christata*; 16° les *Anomala*.

La troisième tribu est subdivisée en deux sous-tribus; la 7e, en 6; la 8e, en 3; les 10e, 11e, 12e, 13e, en chacune deux; la 14e, en 3, et la 16e, en 7.

Le deuxième ordre, qui ne contient que 7 espèces, est divisé en trois tribus ou genres.

Le troisième ordre renferme 19 espèces, il est divisé en deux tribus : 1° les *Dactyloidea*; 2° les *Dactyloidea affinia*.

Le quatrième ordre, qui contient 5 espèces, ne forme qu'une tribu, celle des *Cornucopioides*.

La seconde classe est divisée en trois ordres : le premier comprend toutes les graminées à panicule simple; le second, celles dont la panicule est composée; le troisième, celles dont la panicule est anomale.

Le premier ordre (39 espèces) est divisé en deux tribus : la première contient toutes les graminées à épillets mutiques; la seconde, celles qui ont les épillets aristés.

IX

Le deuxième ordre renferme 124 espèces ou genres. Il est,
comme le premier, divisé en deux tribus : la première renferme toutes les graminées, dont les rameaux de la panicule
sont épars ou verticellés ; elle est subdivisée en deux sous-
tribus ; la première, qui comprend toutes les plantes dont les
épillets sont pourvus de glumes ; la seconde, toutes celles
qui en sont dépourvues. La seconde tribu renferme les graminées à panicule anomale ; elle est divisée, comme la première, en deux sous-tribus : la première, composée des graminées à épillets mutiques ; la seconde, de celles qui ont les
épillets aristés.

La troisième classe renferme 124 espèces ou genres ; elle
est divisée en 13 tribus ou genres : 1° les *Linagrostis* ; 2° les
Juncoïdes ; 3° les *Juncoïdes affinis* ; 4° les *Juncus* ; 5° les
Junco affinis ; 6° les *Canna* ; 7° les *Scirpus* ; 8° les *Scir-
poïdes* ; 9° les *Pseudo-Cyperus* ; 10° les *Cyperus* ; 11° les
Scirpo-Cyperus ; 12° les *Cyperoïdes* ; 13° les *Cyperoïdes
affinis.*

La 1re, divisée en deux sous-tribus, selon que l'épi est unique ou multiple ; la 2e, en trois sous-tribus, selon la nature
de la tige ; la 4e, en deux, selon la forme de la panicule ; la
septième, en trois ; la 10e, en deux ; la 11e, en trois, selon les
mêmes bases ; la 12e, en deux, selon que la florescence est en
épi ou en panicule; chacune de ces subdivisions le sont encore plusieurs fois, selon que les plantes sont florifères ou
séminifères, selon que l'épi est unique ou multiple.

BOERHAAVE, Hermann (1701) [1], était aussi savant natura-
liste qu'il était habile médecin ; toutes les connaissances humaines lui étaient familières, mais les sciences naturelles : la
botanique, la chimie, la physique, etc., furent l'objet de ses
études de prédilection.

Les graminées, qu'il appelle : *Plantes herbacées monocotylédones apétales culmifères,* forment la première et la
deuxième section de sa classification générale des végétaux;

---

[1] BOERHAAVE Hermann, 1668-1738 :
  *Index Plantarum quæ in horto acad Lugduno Batavo repe-
riuntur.* 1 v. in-8°, Lugd.-Batavo 1710.
  *Index alter Plantarum in horto acad. Lugduno Batavo alnu-
tur.* 2 v. in-4°, Lugd.-Batavo 1720.
  Historia Plantarum, etc 2 v. in-12. Romæ 1717.

il les divise en deux sections : 1° celles qui sont pourvues d'épis ; 2° celles qui sont pourvues de panicules.

PONTEDERA, Jul. (1710) [1], a fait des graminées la 3e classe de sa classification générale ; il les appelle : *Plantes privées de bourgeons, à fleurs imparfaites.*

RUPPIUS, Henr. Bern. (1718) [2], ne s'occupe des graminées que dans sa classification générale, elles forment sa 15e classe ; il les appelle : *Plantes à fleurs imparfaites, à étamines.*

GLEDITSCH, Joh. Gottl. (1720) [3], s'est occupé des graminées, il les appelle : *Plantes à fructification apparente, à étamines insérées sur le réceptacle, à trois anthères, à fleurs glumacées ;* elles forment le 3e ordre de la première classe de sa classification générale, il les divise par la nature des fleurs à balles : 1° *Hypocarpes ;* 2° *Epicarpes ;* les premières ont : 1° seulement une corolle ; 2° sont pourvues de corolles et de calices ; dans ce dernier cas, les calices sont *A* multiples, *B* bivalves, *C* bivalves uniflores, *E* bivalves multiflores.

LUDWIG, Christ. Gottl. (1730) [4], appelle les graminées : *Plantes à fleurs imparfaites, à étamines culmifères ;* elles forment la 3e section de la 18e classe de sa classification générale par les fleurs ; il les divise par le nombre des étamines et des pistils, en graminées à deux, trois, six anthères, à un, deux, trois styles.

[1] PONTEDERA Jul. :

Compendium tabularum botanicarum. 1 v. in 4°, Patavii 1718.
Dissertationes Botanicæ XI. 1 vol. in-4°, Patavii 1719.
Anthologia sive de floris structura. 1 v. in 4°, Patavii 1720.

[2] RUPPIUS Hen., 1686 1722. *Flora jenensis.* 1 v. in-8°, Francof. 1718

[3] GLEDITSCH Joh. Gotti. :

Catalogus Plantarum, etc. 1 v. in-8°, Lipsiæ 1737.
De Methodo Botanica. 1 v. in-4°, Francof. 1742.
Systema Plantarum a staminum si tu. 1 v. in-8°, Berolini 1764.
Methodus fungorum. 1 v. in-8°, Berolini 1753.

[4] LUDWIG Christ. :

Diffinitiones plantarum. 1 v. in 8°, Lipsiæ 1737.
Aphorismi Botanici. 1 v. in-8°, Lipsiæ 1718.
Institutiones Historico-physicæ regni vegetabilis. 1 v. in 8°, Lipsiæ 1742 1757.
Programma de minuendis plantarum generibus. 1 v. in-4°, 1740.
De colore plantarum species distinguente. 1 v. in-4°, 1756.
Observationes in methodium sexualem. 1 v. in 4°, 1739.

HALLER, Albert, baron de (1727) [1], a proposé deux systèmes de classification des végétaux ; dans le premier, par les fleurs, les graminées, qu'il appelle : « *Plantes à fleurs visibles imparfaites et à étamines graminées,* » forment la 15e classe ; il les divise en prenant pour base l'inflorescence ; dans le second, qui a pour point de départ les étamines, les graminées sont appelées : *Plantes à étamines et fleurs visibles apetales graminées ;* elles forment la 5e classe de cette classification ; il les divise ensuite par la nature des épillets, par l'absence, la présence et la nature du calice : 1° nul ; 2° à une balle ; 3° à deux balles ; 4° à trois balles couronnées par des soies ; 5° calice à deux balles, à épillets à une balle ; 6° calice à trois balles ; 7° calice pinné.

BOEHMER, Georges-Rodolphe (1755) [2], divise tous les végétaux par les fleurs, les graminées, qu'il appelle : *Plantes à fleurs enveloppées, parfaites, apetales graminées, à deux et trois anthères, à deux styles,* forment la 15e classe de son système. Comme Ludwig, il les divise par le nombre des étamines et des pistils.

[1] HALLER (ALBERT, baron de), 1708-1777 :
 De Methodico studio Botanices. 1 v. in 4°, Gotting. 1736.
 De veronices Alpinis. 1 v. in-4°, Gotting. 1737.
 De Pedicularibus. 1 v. in-4°, Gotting. 1737.
 Ex itinere in silvam hercyniam observationes botanicæ. In 4°, Gotting. 1738.
 De Botanices utilitate oratio. Gotting. 1739
 Enumeratio plantarum horte et agri Gœttingensis. 1 v. in 12, 1743.
 Iter helveticum. 1 v. in 4°, Gotting. 1740.
 Alii genus naturale constitutum. In-4°, Gotting. 1745.
 Opuscula Botanica recens retractata et aucta. 1 v. in 8°, Gotting. 1749.
 Emendationes stirpium Helveticarum partes VI. In-4°, Berniæ 1759-1764.
 Enumeratio methodico stirpium Helveticæ. 2 v. in fol., Gotting. 1742.
 Historia stirpium indigenarum Helveticæ. 3 v. in-fol., Berniæ 1768.
 Nomenclator ex historia st. indg., etc. 1 v. in 8°, Berniæ 1768
 Bibliothec a Botanica. 2 v. in-4°, Tiguri 1772.
[2] BOEHMER GEORGE, 1723-1803. *Bibliotheca scriptorum Historiæ naturalis.* 2 v. in-8°, Lipsiæ 1785 1787, etc., etc.
 Flora Lipsiæ indigena. 1 v. in 8°, Lipsiæ 1750

SÉGUIER, Jean-François (1730) [1], divise tous les végétaux en herbes et en arbres ; les herbes et les arbres, suivant qu'ils sont pourvus de corolle ou qu'ils en sont dépourvus ; ceux qui en ont, selon le nombre des pétales qui composent la corolle. Les graminées, qu'il appelle : « *Plantes herbacées, à fleurs simples, pétalées, dépétalées, graminées,* » forment la 2e section de la 6e classe de sa classification générale ; il les divise ensuite en 12 tribus : 1° les graminées à ressemblance d'ivraie ; 2° celles qui sont en panicule ; 3° celles qui sont en épi ; 4° celles qui sont en balle ; 5° les phalaroïdes (comme les phalaris) ; 6° celles qui sont en massette ; 7° celles qui ressemblent au millet ; 8° celles qui ressemblent à l'avoine ; 9° celles qui ressemblent au roseau ; 10° celles qui ressemblent au seigle ; 11° celles dont l'épi est digité ; enfin 12° celles qui sont hérissonnées.

DE BERGEN, Charles-Auguste (1740) [2], prend la fleur pour base de sa classification de tous les végétaux, qu'il renferme dans vingt-deux grandes classes ; les graminées, qu'il appelle : « *Plantes à fleurs apétales, à étamines, graminées,* » forment les 1er, 3e, 4e et 5e ordres de sa 18e classe ; il en forme ensuite 6 ordres, pris du nombre des étamines, des pistils, de la nature du calice uniflore, multiflore, de la situation des fleurs mâles et femelles sur la même tige ou la même plante.

FABRICIUS, Philippe-Conrad. (1741) [3], établit sa classification générale des végétaux, qu'il divise tout d'abord en arbres et en plantes, sur la fleur et le fruit, par le nombre des

[1] SÉGUIER JEAN-FRANÇ., 1703 1780 :
    Bibliotheca botanica. 1 v. in-4°, 1740, Leyde.
    Catalogus stirpium quæ in agro Veronensi reper. In 8°, Veronæ 1745.
    Plantæ Veronenses. 3 v. in 8°, Veronæ 1745.

[2] BERGEN CH. AUG., 1714-1760 :
    Uri systematum an Tournefortiano an Linnæano potiores partes deferendæ sint. Fasc. in-4°, Francof. 1742.
    Catalogus stirpium hortus academiæ viadrinæ complectuur. 1 v. in-8°, Francof. 1744.
    Flora Francofurtana. 1 v. in-8°, Francof. 1750.

[3] FABRICIUS P. C., 1714-1774 :
    Primitiæ floræ Butishacensis. In 8°, Wetzlariæ 1742
    Enumeratio methodica Plantarum horti medici Helmstadensis. 1 v. in 8°, Helmstadt 1759 1773.

cotylédons. Dans ce système, les graminées, qu'il appelle :
« *Plantes herbacées, à fleurs et fruits visibles polycotylédo-
nés, graminées,* » forment le premier ordre de la 2ᵉ collection
de la première série de sa 22ᵉ classe. Comme BOERHAAVE, il
les divise selon la forme de l'épi.

BOISSIER DE SAUVAGE, François BOISSIER (1735) [1], a établi sa classification générale des végétaux sur les feuilles,
leur existence ou leur absence, leur forme, leur composition,
leur disposition, leur organisation, etc., etc. Les graminées,
qu'il appelle : « *Plantes garnies de feuilles simples, étroites,*
constituent le 2ᵉ ordre de la 5ᵉ classe ; il les divise ensuite
en trois groupes par la florescence et le sexe : 1° en digynes
simples ; 2° en digynes composées ; 3° en diclines ou monoïques.

LINNÉE, Charles Von [2], le grand réformateur des sciences

[1] BOISSIER de SAUVAGE, 1706-1767, *Methodus foliorum*. 1 v.
in-8°, La Haye 1751.

[2] LINNÉE Charles von, 1703-1777 :

Systema naturæ. 1 v. in-fol., Lugd. Bat. 1735. (13ᵉ éd. Lipsiæ 1788-1793).

Fundamenta Botanica. 1 v. in-8°, Amstelodami 1736; éd. 1741

Bibliotheca Botanica. 1 v. in-8°, Amstelod. 1736.

Musa Cliffortiana. 1 v. in-4°, Leidæ 1736.

Hortus Cliffortianus. 1 vol. in-fol., Amstelod. 1737.

Viridarium Cliffortianum. 1 v. in-8°, Amstelod. 1737.

Flora Laponica. 1 v. in-8°, Amstelod. 1737, éd. 2ᵉ, 1792.

Genera plantarum. 1 v. in-8, Lipsiæ 1737, éd. VIII, 1791.

Corollarium generum plantarum. 1 v. in-8°, Lipsiæ 1737.

Methodus sexualis. 1 v. in-8°, Leidæ 1737.

Classes plantarum. 1 v., Lugd. Bat. 1738.

Critica Botanica. 1 v. in-8°, Lugd. Bat. 1738.

Flora succica. 1 v. in-8°, Holmiæ 1745, éd. II, 1755.

OElandska och. Gothlænska resa. Stockholm. 2 v. in-8°, 1745,
éd. II, 1764.

Wæstgœta resa. 1 v. in-8°, Stockholm, 1747.

Flora Zeylanica. 1 v. in-8°, Holmiæ 1747.

Hortus Upsaliensis. 1 v. in-8°, Stockholm 1748.

Miscellaneous tracts. transl. from latin by B. stillingfleet.
1 v. in-8°, London 1759.

Materia medica. 1 v. in-8°, Holmiæ 1749, éd. II, 1772.

Amœnitates academcæ, etc. 10 v. in-8°, Holmiæ 1749, éd. III,
Erlangæ 1787.

naturelles, naquit à Ræshult, province de Smoland en Suède, le 24 mai 1707, par sa manière claire et précise de décrire, par sa nomenclature étonnante de justesse et de précision, il s'est immortalisé, et a porté les sciences naturelles en général, et la botanique en particulier, à un haut degré de perfection.

Le plus grand service rendu par Linnée à l'étude des graminées, a été, comme pour toutes les autres parties de la Botanique, d'avoir refondu et déterminé les genres d'après des principes sévères ; d'avoir établi des espèces sur des caractères particuliers et fixes ; de leur avoir adapté sa nomenclature courte et expressive, et cependant bien complète. Quant à sa classification, si l'on en examine que la lettre, elle laisse beaucoup à désirer ; mais si l'on considère qu'à l'époque où vivait Linnée, il avait énormément à faire pour sortir de l'ornière, de la routine, qu'il fallait frapper les esprits par un système clair, facile, pour généraliser le goût de l'étude des plantes, exciter l'émulation et attirer, sans la fatiguer, l'attention des jeunes intelligences vers une science si éminemment utile, on comprend la création de son ingénieux système sexuel ; le plus grand de tous les inconvénients de ce système, appliqué à l'étude des graminées, a été la séparation de genres souvent très-voisins, leur dispersion dans des classes très-éloignées les unes des autres, malgré l'affinité qu'ils ont entre eux.

Il a réuni dans 46 genres, les 336 à 340 espèces de graminées

Selectæ ex amœnitatibus academicis. 3 v. in 4°, Græcii 1764-1769.

Opera varia. 1 v. in-8°, Lucæ 1758.

Philosophia Botanica. 1 v. in-8°, Holmiæ 1751-1792.

Elementa Botanica. 1 v. in-8°, Upsalæ 1756, ed. ii, 1787.

Skanska Resa. 1 v. in 8°, Stockholm 1751.

Species Plantarum. 2 v. in-8°, Holmiæ 1753, ed. iii, 1762 1764.

Regnum vegetabile. 1 v. in-8°, Florentiæ 1756.

Delineatio plantæ. 1 v. in-8, Upsaliæ 1758.

Systema plantarum Europæ. 6 v. in-8°, Coloniæ 1785-1787.

Prælectiones in ordines naturales plantarum. 1 v. in-8°, Hamburgi, 1792.

Collectio Epistolarum quas ad viros illustres scripsit. 1 v. in-8°, Hamburgi 1792.

Select. Dissertations from the amœn acad. 1 v. in 8°, London 1781.

qu'il connaissait, et, à plusieurs de ces espèces, il a attri
bué des variétés plus ou moins distinctes. Ces 46 genres ont été
classés ainsi : un, le genre *Cinna* (xv), dans la 1re classe, 2e ordre
(*Monandrie-Digynie*) ; un, l'*Anthoxanthum* (xlvj), dans le 2e ordre de la seconde (*Diandrie-Digynie*) ; deux dans le 1er ordre de
la 3e classe (*Triandrie-Monogynie*), *Nardus* (lxxv), *Lygeum*
(lxxvj) ; 28 dans le 2e ordre de la 3e classe, *Triandrie-Digynie*,
Cornucopia (lxxviij), *Saccharum* (lxxix), *Phalaris* (lxxx), *Paspalum* (lxxxj), *Panicum* (lxxxij), *Phleum* (lxxxiij), *Alopecurus*
(lxxxiv), *Milium* (lxxxv), *Agrostis* (lxxxvj), *Aira* (lxxxvij), *Melica* (lxxxviij), *Poa* (lxxxix), *Briza* (xc), *Uniola* (xcj), *Dactylis*
(xcij), *Cynosurus* (xciij), *Festuca* (xciv), *Bromus* (xcv), *Stipa*
(xcvj), *Avena* (xcvij), *Lagurus* (xcviij), *Arundo* (xcix), *Aristida*
(c), *Lolium* (cj), *Elymus* (cij), *Secale* (ciij), *Hordeum* (civ),
Triticum (cv.)

Dans l'*Hexandrie-Digynie*, 2e ordre de la 6e classe, il a
placé un seul genre, l'*Oryza* (cdlxxxvj).

Dans la *Monœcie-Triandrie*, 3e ordre de la 21e classe, il en
a classé 4 : le *Zea* (Mcxxxviij) ; le *Tripsacum* (Mcxxxix) ; le
Coix (Mcxl), et l'*Olyra* (Mcxlj).

Dans le 6e ordre de la 21e classe (*Monœcie-Hexandrie*), il en
a classé deux, le *Zizania* (Mclxv), et le *Pharus* (Mclxvj).

Enfin, dans la *Polygamie-Monœcie*, 1er ordre de la 23e classe, il en a placé 8 : le *Spinifex* (Mcclviij), l'*Andropogon*
(Mcclix), l'*Holcus* (Mcclx), l'*Apluda* (Mcclxj), l'*Ischæmum*
(Mcclxij), le *Cenchrus* (Mcclxiij), l'*Ægilops* (Mcclxiv), et le *Manisuris* (Mcclxv.)

Dans ce système, il caractérisait les graminées par l'appel-
lation de : *Plantes à fleurs visibles monoclines triandres,
Digynées, graminées.*

Avant de faire connaitre son système sexuel, Linnée avait
publié dans son *Classes plantarum* un premier mode de classification basé sur les enveloppes florales ; dans ce système,
les graminées, qu'il appelle : *Plantes à calice, à balles, glumacées*, forment les 2e, 4e et 4e sections de la 2e classe.

La première idée des ordres ou familles naturelles a été
émise par MAGNOL, (1689), mais c'est à Linnée que l'on doit de
l'avoir fécondée et de l'avoir recommandée de la manière la plus
formelle comme « l'instrument essentiel destiné à obliger les
travaux des naturalistes à marcher droit dans la manifesta-
tion du vrai. » Il publia, en 1737, dans son *Genera plantarum*,
les premiers fragments de ces familles ou ordres 48 ; dans

son *Classes plantarum*, il éleva le nombre des familles à 65,
et, un peu plus tard, en 1751, dans sa *Philosophia Botanica*,
il ajouta deux nouvelles familles à celles déjà décrites ; mais
il lui restait 112 genres qu'il ne savait où placer.

« J'ai travaillé longtemps, dit Linnée, à chercher la méthode
« naturelle, j'y ai fait quelques additions heureuses ; mais
« n'ayant pu la conduire à sa perfection, je m'en occuperai
« toute ma vie...... Que ceux qui s'en sentent la force aug-
« mentent, corrigent, perfectionnent cette méthode ; que ceux-
« là y renoncent, qui n'ont pas les talents nécessaires pour y
« réussir : ceux qui la perfectionneront seront reconnus comme
« des grands maitres. » Linnée est mort avec le chagrin de
n'avoir pu arriver au perfectionnement tant désiré de sa méthode naturelle, mais avec la satisfaction d'avoir préparé les
matériaux qui devaient, un peu plus tard, l'établir sur des
basses tellement solides qu'elle devait définitivement détrôner
toutes les autres. Parmi les familles les mieux caractérisées
par Linnée, se trouve celle des graminées, qu'il divise en trois
sections : la première renferme les graminées à épi ; la seconde, celles en panicules ; la troisième comprend les cypéracées.

La première section est subdivisée en quatre sous-sections,
par la nature de l'épi : la première comprend les graminées
à épi distique, à réceptacle à dents ; la deuxième, celles à épi
rond, à fleurs éparses ; la troisième, celles à épi unilatéral ;
la quatrième, celles qui ont deux fleurs avec une spathe.

La deuxième section est divisée par l'absence, la présence
et la nature de ce qu'il appelle le calice, également en quatre
sous-sections : la première comprend les graminées qui sont
dépourvues de calice ; la deuxième, celles dont le calice ne
renferme qu'une fleur ; la troisième, celles dont le calice renferme deux ou trois fleurs ; la quatrième, celles dont le calice renferme plusieurs fleurs.

La troisième section, je le répète, ne traite que des cypéracées.

WACHENDORF (1704-1758) appelle les graminées : *Plantes
à fleurs apparentes ou visibles, monocotyledones, à calice à
balles* : elles forment la 18e classe de sa classification générale ; il les divise par la nature des balles : 1° en uniflores à
deux, trois ou six étamines ; 2° en biflores ; 3° en multiflores ;
4° par la situation des fleurs mâles et des fleurs femelles.

GMELIN, Jean-Georges (1750) [1], adopte, sans la modifier, la classification de Linnée.

GUETTARD, Jean-Etienne (1747) [2], divise les graminées en trois ordres, suivant l'organisation des feuilles, des tiges, des glumes et des balles.

ALLIONI, Charles (1757) [3], prend pour base de sa classification générale les fleurs, la présence ou l'absence et le nombre des pétales. Dans cette classification, les graminées, qu'il appelle : *Plantes à fleurs visibles, apétales graminées,* forment le premier ordre de la 11e classe; il les divise ensuite par le sexe : 1° en graminées *hermaphrodites,* qu'il sous-divise par le nombre des étamines, la nature des épillets, l'absence ou la présence du calice ; 2° en graminées à sexe séparés.

Pour SCOPOLI, Joh. Ant. (1754) [4], les graminées sont des *Plantes à semences nues graminées ;* elles forment les 1er, 2e, 3e et 4e ordres des 1re et 2e divisions de la 1re famille de la 8e tribu de sa classification générale; il les divise en deux fa-

---

[1] GMELIN Jean-George, 1709-1755 :

Flora Siberica. 4 vol. in-8°, Petropoli 1749-1769.

Sermo de novorum vegetabilium post creationem divinam exortu. In-8°, Tubingæ 1749.

Reise durch Sibirien. 4 v. in-8°, Gottingen 1751-1753.

[2] GUETTARD Jean-Etienne, 1715-1786 :

Observations sur les Plantes. 2 v. in-12. Paris 1747.

Mémoires sur différentes parties de physique et d'histoire naturelle, etc. 5 v. in-4°, Paris 1768-1783.

[3] ALLIONI Carolus, 1725-1795 :

Rariorum pedemontii stirpium specimen. 1 v. in-4°, Taurini 1755.

Stirpium præcipuarum littoris et agri Niccæensis enumeratio methodica. 1 v. in-8°, Paris 1757.

Flora pedemontana. 3 v. in-fol., Taurini 1785.

[4] SCOPOLI Joh.-Ant., 1732-1786 :

Methodus plantarum. 1 v. in-8°, Viennæ 1754.

Flora carniolica. 1 v. in-8°, Viennæ 1760; 2e éd., 2 v. in-4°, 1772.

Anni historico-naturales. 5 v. in-fol., Lipsiæ 1769-1772.

Dissertationes ad scientiam naturalem pertinentes. 1 v. in-8°, Pragæ 1772.

Fundamenta Botanica. 1 v. in-8°, Papiæ 1783.

Deliciæ floræ insubricæ. 3 v. in-fol., Ticini 1768-1786.

milles, suivant que les fleurs sont parfaites et qu'elles ont une, deux, trois ou six étamines, ou qu'elles sont imparfaites.

VAN-ROYEN, Ad. (1740) [1], appelle les graminées : « *Plantes monocotyledones, à calice à balles ;* elles forment les 2ᵉ, 3ᵉ et 4ᵉ ordres de la 3ᵉ classe de son système général de classification, fondé sur les fruits et sur les fleurs ; il divise les graminées en quatre ordres : le premier comprend les cypéracées ; le deuxième comprend les graminées, qu'il appelle Digynes simples ; le troisième, celles qu'il appelle Digynes composées ; le quatrième, celles qui sont monoïques ou polygames ; il sous-divise ensuite chacun de ces ordres par la florescence et le nombre des pistils.

ADANSON, Michel (1763) [2], conserve aux graminées le nom de gramen ; elles forment les 1ʳᵉ, 2ᵉ, 3ᵉ, 4ᵉ, 5ᵉ, 6ᵉ, 7ᵉ, 8ᵉ et 9ᵉ sections de la 7ᵉ famille de sa classification générale. Chaque section, qui prend un nom particulier, réunit par groupes toutes les graminées qui lui parurent avoir quelques analogies entre elles : la 1ʳᵉ section comprend les Alpistes (*Phalarides*) ; la 2ᵉ, les Avoines (*Avenœ*) ; la 3ᵉ, les Poa (*Poœ*) ; la 4ᵉ, les Panics (*Panicœ*) ; la 5ᵉ, les Froments (*Triticœ*) ; la 6ᵉ, les Riz (*Oryzœ*) ; la 7ᵉ, les Sorgho (*Sorga*) ; la 8ᵉ, les Mays (*Mays*) ; enfin, la 9ᵉ, les Souchets (*Cyperi*).

GOUAN, Antoine (1762) [3], établit sa classification générale

[1] Van ROYEN Ad. :
> *De Anatome plantarum.* 1 v. in-4º, Lugd. Bat. 1728.
> *Oratio quâ Botanica commendatur.* 1 v. in-4', Lugd. Bat. 1729.
> *Carmen de amoribus plantarum.* 1 v. in-4º, 1732.
> *Florœ Leydensis prodromus, etc.* 1 v. in-8", Lugd. Bat. 1740.

[2] ADANSON Michel, 1727-1802 :
> *Histoire naturelle du Sénégal.* 1 v. in-4º, Paris 1757.
> *Famille des Plantes.* 2 v. in-8, Paris 1763.

[3] GOUAN Ant. :
> *Hortus regius Monspeliensis.* 1 v. in-8º, Lugduni 1762.
> *Flora Monspeliaca.* 1 v. in-8', Lugduni 1765.
> *Illustrationes Botanicœ.* 1 v. in-fol., Tiguri 1773.
> *Explication du Système botanique de Linnée.* 1 v. in-8', Montpellier 1787.
> *Herborisations aux environs de Montpellier.* 1 v. in-8º, Montpellier 1796.
> *Traité de Botanique et de matière médicale.* 1 v. in-8º, Montpellier 1804.

sur les fleurs, le nombre et la forme des pétales ; il appelle les graminées : « *Plantes à fleurs visibles, pétalées simples, à deux pétalées irrégulières, triandres, digynes ;* » elles forment la 4e classe de son système ; il les divise ensuite par le sexe en deux ordres : le premier comprend toutes celles qui sont hermaphrodites ; le second, celles qui sont polygames ; ils sont divisés : le premier ordre, par le nombre des pistils et la nature des calices : 1° en celles qui sont uniflores ; 2° celles qui sont biflores ; 3° celles qui sont multiflores, 4° celles qui sont multiflores, mais portées sur le racle.

CRANTZ, Joh.-Nep. (1762) [1], prenant la florescence pour point de départ de sa classification générale, arrive à réunir tous les végétaux ou 15 grandes familles plus ou moins naturelles ; les graminées, qu'il appelle : *Plantes à florescence apparente, à port absolu et déliquescent, graminées,* forment sa 4e famille, qu'il divise selon le sexe : 1° en monoclines ou hermaphrodites ; 2° en diclinis monoïques ou polygames.

WERNISCHECK, Jacques (1764) [2], classe les végétaux par la présence ou l'absence de la corolle, par le nombre et la forme des pétales ; les graminées, qu'il appelle : *Plantes à fleurs apétales, à calice à balles,* forment le 1er et le 2e ordre de sa 19e famille ; il les divise par le nombre des pistils, et les sous-divise par la nature et la composition de l'épillet, en uniflores, biflores et multiflores, par le nombre des étamines, la nature du calice, le port et le sexe des fleurs.

NECKER, Nat. Jos. (1790) [3], appelle les graminées : *Plan-*

---

[1] CRANTZ Joh.-Nep. :

    Stirpium Austriacarum. Fasc. in-8°, Viennæ 1762-1769.

    Classis umbelliferarum emendata. Fasc. in-8°, Viennæ 1767-1768.

    Primæ Lineæ institutionum botanicarum. In-8°, Lipsiæ 1767.

    De Duabus arboribus Draconis. In-4', Vindobonæ 1768.

    Classis cruciferarum emendata. In-8°, Viennæ 1769.

[2] WERNISCHEK J., *Genera plantarum secundum numerum Laciniarum corollæ.* 1 v. in-8°, Vindobonæ 1764.

[3] NECKER Nat.-Jos. :

    Deliciæ Gallo-Belgicæ silvestres. 2 v. in-12. Argentorati 1768.

    Methodus muscorum. 1 v. in-8', Manheim 1771.

    Elementa Botanica secundum systema omologicum seu naturale. 3 v. in-8',   1790

    Corollarium ad philosophiam Botanicum Linnæi. 1 v. in-8', Neuwid 1790.

les à fructification, à balles ou en écailles; elles forment le 45ᵉ genre de sa classification générale de végétaux : il les divise par le sexe : 1° en *Monogames;* 2° en *Monoïques;* 3° en *Monoïco-polygames;* il subdivise seulement les monogames par le nombre des balles.

Les fleurs servent de base à la classification que MONET-DE-LA-MARCK, Jean (1778) [1], donne des végétaux ; il appelle les graminées : *Plantes à fleurs distinctes, disjointes, bi-sexuel-les, monopétalées, glumacées, graminées;* elles constituent la 52ᵉ classe de son système.

DURAND, François (1781) [2], établit sa classification géné-rale sur la présence ou l'absence et le nombre des pétales ; partant de ce principe, il forme 17 grandes familles, plus ou moins naturelles.

Les graminées, qu'il appelle : *Plantes à fleurs apétales, graminées,* forment la 2ᵉ section de sa 16ᵉ famille, sans les sé-parer des cypéracées ; il les divise par le nombre des balles, puis il les sous-divise : 1° en celles qui sont pourvues d'épi ; 2° celles qui sont pouvues d'une panicule. La première sous-division comprend trois tribus : la première, les graminées à épi cylindrique; la deuxième, celles qui ont l'épi unilatéral ; la troisième, celles qui ont l'épi digité. La seconde sous-di-vision comprend deux tribus : la première renferme les plan-tes à panicule simple ; la seconde, celles qui ont la panicule étagée.

GATTENHOFER, G. M. (1782) [3], comme beaucoup de ses de-vanciers, classe les végétaux en prenant l'organisation des fleurs pour base ; il partage tous les végétaux en 20 classes ou familles : les graminées, qu'il qualifie de : *Plantes à fleurs visibles, parfaites, apétales, graminées, diandrées et trian-*

---

[1] MONNET DE LA MARCK Jean :
Flore française. 3 v. in-8°, Paris 1778; 3ᵉ éd. 1804, 5 v. in-8°.
Extrait de la Flore française. 1 v. in 8°, 1792.
Encyclopedie methodique Botanique. 4 v. in-4°, Paris 1783-1796.
Illustration des genres. 500 pl., 2 v. texte, 1791-1799.

[2] DURAND F. :
Notions elémentaires de Botanique. 1 v. in-8°, Dijon 1781.
Flore de Bourgogne. 2 v. in-8°, Dijon 1782.

[3] GATTENHOFER G. M., *Stirpes agri et horti Heidelbergensis.* 1 v. in-8°, Heidelbergæ 1782.

dres, digynes, constituent sa 26e classe ; il les divise par la composition de l'épillet : 1° en uniflores ; 2° en biflores ; 3° en multiflores, et par la florescence en épi avec le réceptacle en alène ; il les sous-divise ensuite par le nombre des étamines et des pistils.

La classification de VILLARS, Dominique (1786) [1], n'est qu'une modification simplifiée du système sexuel de Linnée ; les graminées, qu'il appelle : *Plantes à étamines, déterminées, triandres, digynes, graminées,* forment la 1re section de la 3e classe de sa classification générale ; il les divise en cinq ordres ou tribus : 1° celles qui ont l'épi simple, calice uniflore ; 2° celles qui ont l'épi ramifié, calice uniflore ; 3° celles qui ont l'épi ramifié en panicule, balle uniflore ; 4° celles qui ont l'épi ramifié avec balle biflore ; 5° celles qui ont un calice multiflore.

Dès la première moitié du 18e siècle, les trois frères de JUSSIEU, Antoine [2], Joseph et Bernard, préparaient les travaux qui devaient avoir pour résultat la création d'une méthode de classification des végétaux qui, après avoir renversé, non sans luttes, le système sexuel de LINNÉE, et tous les autres systèmes, devait régner sans rival dans tout le monde savant.

A l'époque même que le système sexuel était adopté avec enthousiasme par le plus grand nombre des botanistes, et qu'il brillait de son plus vif éclat, quelques travailleurs plus exigents remarquaient et faisaient connaître ses imperfections ; ils lui reprochaient avec vérité « de sacrifier souvent à son ordre rigoureux les analogies naturelles, de décomposer des genres, des groupes entiers qui, comme les graminées, voyaient disperser dans plusieurs classes, plusieurs de leurs membres incontestés. » CUVIER a été plus loin en appelant ce système despotique, et en l'accusant d'avoir pour résultats de nous écarter à jamais de la distribution générale des êtres et de la connaissance des rapports réels qui les tient entre eux.

[1] VILLARS D. :
  Histoire des Plantes du Dauphiné. 3 v. in-8°, Grenoble 1786-1788.
  Catalogue des substances végétales qui peuvent servir à la nourriture de l'homme. 1 v. in-8°, Grenoble.
  Catalogue méthodique du jardin de Strasbourg. 1 v. in-8°, Strasbourg 1807.
[2] De JUSSIEU Antoine, *Discours sur les progrès de la Botanique au Jardin royal de Paris.* In-4°, Paris 1728.

Linnée, lui-même, comme nous l'avons déjà dit plus haut, connaissait bien les imperfections et les inconvénients de son système. Une méthode fondée sur les analogies lui paraissait bien préférable ; cette méthode, il la trouvait en germe dans les ouvrages de MATHIAS LOBEL (1605), de MAGNOL (1686) : il en faisait connaître les premiers fragments en 1737, dans son *Genera Plantarum*, et plus tard, dans son *Classes Plantarum*, il augmentait le nombre des familles; en 1751, dans sa *Philosophie*, il en décrivait encore de nouvelles.

En 1763, ADANSON, l'élève de Bernard de Jussieu, de retour de son voyage en Afrique, publiait ses familles de plantes ; mais ce n'est qu'en 1789, que Antoine-Laurent de JUSSIEU [1], neveu de Bernard, établissait sur des bases solides et durables la méthode, dite naturelle, en publiant son *Genera Plantarum*.

Cette méthode, que tout le monde connaît, et qui n'a été que très-faiblement modifiée depuis, classe tous les végétaux en 16 grandes classes, puis, chaque classe est divisée en familles, tribus, genres et espèces. Les graminées, qu'il appelle : « *Plantes monocotylédones à étamines, placées sous le pistil, graminées,* forment le 4e ordre de la 2e classe ; il les divise et les sous-divise en treize sections, de la manière suivante :

```
  I . Styli duo : stamen unicum aut duplex.
 II . . . . . . . Stamina, 3 : flores polygami: gluma 1 flora.
III . . . . . . . . . . . . . . . . . Gluma, 2 seu 3 flora.
 IV . . . . . . . . . . . . . Flores hermaphroditi.
  V . . . . . . . . . . . Glumæ multifloræ. Glomeratæ.
 VI . . . . . . . . . . . . Supra axim seu rachim spicatæ.
VII . . . . . . . . . . . . . . . . . vagæ.
VIII . . . . . . . . Stamina 6.
 IX . . . . . . . . . Stamina plura.
  X . . . Stylus unicus, stigma simplex.
 XI . . . . . . . . . . . . . — Divisum : Stamina 3.
XII . . . . . . . . . . . . . . . . . . . Stamina 6.
XIII . . . . . . . . . . . . . . . . . Stamina plura.
```

GILIBERT, Jean-Em. (1806) [2], base sa classification sur les

---

[1] DE JUSSIEU A.-L., *Genera plantarum*, 1 v. in-8°, Paris 1789.
[2] GILIBERT JOH.-EM. :
    Chloris Grodnensis, 1 v. in-8°, Grodnæ-Vilnæ 1781-1782.

fleurs, la présence ou l'absence des pétales, leur nombre,
leur forme et leur régularité ; sur ces données, il en forme 24
grandes séries ou familles. Les graminées, qu'il appelle :
« *Plantes à fleurs visibles, à corolles incomplètes, pétalées
et calycinées, graminées,* forment le 2ᵉ fascicule de la 3ᵉ collection de la 5ᵉ série de sa classification générale ; il les divise ensuite par le sexe, en trois ordres ; le premier renferme
celles qui sont hermaphrodites ; le deuxième, celles qui sont
monoïques ; le troisième, celles qui sont polygames ; il les
sous-divise ensuite par le nombre des étamines et la florescence en épi et panicule.

Nous pourrions encore analyser plusieurs autres méthodes de
classement : celles, par exemple, de LEERS, Joh.-Dan. (1789)[1] ;
SCHRADER, Hen.-Ad. (1794)[2]; KOELER, George-Lud. (1802)[3] ;
GAUDIN, J. (1811)[4] ; DESMAZIÈRES, J.-B.-H.-J. (1812)[5], etc.,

> *Caroli Linnæi systema plantarum Europæ.* 2 v. in-8º, Lug-
> duni 1785.
>
> *Linnæi fundamenta Botanica.* 2 v. in-8º, Lugduni 1786.
> *Histoire des Plantes d'Europe.* 2 v. in-8º, Lyon 1796-1806.
> *Calendrier de Flore, etc.* 1 v. in-8', Lyon 1809.

[1] LEERS Jou. Dan., *Flora herbornensis.* 1 v. in-8º, Coloniæ Allo-
brog., 1789.

[2] SCHRADER Henri-Adolphe :
> *Spicilegium floræ germanicæ.* 1 v. in-8º, Hannoveræ 1794.
> *Sertum hannoverarum.* 4 fasc. in-fol., Gottingæ 1795-1796.
> *Systematische Sammlung Kryptogamischer gewæchse.* 2 fasc.
> in-8º, Gottingen 1796.
> *Nova plantarum genera.* 1 fasc. in-fol., Lipsiæ 1797.
> *Journal für die Botanik.* 10 fasc. in-8º, Gottingæ 1799-1803.
> *Neues Journal für die Botanik.* 8 fasc. in-8º, Gottingæ 1805-
> 1810.
> *Flora germanica.* Tom. 1, in-8º, Gottingæ 1806.
> *Genera nonnulla observationibus illustrata.* In-4º, Gotting. 1808.

[3] KOELER George-Lud. :
> *Descriptio graminum in Gallia et Germanica nascentium.* 1 v.
> in-8º, Francof. 1802.
> *Lettre à M. Ventenat sur les Boutons et Ramifications des
> Plantes.* In-4º, Mayence 1805.

[4] GAUDIN J. :
> *Monographie des carex.* In-24, Lausanne 1804.
> *Agrostographia Helvetica.* 2 v. in-8º, Genevæ et Parisiis 1811.

[5] DESMAZIÈRES J.-B.-H.-J., *Agrostographie des départements
> du nord de la France.* 1 v. in-8º, Lille 1812.

qui tous ont laissé dans la science des témoignages écrits de
leurs études consciencieuses et de leur grand savoir ; nous ne
le ferons pas, parce que ce serait nous répéter inutilement et
allonger sans avantage cette introduction déjà trop longue,
attendu que tous les savants botanistes qui nous ont laissé
des descriptions si exactes, si soignées, ont, à peu de chose près,
suivi les mêmes errements que LINNÉE ; mais, il n'en peut être
de même de PALISSOT-DE-BEAUVAIS, A. M. F. J. (1812) [1],
auteur d'un ouvrage remarquable et par le texte et par les
planches qui l'accompagnent, ouvrage qui a été la cause d'un
véritable progrès dans la science.

Laissons l'auteur exposer lui-même sa méthode :

« Si l'on embrasse dans la pensée toutes les graminées, on est
« frappé d'en voir une partie dont les fleurs, de quelque
« nature qu'elles soient, sont régulièrement distribuées dans
« les *locustes* (épillets), ayant une enveloppe commune, et
« une autre partie dont les fleurs de chaque sorte se trouvent
« séparées, chacune dans une *locuste* différente et qui lui est
« propre ; alors on les partage naturellement en deux parties
« nommées familles, savoir :

Caractères de premier Ordre ou de Famille.

« I. Toutes les locustes composées d'une ou de plusieurs
« fleurettes d'une même sorte ou de sortes différentes, mais
« contenues dans une enveloppe commune, constituent la pre-
« mière famille et prennent le nom de *Monothalamées*.

« II. Les locustes de diverses sortes sur un seul et même
« axe, les unes contenant des fleurettes neutres ou unisexuel-
« les ; les autres, des fleurettes polygames ou d'un sexe diffé-
« rent de celui des précédentes, composent la seconde famille
« *Polythalamées*.

[1] PALISSOT-DE-BEAUVAIS A.-M.-F.-J. :

*Prodrôme des 5ᵉ et 6ᵉ familles de l'Ethéogamie (Mousses et
Lycopodes)*. 1 v. in-8°, Paris 1805.

Flore des royaumes d'Oware et de Bénin. Fasc. in-fol., Paris
1805.

*Nouvelles Observations sur la fructification des Mousses et
des Lycopodes*. 1 fasc. in-4°, Paris 1811.

Essai d'une nouvelle Agrostographie. 1 v. in-8 et in-4, Paris
1812.

*Premier Mémoire sur la disposition de la Moelle et des
Feuilles*. In-4, Paris 1815.

« Chacune de ces familles se sont divisées en tribus, les
« tribus en cohortes, et celles-ci en genre, de la manière sui-
« vante :

PREMIÈRE FAMILLE. — *Les MONOTHALAMÉES.*

Caractères de deuxième Ordre ou de Tribu.

« Axe florifère simple et entier, glumes de la bâle plus ou
« moins inégales, opposées, engaînantes, insérées alternative-
« ment. . . . . I tribu.
« Axe florifère articulé ou denté ; glumes de la bâle sou-
« vent graminées, égales, insérées parallèlement sur les dents
« ou articulations du rachis, rarement opposées ou engaînan-
« tes. . . . . II tribu.

PREMIÈRE TRIBU.

Caractères de troisième Ordre ou de Cohorte.

« Locustes uniflores . . . . 1re cohorte.
« Locustes semi-biflores. . . . . 2e cohorte.
« Locustes multiflores. . . . . 3e cohorte.
« Locustes à fleurettes hermaphrodites. . 4e cohorte.

Caractères de quatrième Ordre ou de Section.

Première Cohorte.

« Locustes privées de bâles . . . . }
« Locustes ayant une bâle biglumée } 1re section, 2 genres.
« Une seule paillette . . . . }
« Deux paillettes. . . . . } 2e section, 3 genres.
« Glume inf. plus grande. . . . . 3e section, 20   id.
« Glume inf. plus courte . . . . . 4e section, 21   id.

Deuxième Cohorte.

« Cette cohorte n'est pas susceptible de division, 12   id.

Troisième Cohorte.

« Locustes contenant des fleurettes de deux sortes ou poly-
games.
« Deux fleurettes. . . . . . 1re section, 17 genres.
« Trois fleurettes . . . . . 2e section, 15 genres.

Quatrième Cohorte.

« Locustes contenant toutes fleurettes hermaphrodites, sauf
« la première, qui souvent avorte, faute de nourriture suffi-
« sante, absorbée par les fleurettes inférieures . . . 48 genres.

DEUXIÈME TRIBU.

Caractères de troisième Ordre ou de Cohorte.

« Locustes multiflores. . . . . 5e cohorte.
« Locustes uniflores. . . . . 6e cohorte.

Cinquième Cohorte.

Caractères de quatrième Ordre ou de Section.

« Fleurettes hermaphrodites . . . 1re section, 15 genres.
« Fleurettes polygames. . . . . . 2e section, 11 genres.

Sixième Cohorte.

« Paillette inférieure garnie de soie . . .
« Paillette mutique . . . . —   6 genres.

SECONDE FAMILLE. — *Les POLYTHALAMÉES.*

« Axe articulé et denté, glumes insérées parallèle-
« ment . . . . 3e tribu.
« Axe simple et entier, glumes insérées alternative-
« ment . . . . 4e tribu.

TROISIÈME TRIBU.

Caractères de troisième Ordre ou de Cohorte.

Septième Cohorte.

Caractères de quatrième Ordre ou de Section.

« Trois étamines. . . . . 1re section, 7 genres.
« Etamines nombreuses . . . . . . 2e section, 1 genre.

QUATRIÈME TRIBU.

Caractères de troisième Ordre ou de Cohorte.

« Axe polygame. . . . . 8e cohorte.
« Axe dicline . . , ... 9e cohorte.

Huitième Cohorte.

Caractères de quatrième Ordre ou de Section.

« Locustes uniflores . . . . 1re section, 8 genres.
« Locustes pluriflores. . . . . . . 2e section, 10 genres.

Neuvième Cohorte.

« Axe monoïque . . . . 1re section, 5 genres.
« Axe dioïque . . . . 2e section, 2 genres.
« Genres non classés . . . .   —   8 genres.

Linnée ne connaissait que 46 genres de graminées, nous venons de voir que Palissot-de-Bauvais en a décrit 212 ; cette augmentation considérable (166) s'explique par les observations et les études mieux faites, et les immenses matériaux réunis par les voyageurs de toutes les nations qui n'ont cessé de parcourir notre globe dans toutes les directions, pendant la période de temps qui s'écoula depuis l'époque de Linnée jusqu'à celle de PALISSOT-DE-BEAUVAIS.

KUNTH, C. S. (1825) [1], inspiré par les travaux de Seguier, d'Adanson, etc., a publié un système de classification, qui a quelques rapports avec celui proposé par ces auteurs ; comme eux, il divise toutes les graminées en un certain nombre de groupes ou tribus, formés de la réunion de genres ayant entre eux une certaine analogie. Ce mode de classification a été à peu près généralement adopté par le plus grand nombre des botanistes de notre époque.

[1] KUNTH Carolo-Sigismondo :
Synopsis plantarum quas in itinere ad plagiam æquinoxialem orbis novi collegerunt. Al. de Humboldt et A. Bonpland. Parisiis 1823, 4 v. in-8°.
Flora Berolinensis, etc. 2 v. in-12, Berolini 1838.
Enumeratio plantarum omnium hucusque cognitarum, etc. 4 v. in-8°, 1833 1850, Stuttgardiæ.
Agrostographia synoptica, etc. 2 v. in-8°, Stuttgardiæ.
Terebinthacearum genera. Br. in-8°, Parisiis 1824.
Malvaceæ, Buttneriaceæ tiliaceæ familiæ denuo...., etc. B. in-8°, Parisiis 1822.
Observations sur quelques genres de la famille des Aroïdées. Paris 1815, b. in-1°.
Considérations générales sur les Graminées. B. in-4°.
Notice sur le genre Bambusa. B. in-4°, Paris 1822.

Il divise toutes les graminées connues en 228 genres et 3082 espèces, il en forme 13 groupes, plus un 14ᵉ qui ne se compose que de genres douteux.

I. *Orysées*, caractérisées par : épillets contenant 1-3 fleurs, dont une ou deux inférieures sont neutres et uni-paléacées, la terminale fertile ; paillettes roides et parcheminées ; fleurs souvent diclines et à six étamines. (12 *genres, 59 espèces*).

II. *Phalaridées*, caractérisées par : épillets hermaphrodites, polygames ou monoïques, tantôt uniflores avec ou sans rudiment d'une autre fleur supérieure, tantôt biflore, tantôt triflore ; la fleur terminale fertile, les autres incomplètes ; glumes souvent égales ; glumelles souvent durcies avec le fruit. (17 *genres,* 90 *espèces*).

III. *Panicées*, caractérisées par : épillets biflores ; fleur inférieure incomplète, glumes membraneuses, quelquefois réduite à une seule écaille ou nulle ; glumelles coriaces, ordinairement mutiques ; l'inférieure concave, caryopse comprimé parallèlement à l'embryon. (32 *genres,* 1866 *espèces*).

IV. *Stipacées*, caractérisées par les épillets uniflores ; glumelle inférieure enroulée, aristée au sommet, et souvent adhérente au fruit, arête simple ou trifide, souvent tordue et articulée à la base, ovaire stipité ; souvent trois glumellules. (8 *genres,* 152 *espèces*).

V. *Agrostidées*, caractérisées par : épillets uniflores, très-rarement pourvus d'une seconde fleur rudimentaire, constituée par une simple arête ; glumes et glumelles membraneuses ; glumelle inférieure, souvent aristée ; stigmate, le plus souvent sessile. (14 *genres,* 222 *espèces*).

VI. *Arundinacées*, caractérisées par : Epillets uniflores ou multiflores ; fleurs, le plus souvent entourées de poils soyeux ; glumes et glumelles membraneuses, herbacées, égales ou souvent plus grandes que la fleur ; glumelle inférieure, aristée ou mutique. (9 *genres,* 89 *espèces*).

VII. *Pappophorées*, caractérisées par : Epillets bi-multiflores ; fleurs supérieures souvent incomplètes ; glumes et glumelles membraneuses, herbacées ; glumelles inférieures, tri-multiflores, à divisions aristées ; inflorescence en tête, en épi ou en panicule. (6 *genres,* 28 *espèces*).

VIII. *Chloridées*, caractérisées par : Epillets rapprochés en épis unilatéraux, unis ou multiflores ; fleur supérieure, sou-

vent incomplète; glumes et glumelles membraneuses, herbacées, mutiques ou aristées; épis digités ou paniculés, rarement solitaires; rachis non articulé. (20 *genres,* 136 *espèces*).

IX. *Avenacées,* caractérisées par : Epillets bi-multiflores;
fleur terminale, souvent incomplète; glumes et glumelles
membraneuses, herbacées; glumelle inférieure, le plus souvent
aristée, arête dorsale, tordue. (19 *genres,* 195 *espèces*).

X. *Festucacées,* caractérisées par : Epillets multiflores;
glumes et glumelles membraneuses, herbacées, rarement coriaces; glumelle inférieure, le plus souvent aristée, arête non
tordue; inflorescence, le plus souvent en panicule. (37 *genres,*
686 *espèces*).

XI. *Hordéacées,* caractérisées par : Epillets tri-multiflores,
rarement uniflores, souvent aristés; fleur terminale incomplète; glumes et glumelles herbacées; ovaire souvent pubescent; inflorescence en épi simple, solitaire; rachis rarement
articulé. (8 *genres,* 144 *espèces*).

XII. *Rottboelliacées,* caractérisées par : Epillets unis ou biflores, très-rarement triflores; logés dans les excavations du
rachis, solitaires ou géminés, l'un sessile, l'autre pédicellé; ce
dernier souvent avorté; glumes quelquefois nulles, mais le plus
souvent coriaces; glumelles membraneuses, rarement aristées;
inflorescence en épi; rachis le plus souvent articulé. (11 *genres,* 38 *espèces*).

XIII. *Andropogonées,* caractérisées par : Epillets biflores;
fleur inférieure, le plus souvent incomplète; glumes plus petites que les glumelles, souvent transparentes. (25 *genres,* 269
espèces.

XIV. Genres douteux. (8 *genres,* 8 *espèces*).

CHEVALIER, A. F. F. (1836) [1], est l'un des rares auteurs de
notre époque qui n'a pas adopté la classification de Kunth.

Il divise les graminées en quatre tribus : la première comprend tous les genres dont l'axe florifère est entier et cylindrique.

La deuxième, tous ceux dont l'axe florifère est sinueux et
excavé pour recevoir les épillets.

[1] A.-F.-F. CHEVALIER, *Lutetiæ flora generales.* 3 v. in-8°.
Parisiis 1836.

La troisième, tous ceux dont l'axe est androgyne.

La quatrième, ceux qui ont l'axe monoïque.

La première tribu se subdivise en trois sections :

La première, caractérisée par : glumes uniflores, hermaphrodites ; 3 étamines ; 2 styles.

La deuxième, par glumes semi - biflores ; **3** étamines ; 2 styles.

La troisième, par : glumes multiflores, hermaphrodites, rarement polygames ; 3 étamines ; 2 styles.

La deuxième tribu est subdivisée en cinq sections :

La première, caractérisée par : glumes nulles, fleurs solitaires en tête : la dernière, munie de bractées terminales ; 3 étamines ; 1 style.

La deuxième, par : glumes nulles ; fleurs géminées, alternes, accompagnées de deux bractées ; 3 étamines ; 2 styles.

La troisième, par : glumes nulles ; fleurs alternes, hermaphrodites ou neutres, entourées d'un involucre hexaphylle ; 3 étamines ; **2** styles.

La quatrième, par : glumes nulles ; épillets géminés ou ternés, à 2 ou 3 fleurs ; involucre, dont les folioles sont disposées par paires et en nombre double de celui des épillets ; 3 étamines ; 2 styles.

La cinquième, par : glumes multiflores, se subdivise en deux sous-sections : la première, caractérisée par 2 valves opposées l'une à l'autre ; 3 étamines ; 2 styles ; la seconde, par 6 valves simples, opposées à l'axe ; la dernière, double.

La troisième tribu n'est pas divisée, elle est caractérisée par : fleurs géminées, distinctes, l'une mâle, l'autre hermaphrodite ; 3 étamines ; 2 styles.

La quatrième tribu n'est pas divisée, elle est caractérisée par : fleurs mâles à 3 étamines, et fleurs femelles à un style, filiforme, formant des épis distincts sur la même plante, et placés les uns au-dessus des autres par groupes séparés.

L'application de ce système a été faite à la flore des environs de Paris.

NEES Ab Esenbeck (1841) [1], MM. GRENIER et GODRON (1855), KOCH D. G. D. J., ont adopté le mode de division de KUNTH, mais chacun d'eux l'a un peu modifié conformément à ses inspirations.

NEES partage les graminées de l'Afrique australe en deux grandes sections : la première renferme les graminées *Hétéroclines* ; la seconde, toutes celles qui sont *Homonoclines*.

La première comprend quatre tribus : 1° les *Phalaridées* (3 genres); 2° les *Panicées* (12 genres); 3° les *Tristiginées* (1 genre), et 4° les *Saccharinées*, qui se subdivisent en deux sections : 1° les *Sorgo* (1 genre) ; 2° les *Andropogonées* (12 genres).

La seconde (*Homonoclines*) est formée de 12 tribus : les *Phleoidées* sont divisées en deux sections : 1° les *Phleoidées verées* (29 genres) ; 2° les *Perotidées* (1 genre) ; 3° les *Agrostidées* (6 genres); 4° les *Stipées* (3 genres) ; 5° les *Orysées* (4 genres); 6° les *Pappophorées* (1 genre) ; 7° les *Chlori-*

---

[1] NEES AB ESENBECK C.-G. :

Floræ Africæ Australioris illustrationes. Graminæ. 1v. in-8°, Glogaviæ 1841.

Genera Plantarum floræ Germaniæ, etc. 20 fasc. in-8°, Bonn 1833-1835.

Plantæ medicinales, oder sammlung, offizineller Pflanzen, etc. 3 v. in-fol., Dusseldorf 1829-1833.

Das System des Pilze und Schwamme. 1 v. in-4°, Vurzburg 1818.

Genera et Species asterearum. Norimbergæ 1833, in-8°

Plantarum in horto medico Bonnensi. 1 v. in-4°, Bonnæ 1824.

Enumeratio plantarum Cryptogamicarum Javæ. 1 fasc. in-8°, Vratislaviæ 1830.

Plantarum nonnullarum mycetoidearum in horto medico Bonnensi. Fasc. in-4°.

Monograph of the Eart indian Solaneæ. London 1832, fasc. in-4°,

Fungi Javanici. Fasc. in-4°.

Spiridens novum Muscorum diploperistomiorum genus. In-4° fasc.

Uber die gattungen Calicanthus, Meratia, etc. Fasc. in-4°.

Boleti fomentarii Pers. Fasc. in-4°.

Excursus de solano Wightii. Fasc. in-4°.

Fraxinellæ plantarum familia naturalis, etc. Bonn., fasc. in-4°.

dées (11 genres); 8° les *Avenées* (10 genres) ; 9° les *Arundi-nées* (2 genres); 10° les *Triticées*, sous-divisées en deux sous-tribus : 1° les *Hordées* (1 genre) ; 2° les *Triticées verées* (2 genres) ; 11° les *Festucacées*, sous-divisées en *Poées* (7 genres); *Cynosurées* (6 genres); et *Bromées* (6 genres); 12° les *Bambusées*, sous-divisées en deux sous-tribus : les *Bambu-sées verées* (1 genre), les *Arundinarées* (1 genre).

MM. Grenier et Godron, dans leur flore française [1], divisent les graminées en deux grandes classes.

La première comprend toutes celles qui ont les épillets non insérés dans les excavations du rachis.

La seconde comprend celles dont les épillets sont insérés dans les excavations du rachis.

I.

Epillets non insérés dans les excavations du rachis.

Elle se subdive en deux sections :

1° Celles dont les fleurs ne s'étalent pas pendant l'anthèse.

2° Celles dont les fleurs s'étalent pendant l'anthèse.

La première comprend 5 tribus : 1° les *Orizées* (1 genre) ; 2° les *Phalaridées* (7 genres); 3° les *Sesleriacées* (5 genres); 4° les *Panicées* (3 genres); 5° les *Spartinées* (2 genres).

La seconde comprend neuf tribus : 6° les *Andropogonées* (3 genres); 7° les *Imperatées* (1 genre); 8° les *Arundinacées* (2 genres; 9° les *Agrostidées* (8 genres); 10° les *Stipacées* (5 genres) ; 11° les *Airospidées* (5 genres) ; 12° les *Avenacées* (6 genres); 13° les *Tristicées* (4 genres); 14° les *Festucacées*, divisées en trois sous-tribus caractérisées par : la première

[1] GODRON :

    Quelques notes sur la Flore de Montpellier. Besançon 1854, in-8°.

    Florula Juvenalis. Br. in-8°, Nancy 1854.

    De l'Hybridité dans les Végétaux. B. in-8°, Nancy 1844.

GRENIER Ch. :

    Souvenir Botanique des environs des Eaux-Bonnes. Bordeaux 1837, in-8°, br.

    Monographia de Cerastio. B. in-8°, Vesuntione 1841.

    Géographie botanique du département du Doubs. B. in-8°, Strasbourg 1844.

GODRON et GRENIER. *Flore française*. 3 v. in-8°, 1848-1856.

glumelle inférieure non apiculée ni aristée, pourvue de nervures parallèles qui n'atteignent pas le sommet ; caryopse non appendiculé au sommet (8 genres) ; la seconde par : glumelle inférieure apiculée, lobulée ou aristée au sommet, munie de nervures, qui, toutes, ou du moins les médianes, sont convergentes ; caryopse non appendiculé au sommet (6 genres) ; la troisième, glumelle inférieure apiculée ou aristée au sommet, munie de nervures qui, toutes, ou du moins les médianes, sont convergentes ; caryopse appendiculé au sommet (3 genres).

II.

Epillets insérés dans les excavations du rachis.

Elle comprend quatre tribus : 15° les *Hordéacées* (2 genres); 16° les *Triticées*, divisées en deux sous-tribus : la première, caractérisée par caryopse pubescent au sommet (4 genres); la seconde, par caryopse glabre au sommet (3 genres); 17° les *Rottboelliacées* (2 genres); 18° les *Nardoidées* (1 genre).

KOCH, D. G. D. J. (1857) [1], partage toutes les graminées comprises dans son *Synopsis floræ Germanicæ et helveticæ,* en treize tribus : 1° les *Olyrées* (1 genre); 2° les *Andropogonées* (4 genres); 3° les *Panicées* (3 genres); 4° les *Phalaridées* (4 genres); 5° les *OElopecuroidées* (4 genres); 6° les *Chloridées* (2 genres); 7° les *Orysées* (2 genres); 8° les *Agrostidées* (7 genres); 9° les *Stipacées* (4 genres); 10° les *Arundinacées* (3 genres); 11° les *Sesleriacées* (2 genres); 12° les *Avenacées* (9 genres); 13° les *Festucacées* (10 genres.)

[1] KOCH D.-G.-D.-J., *Synopsis floræ Germanicæ et Helveticæ.* Lipsiæ 1837; 2e éd. 1857, 2 v. in-8°.

Exposé de la Méthode de l'Auteur.

Classer les graminées connues d'après des caractères certains, invariables, constants, toujours apparents, tel a été mon but.

Les sexes et l'inflorescence sont les bases sur lesquelles j'appuie le mode de classification que je propose.

Partant de cette base, j'ai divisé les graminées en cinq grandes classes.

I. La première comprend toutes les graminées à fleurs complètes, toutes hermaphrodites (*Hermaphroditées vœrées*).

II. La deuxième se compose de celles qui ont les fleurs hermaphrodites accompagnées de fleurs rudimentaires, sans sexe apparent et toujours stériles (*Hermaphroditées incomplétees*) [1].

III. La troisième renferme celles qui, sur le même épi ou la même panicule, offrent un mélange de fleurs mâles, de fleurs femelles et de fleurs hermaphrodites (*Polygamées*).

IV. La quatrième ne contient que les graminées qui portent, sur le même sujet, des fleurs mâles et des fleurs femelles (*Monoïcées*).

V. La cinquième est composée des graminées dont les sexes sont complètement séparés, c'est-à-dire, que les fleurs mâles sont portées par un sujet, et les fleurs femelles par un autre.

Ire CLASSE. — *HERMAPHRODITÉES VOERÉES*.

Un autre caractère toujours constant, apparent et régulier, c'est le nombre des fleurs qui composent chaque épillet.

J'en ferai le caractère de 2e ordre.

Chaque classe est donc divisée selon le nombre des fleurs

---

[1] Si, comme l'avancent plusieurs Botanistes, les fleurs rudimentaires étaient un accident déterminée par la nature du sol ou les vicissitudes atmosphériques, on ne rencontrerait pas ce caractère toujours sur les mêmes genres, toujours sous les mêmes formes. Enfin, avec une régularité telle, qu'elle est inséparable de l'état normal, les causes indiquées plus haut déterminent quelquefois l'avortement ou l'incomplet développement des fleurs ; mais, dans ce cas, contrairement à ce qui a lieu généralement, l'effet se produit irrégulièrement sans distinction de fleurs, d'épillets, d'espèces ou de genres

sur chaque épillet en **4 tribus** : 1re tribu, une fleur à l'épillet (*uniflorées*); 2e tribu, deux fleurs à l'épillet (*biflorées*); 5e tribu, trois fleurs à l'épillet (*triflorées*); 4e tribu, plus de trois fleurs à l'épillet (*pluriflorées*).

Ire TRIBU. — *UNIFLORÉES*.

Comme caractère de 5e ordre, j'admets la forme de l'inflorescence.

C'est ainsi que chaque tribu se divise en trois sous-tribus, selon : 1° que la panicule est rameuse ; 2° qu'elle est spiciforme ; 3° qu'elle est anomale ou renfermée dans une spathe ou entourée d'un involucre.

Ire SOUS-TRIBU. — *Epillets en Panicule rameuse.*

La forme de l'épillet va me servir de caractère de 4e ordre.

1re section : Epillets comprimés latéralement . . 14 genres.

2e section : Epillets comprimés par le dos . . . 1 genre.

3e section : Epillets cylindriques, ovoïdes ou fusiformes . . . . 5 genres.

IIe SOUS-TRIBU. — *Epillets en Panicule spiciforme.*

1re section : Epillets comprimés latéralement. . 14 genres.

2e section : Epillets comprimés par le dos. . . 1 id.

3e section : Epillets ovoïdes, cylindriques ou fusiformes. . . . . 7 id.

IIIe SOUS-TRIBU. — *Panicule anomale, ou renfermée dans une Spathe ou un Involucre.*

Cette 3e sous-tribu renferme . . . . 6 genres.

IIe TRIBU. — *BIFLORÉES*.

Ire SOUS-TRIBU. — *Epillets disposés en Panicule rameuse.*

1re section : Epillets comprimés latéralement. . 5 genres.

2e section : Epillets ovoïdes, globuleux, fusiformes ou cylindriques . . . . 8 genres.

IIe SOUS-TRIBU. — *Epillets en Panicule spiciforme.*

Elle n'est pas subdivisée . . . . 2 genres.

IIIe SOUS-TRIBU. — *Epillets en Panicule anomale, ou renfermée dans une Spathe ou un Involucre.*

Elle n'est pas subdivisée . . . . 3 genres.

IIIe TRIBU. — *TRIFLORÉES.*

Ire SOUS-TRIBU. — *Epillets en Panicule rameuse.*

Elle n'est pas subdivisée . . . .   3 genres.
Les 2e et 3e sous-tribus ne sont pas représentées.

IVe TRIBU. — *PLURIFLORÉES.*

Ire SOUS-TRIBU. — *Epillets en Panicule rameuse.*

1re section : Epillets comprimés latéralement. .   8 genres.
2e section : Epillets ovoïdes, globuleux ou fusiformes. . . . .   10 genres.

IIe SOUS-TRIBU. — *Epillets en Panicule spiciforme
ou digitée.*

1re section : Epillets comprimés latéralement .   8 genres.
2e section : Epillets ovoïdes, cylindriques, ou
fusiformes. . . . .   5 genres.

IIIe SOUS-TRIBU. — *Panicule anomale, ou renfermée
dans une Spathe ou un Involucre.*

Elle n'est pas subdivisée. . . . .   1 genre.

IIe CLASSE. — *HERMAPHRODITÉES INCOMPLÉTÉES.*

*Epillets composés de fleurs hermaphrodites, accompagnées
de fleurs rudimentaires toujours stériles.*

Ire TRIBU. — *UNIFLORÉES.*

Ire SOUS-TRIBU. — *Epillets en Panicule rameuse.*

Elle n'est pas subdivisée . . . .   4 genres.

IIe SOUS-TRIBU. — *Epillets en Panicule spiciforme.*

Elle n'est pas subdivisée . . . .   6 genres.

IIIe SOUS-TRIBU. — *Epillets en Panicule anomale,
renfermée dans une Spathe ou un Involucre.*

Elle n'est pas subdivisée . . . .   5 genres.

IIe TRIBU. — *BIFLORÉES.*

Ire SOUS-TRIBU. — *Epillets en Panicule rameuse.*

1re section: Epillets sessiles . . . . 2 genres.
2e section: Epillets pédicellés . . . . 9 genres.
3e section: Epillets géminés . . . . 3 genres.

IIe SOUS-TRIBU. — *Epillets en Panicule spiciforme.*

1re section: Epillets sessiles . . . . 11 genres.
2e section: Epillets pédicellés . . . . 4 genres.
3e section: Epillets géminés . . . . 12 genres.

IIIe SOUS-TRIBU. — *Epillets en Panicule anomale, renfermée dans une Spathe ou un Involucre.*

Elle n'est pas subdivisée . . . . 6 genres.

IIIe TRIBU. — *TRIFLORÉES.*

Ire SOUS-TRIBU. — *Epillets en Panicule rameuse.*

1re section: Glumes égales . . . . 6 genres.
2e section: Glumes inégales . . . . 4 genres.

IIe SOUS-TRIBU. — *Epillets en Panicule spiciforme.*

1re section: Glumes égales . . . . 1 genre.
2e section : Glumes inégales . . . . 4 genres.
3e section: Glume nulle ou une glume. . . . . 2 genres.

IIIe SOUS-TRIBU. — *Epillets en panicule anomale, pourvue ou non à la base d'une Spathe ou d'un Involucre.*

Elle n'est pas représentée.

IVe TRIBU. — *PLURIFLORÉES.*

Ire SOUS-TRIBU. — *Epillets en Panicule rameuse.*

1re section: Glumes égales . . . . 4 genres.
2e section: Glumes inégales . . . . 6 genres.

IIe SOUS-TRIBU. — *Epillets en Panicule spiciforme.*

1re section: Glumes égales . . . . 5 genres.
2e section: Glumes inégales . . . . 4 genres.

IIIe SOUS-TRIBU. — *Epillets en Panicule anomale, pourvue ou non à la base d'une Spathe ou d'un Involucre.*

Elle n'est pas subdivisée. . . . . 3 genres.

IIIe CLASSE. — *POLYGAMÉES.*

Panicules composées de fleurs hermaphrodites, mélangées de fleurs mâles ou de fleurs femelles.

Ire TRIBU. — *UNIFLORÉES.*

Ire SOUS-TRIBU. — *Epillets en Panicule rameuse.*

Elle n'est pas subdivisée . . . . 2 genres.

IIe SOUS-TRIBU. — *Epillets en Panicule spiciforme.*

Elle n'est pas subdivisée . . . . 2 genres.

IIIe SOUS-TRIBU. — *Epillets en Panicule anomale libre, ou renfermée dans une Spathe ou un Involucre.*

Elle n'est pas subdivisée . . . . 1 genre.

IIe TRIBU. — *BIFLORÉES.*

Ire SOUS-TRIBU. — *Epillets en Panicule rameuse.*

1re Section: Glumes égales . . . . 7 genres.
2e section: Glumes inégales . . . . 7 genres.

IIe SOUS-TRIBU. — *Epillets en Panicule spiciforme.*

1re section : Epillets sessiles. . . . . **4** genres.
2e section : Epillets géminés . . . . **5** genres.

IIIe SOUS-TRIBU. — *Epillets en Panicule anomale, ou renfermée dans une Spathe ou un Involucre.*

1re section : Epillets pédicellés. . . . . **3** genres.
2e section : Epillets sessiles. . . . . 4 genres.
3e section : Epillets géminés . . . . 2 genres.

IIIe TRIBU. — *TRIFLORÉES.*

Ire SOUS-TRIBU. — *Epillets en Panicule rameuse.*

Elle n'est pas subdivisée. . . . . **4** genres.

IIe SOUS-TRIBU. — *Epillets en Panicule spiciforme.*

Elle n'est pas subdivisée. . . . . 2 genres.

d

IIIe SOUS-TRIBU. — *Epillets en Panicule anomale,
ou renfermée dans une Spathe ou un Involucre.*

Elle n'est pas subdivisée . . . . 2 genres.

IVe TRIBU. — *PLURIFLORÉES.*

Ire SOUS-TRIBU. — *Epillets en Panicule rameuse.*

Elle n'est pas subdivisée. . . . . 4 genres.

IIe SOUS-TRIBU. — *Epillets en Panicule spiciforme.*

Elle n'est pas représentée.

IIIe SOUS-TRIBU. — *Epillets en Panicule anomale,
ou renfermée dans une Spathe ou un Involucre.*

Elle n'est pas subdivisée . . . . 1 genre.

IVe CLASSE. — *MONOICÉES.*

*Fleurs mâles et fleurs femelles sur la même plante, mais
jamais accompagnées de fleurs hermaphrodites.*

Ire TRIBU. — *UNIFLORÉES.*

Ire SOUS-TRIBU. — *Epillets en Panicule rameuse.*

1re section : Fleurs mâles et fleurs femelles sur la même
panicule. . . . . 3 genres.
2e section : Fleurs mâles et fleurs femelles, jamais sur la
même panicule . . . . 3 genres.

IIe SOUS-TRIBU. — *Epillets en Panicule spiciforme.*

Elle n'est pas subdivisée. . . . . 4 genres.

IIIe SOUS-TRIBU. — *Epillets en Panicule anomale,
ou renfermée dans une Spathe ou un Involucre.*

Elle n'est pas représentée.

IIe TRIBU. — *BIFLORÉES.*

Ire SOUS-TRIBU. — *Epillets en Panicule rameuse.*

Elle n'est pas subdivisée. . . . . 1 genre.

IIe SOUS-TRIBU. — *Epillets en Panicule spiciforme.*

Elle n'est pas subdivisée. . . . .   4 genres.

IIIe SOUS-TRIBU. — *Epillets en Panicule anomale,
ou renfermée dans une Spathe ou un Involucre.*

Elle n'est pas subdivisée. . . . .   5 genres.

IIIe TRIBU. — *TRIFLORÉES.*

Ire SOUS-TRIBU. — *Epillets en Panicule rameuse.*

Elle n'est pas représentée.

IIe SOUS-TRIBU. — *Epillets en Panicule spiciforme.*

Elle n'est pas subdivisée . . . .   2 genres.

IIIe SOUS-TRIBU. — *Epillets en Panicule anomale,
ou renfermée dans une Spathe ou un Involucre.*

Elle n'est pas représentée.

IVe TRIBU. — *PLURIFLORÉES.*

Ire SOUS-TRIBU. — *Epillets en Panicule rameuse.*

Elle n'est pas subdivisée . . . .   1 genre.

IIe SOUS-TRIBU. — *Epillets en Panicule spiciforme.*

Elle n'est pas subdivisée. . . . .   1 genre.

IIIe SOUS-TRIBU. — *Epillets en Panicule anomale,
ou renfermée dans une Spathe ou un Involucre.*

Elle n'est pas représentée.

Ve CLASSE. — *DIOICÉES.*

*Fleurs mâles sur une plante, fleurs femelles
sur une autre.*

Ire TRIBU. — *UNIFLORÉES.*

Elle n'est pas représentée.

IIᵉ TRIBU. — *BIFLORÉES.*

Iʳᵉ SOUS-TRIBU. — *Epillets en Panicule rameuse.*

Elle n'est pas subdivisée . . . .   2 genres.

IIᵉ SOUS-TRIBU. — *Epillets en Panicule spiciforme.*

Elle n'est pas représentée.

IIIᵉ SOUS-TRIBU. — *Epillets en Panicule anomale, ou renfermée dans une Spathe ou un Involucre.*

Elle n'est pas subdivisée. . . . .   1 genre.

Les Iʳᵉ, 3ᵉ et 4ᵉ tribus de cette 5ᵉ classe ne sont pas représentées.

FAMILLE DES GRAMINÉES.

(LINNÉE-JUSSIEU).

Les végétaux qui composent cette famille sont terrestres ou aquatiques, herbacés ou ligneux, annuels ou vivaces; ils croissent sur toute la surface de la terre, sous tous les climats, dans les plaines, sur les montagnes, sous les neiges et les glaces des pôles, dans les plaines brûlées des zônes torrides, sur les rochers, sur les terres fertiles, sur les plages des mers, dans les eaux des rivières, etc., etc.

Comme le plus grand nombre des végétaux phanérogames, ils sont composés de trois parties principales: la racine, la tige et les organes de la fructification.

Racines. Les racines ou souches sont fibreuses, capillaires, cespiteuses ou traçantes, quelquefois bulbiformes (*Phleum nodosum. Lin., etc.*).

Tiges. La tige est un chaume herbacé, quelquefois ligneux (*Bambusa, etc.*), dans quelques cas sous-frutescent (*Spinifex*), simple ou rameux, droit ou couché, genouillé, puis redressé. quelquefois rampant, traçant, radicant, très-rarement grimpant (*Chusquea*), solitaire, ou réuni par touffes plus ou moins compactes, capillaire, ou plus ou moins robuste, cylindrique ou comprimé, lisse ou strié, glabre ou pubescent, fistuleux, rarement plein (*Zea*), quelquefois rempli d'un mucilage abondant et sucré (*Saccharum*), de longueur très-variable (quelques centimètres à plusieurs mètres), nu ou feuillé, interrompu de distance en distance par des nœuds solides, sur lesquels s'insèrent les feuilles, nœuds plus ou moins espacés, quelquefois ils n'existent que vers la partie inf. (*Lygeum*).

Feuilles. Les feuilles sont alternes, quelquefois distiques (*Zoysia*), rarement pétiolées (*Mallebrunia*), généralement composées de trois parties : la gaine, la ligule et le limbe.

La *Gaine* (pétiole élargi) existe le plus généralement, mais dans les genres à feuilles pétiolées elle n'existe pas (*Orthoclada, — Schizostachyum*); souvent fendue jusqu'à la base. elle ne l'est dans quelques genres qu'au sommet, très-rarement elle est complètement entière, glabre ou pubescente.

lisse ou striée, le plus généralement cylindrique, quelquefois ventrue au milieu (*Coleanthus*); dans d'autres genres, elle est comprimée (*Opizia*), carénée (*Ratzeburgia*), sa longueur égale, dépasse (*Pentameris*), ou est plus courte (*Polyschistis*) que les entre-nœuds, le plus généralement fermée par recouvrement, elle est quelquefois complètement ouverte (*Lophatherum*); herbacée le plus généralement, ses bords sont membraneux, scarieux, quelquefois ils sont ciliés, barbus (*Acratherum*) dans toute leur étendue, d'autres fois seulement ciliés en haut (*Triathera*), la gaine est très-courte aux feuilles radicales, au contraire elle constitue presque en entiers les feuilles des tiges traçantes ; elle est doublée le plus généralement intérieurement d'une membrane lisse, transparente, épidermiforme.

La *Ligule*. On nomme ainsi une expansion membraneuse qui se rencontre au sommet de la gaine, et qui paraît être la continuation de la membrane qui la double sur la face interne; elle manque dans certains genres (*Despretzia, Coelachne*); dans d'autres, elle est remplacée par un bouquet de poils ou de soies (*Zea*) ou de simples cils; sa forme et son développement sont très-variables, ovale, oblongue ou tronquée, entière ou laciniée, quelquefois très-large (*Colpodium*), d'autres fois très-longue (*Chætotropis*).

Le *Limbe* ou la lame est le plus souvent linéaire, allongé, plan ou caréné, étroit ou enroulé, mou ou sétacé, quelquefois ondulé, plus ou moins long, plus ou moins court, aussi long ou plus long, ou plus court que la tige, dressé ou étalé, lisse ou strié parallèlement, acuminé ou obtus, quelquefois tronqué, glabre ou pubescent, à bords mous ou durs, presque cartilagineux (*Holboellia*), quelquefois dentés en scies et épineux (*Gynerium*); dans certains genres, il est ovale, lancéolé (*Lepideilema*); dans d'autres, il est triangulaire, cordé à la base (*Pleuroplitis, Arthraxon*), sa direction est droite ou oblique, horizontale ou renversée, quelquefois il est nul.

Fleurs. Les fleurs sont sessiles ou pédicellées, hermaphrodites (*Agrostis*), polygames (*Andropogon*), monoïques (*Luziola*), rarement dioïques (*Spinifex*), solitaires ou rapprochées par groupes sur un même axe (*Epillet*), ordinairement pourvues à la base de deux bractées (*Glumes*); la réunion de plusieurs groupes au sommet de la tige ou des rameaux, constitue la panicule.

Panicule. La panicule, ordinairement pédonculée par le som-

met de la tige quand elle est terminale, est quelquefois
sessile quand elle est latérale ; elle est rameuse (*Aira*) quand
les groupes de fleurs ou épillets sont portés sur des pédicelles plus ou moins allongés ou rameux ; elle est spiciforme (*Triticum*), lorsque les épillets, plus ou moins sessiles,
sont dressés et appliqués le long de l'axe en se recouvrant
plus ou moins les uns les autres ; elle est anomale quand, n'af-
fectant ni l'une ni l'autre des deux formes indiquées ci-dessus,
elle est ombelliforme (*Spinifex*) ou elle forme des têtes plus ou
moins globuleuses (*Echinaria*), etc.

La *Panicule rameuse* est diffuse, étalée ou contractée, à
rameaux le plus souvent verticellés, quelquefois dichotomes,
digités, grêles, filiformes, souvent renflés à la base, articulés ou non, plus ou moins subdivisés, lisses ou scabres, glabres ou pubescents, portant à leur extrémité libre ou dans
leur continuité des épillets pédicellés.

La *Panicule spiciforme* terminale de la tige ou des rameaux, est quelquefois latérale à la tige, sessile ou très-brièvement pédicellée (*Zea*), plus ou moins compacte, linéaire,
ovoïde, cylindrique, fusiforme ou comprimée latéralement ;
axe commun (*Rachis*), glabre ou pubescent, nu ou couvert de
poils plus ou moins longs, scabres, soyeux ou lanugineux;
simple ou articulé, entier ou creusé par des excavations plus
ou moins profondes, dans lesquelles s'insèrent les épillets (*Rottboellia, Monerma*), cylindrique ou triquètre (*Opizia*), élargi
(*Trachis*), ou étroit et linéaire (*Polyschistis*), rarement libre et
subulé en haut (*Eutriana*); la panicule spiciforme est quelquefois composée, on la dit digitée quand les divisions sont disposées comme les doigts de la main (*Dactyloctenium, Eleusine*).

La *Panicule anomale* est de forme très-variable ; elle est
ombelliforme (*Spinifex*) quand les rameaux de la panicule,
partant du même point, forment une véritable ombelle; elle est
ovoïde, sphérique (*Echinopogon*), quand la réunion de tous les
épillets forme cette figure ; dans un genre elle représente assez bien une lyre (*Lygeum*).

Assez souvent, la panicule est enfermée dans une spathe foliacée (*Lygeum*), herbacée (*Zea*), sétiforme (*Pereilema*), soyeuse
(*Eulalia*); dans d'autres genres, elle est seulement pourvue à sa
base d'un simple involucre foliacé, quelquefois sétiforme (*Setaria*), quelquefois d'une seule pièce (*Cornucopia*); dans le
genre *Coix*, elle est ovoïde et complètement fermée, seulement
son sommet est percé d'une ouverture pour le passage du
rachis floral.

Chaque fleur isolée, ou chaque groupe de fleurs, pourvue ou non de deux petites bractées à la base (glumes) constitue l'épillet.

L'*Epillet* du plus grand nombre des Botanistes, ou la *Locuste* (*P. de Beauvais*), est sessile ou pédicellé, uniflore, biflore, triflore ou pluriflore, selon qu'il est composé de : une, deux, trois ou plusieurs fleurs ; il est ou linéaire ou ovoïde, ou fusiforme, ou irrégulier ; il est ou non comprimé latéralement ou par le dos ; il est glabre ou pubescent, obtus, mutique, ou acuminé, ou plus ou moins longuement aristé ; il se compose : 1° de deux petites bractées, scarieuses ou herbacées, qui enveloppent sa base (glumes) ; l'ensemble de ces deux bractées a été appelé *Lepicène* par RICHARD ; 2° de une ou plusieurs fleurs complètes ou incomplètes ; 3° quelquefois de soies ou de poils plus ou moins apparents.

Les *Glumes* (Juss.), *Calice* de LINNÉE, *Bale* de PALISSOT-DE-BEAUVAIS, *Bractées involucrales* de M. GERMAIN-DE-SAINT-PIERRE [1], sont rarement nulles (*Nardus, Leersia*), le plus généralement il y en a deux, très-rarement plus de deux (*Schyzostachyum*) ; elles sont herbacées ou membraneuses, quelquefois cartilagineuses, indurées (*Manisuris*), charnues (*Coix*), concaves ou carénées, quelquefois planes, obtuses ou aiguës, aristées ou mucronées, ou mutiques, glabres ou pubescentes, scabres ou lisses, ciliées ou non, quelquefois plissées transversalement (*Colladoa*), régulières ou irrégulières (*Hexarrhena*), égales ou inégales, plus longues ou plus courtes que l'épillet, opposées ou collatérales, insérées sur le pédoncule ou sur l'axe de l'épillet, jamais sur l'axe et le pédicelle de la fleur.

[1] M. Germain de Saint-Pierre [1] considère les glumes comme de simples bractées qui forment une espèce d'involucre à la base de chaque épillet. Il avance que la glumelle inférieure (unicarénée et imparinervée) ne fait pas partie de l'axe de la fleur, qu'elle n'est qu'une bractée comme les glumes ; seulement que, plus que ces dernières, elle porte une fleur à son aisselle ; il propose, pour cette raison, de la nommer *Bractée florale*. Il considère la glumelle supérieure, ordinairement bicarénée, comme étant composée de deux pièces soudées ensemble, pièces qui ne seraient, suivant lui, que les deux sépales du calice (verticelle floral), contrairement à l'avis de Linnée, qui voulait que le calice dans la fleur des graminées soit représenté par les glumes.

En résumé, d'après M. Germain, la fleur des graminées serait ainsi composée de l'extérieur à l'intérieur : 1° par la glumelle supérieure (bi-

[1] Germain de Saint-Pierre : *Guide du Botaniste* 2 v. in-12; Paris 1851.

Glumelles (syn.), *Calice* de JUSSIEU, *Corolle* de LINNÉE, *Stragule* de PALISSOT-DE-BEAUVAIS ; l'inférieure *Bractée florale ;* la supérieure *Calice* de M. GERMAIN ; *Paillettes* de KUNTH.

Ordinairement au nombre de deux, rarement une seule (*Agraulus*), plus rarement nulles (*Schizostachyum*) ; elles sont de formes et de consistances tellement différentes entre elles, que l'on a dû réchercher, si bien réellement elles constituent un seul et même organe. M. Germain-de-Saint-Pierre, dans son *Guide du Botaniste,* me paraît avoir parfaitement résolu cette question en prouvant que la glumelle inférieure (*unicarénée*) n'est qu'une bractée qui porte une fleur à son aisselle, et que la supérieure (*bicarénée*) est formée de deux parties semblables, soudées ensemble par un de leurs bords, que cet assemblage constitue un calice monosépale (voir la note d'autre part). Quoiqu'il en soit, le plus souvent, elles sont inégales entre elles, rarement égales (*Pleuroplitis*) ; l'inférieure, presque toujours la plus grande, est généralement herbacée, membraneuse seulement sur ses bords, quelquefois parcheminée ou coriace (*Tristachya*) dans certains genres, indurée (*Panicum*), cartilagineuse (*Setaria, Strephium*) ; elle est lancéolée ou naviculaire, quelquefois en forme d'utricule, le plus souvent entière, rarement laciniée (*Haplachne*), souvent bifide au sommet (*Ægilops*), souvent unicarénée, quelquefois concave (*Trispsacum*), uni ou plurinervée (*Deschampsia*), obtuse ou mutique, aiguë ou mucronée, assez souvent elle est terminée par une soie plus ou moins longue, plus ou moins résistante (*Zizania*), et souvent elle porte sur son dos, ou plus ou moins près de son sommet, une ou plusieurs arêtes droites (*Apera*) ou courbées (*Stipa*), quelquefois tordues (*Colladoa*), lisses ou scabres, cylindriques ou triquètres, persistantes ou caduques ; elle est lisse ou scabre, ou pubescente (*Pentameris*), quelquefois pourvue d'un bouquet de poils à la base (*Saccharum*), souvent ciliée sur ses bords (*Eriochrysis*).

La glumelle supérieure est généralement plus courte que l'inférieure, le plus souvent elle est membraneuse, transparente, lisse, luisante, presque toujours bi-carénée, bifide au

---

carénée) qui forme le calice ; 2° par les glumellules, généralement au nombre de deux, à cause de l'avortement de la troisième, qui forment la corolle ; 3° par l'androcée ou réunion des étamines ; 4° par le gynécée ou l'ovaire et ces annexes.

sommet, quelquefois elle est laciniée, rarement entière ; comprimée latéralement, elle a ses bords repliés en dedans ; elle est rarement tronquée au sommet.

GLUMELLULES (Syn.), *LODICULE* (PALISSOT DE BEAUVAIS), *SQUAMME* (LINNÉE).

NECTARIUM (SCHREB., RICH., WILLD., PERS.) ; *GLUMELLES* (DESVAUX, RICH.).

COROLLE (MICH., GERM.) ; *SQUAMMULES* (KUNTH).

Les glumellules sont au nombre de trois, mais la troisième avorte le plus souvent, quelquefois elles manquent toutes (*Pogonatherum*) ; elles sont molles, transparentes, plus ou moins charnues, plus courtes (*Echinochloa*) ou plus longues (*Arrhenatherum*) que l'ovaire, suivant le développement de la fleur ; leur forme est très-variable : entières (*Calotheca*), bifides (*Lolium*) ou multiples (*Eriochrysis*), dentées (*Dactyloctenium*), tronquées (*Glyceria*) ou arrondies au sommet (*Aira*), quelquefois aiguës (*Monerma*) ou obtuses (*Chloris*), lancéolées (*Heleochloa*), ovales (*Polypogon*) ou presque globuleuses (*Tragus*), le plus souvent glabres, quelquefois pubescentes (*Secale*), ciliées (*Elymus*) ou non sur les bords ou au sommet.

ÉTAMINES. Elles sont hypogines ; leur nombre varie selon les genres, mais le plus souvent elles sont au nombre de trois. Les genres *Uniola, Cinna*, etc., en ont une ; les genres *Anthoxanthum, Diarrhena*, etc., en ont deux ; les *Alopecurus*, les *Dactylis*, etc., en ont trois ; les *Tetrarrhena,* quatre ; les *Hydropyrum*, les *Oryza*, etc., six ; les *Luziola*, onze ; les *Pariana*, trente ; le filet est grêle, filiforme, de longueur variable selon les genres.

Les *ANTHÈRES* sont biloculaires, allongées, linéaires, très-mobiles ; elles s'insèrent sur le filet par le dos ; les lobes sont linéaires, oblongs, libres et un peu divergents aux deux extrémités, leur couleur est variable, mais le plus généralement elles sont jaunes ou violettes.

OVAIRE. (*GYNÉCÉE* de M. GERMAIN) ; l'ovaire est sup., libre, sessile, rarement stipité (*Diarrhena, Psilurus*), uni-loculaire, uni-ovulé ; sa forme varie beaucoup, tantôt globuleux (*Bromus*), ovale, oblong (*Hordeum*), tantôt turbiné (*Echinaria*), aigu (*Nardus*), obtus (*Dactylis*), oblique (*Diarrhena*), ovale, lancéolé (*Haphlachne*), ovale, globuleux (*Coix*), pyriforme (*Holcus*), ellipsoïde (*Berchtoldia*), tantôt bifide ou émarginée au sommet (*Lasiagrostis, Epicampes*), dans d'autres, de forme irrégulière (*Calabrosa, Hemarthria*) ou terminé par deux appendices, filiformes ou rostriformes (*Triodia*, *Tricuspis*), le plus souvent glabre (*Maltebrunia*), mais quelquefois pubescent au sommet (*Sesleria*, *Ægylops*), il est libre (*Cynodon*), et quelquefois adhérent, inclus entre les glumelles (*Setaria*).

STYLE. Le style est unique [1] : mais il est uni, bi, ou trifide (*Despretzia*, *Cynodon*, *Nastus*) à sa sortie de l'ovaire ou au-dessus de l'ovaire: il est grêle, filiforme, cylindrique, de longueur très-variable : il est quelquefois tellement court qu'on le dit nul (*Microlaena*): il est glabre (*Danthonia*) ou pubescent (*Bambusa*); il est inclus dans la fleur (*Nastus*) ou les dépasse le longuement (*Zea*). Le style sort, soit du sommet de l'ovaire (*Ichnanthus*), soit latéralement (*Setaria*), soit sur la partie supérieure de l'une de ses faces (*Bromus*), soit sur un seul bord (*Eleusine*).

STIGMATES. 2-3 stigmates, le plus souvent libres (*Aira*, *Arundinaria*); ils sont quelquefois rapprochés, réunis en un seul (*Zea*), plus ou moins allongés, filiformes ou en goupillons ; ils sont plumeux ou poilus, à poils simples ou rameux, épars ou uni ou bi-latéraux comme les barbes d'une plume ; rarement les poils sont remplacés par des écailles ou des arêtes (*Streptogyna*) ; dans ce cas, ils sont durs, scabres au toucher : tantôt plus courts que la fleur (*Cynosurus*), tantôt plus longs (*Anthoxanthum*); dans le premier cas, ils sortent par la base de la fleur ; dans le second, par le sommet; ils sont plus ou moins distant de l'ovaire, suivant que les divisions du style avec lesquelles ils se confondent intimement, sont plus ou moins longues. Dans quelques genres les divisions du style sont tellement courtes que les stigmates paraissent sessiles (*Microlaena*).

Le *FRUIT* est le plus souvent un caryopse libre (*Uniola*) ou adhérent (*Hordeum*) ou seulement inclus (*Stipa*) entre les glumelles ; il est presque sphérique (*Zea*), oblong (*Hordeum*), comprimé sur une face convexe sur l'autre (*Triticum*), turbiné (*Uniola*), réniforme (*Calabrosa*), entier, obtus (*Lithachne*), aiguë ou obscurément émarginé (*Donax*), ou plus ou moins régulier (*Diarrhena*), bicorne au sommet ou surmonté d'appendices plus ou moins saillants (*Lygeum*), quelquefois en forme de becs; le plus souvent il est lisse, glabre (*Centotheca*), d'autres fois pubescent (*Ægylops*) ou verruqueux (*Dactylocte-*

---

[1] Les observations de MIRBEL, DESMAZIÈRES, VOLPRÉ, etc., me paraissent avoir résolu définitivement et affirmativement la question si longtemps débattue de l'unité du style dans les graminées.

nium); le plus souvent il est pourvu sur sa face interne d'un sillon plus ou moins apparent, quelquefois ce sillon n'existe pas.

Très-rarement le fruit est bacciforme, comme dans le genre *Beesha* où il est très-gros, charnu, ovale, acuminé et renferme des graines.

En ce qui concerne l'étude particulière des graines des graminées, leur organisation, leur mode de développement et la manière dont s'opère la germination, nous renvoyons aux ouvrages spéciaux qui ont traité très-longuement la matière notamment aux ouvrages des RICHARD, [1] des JUSSIEU [2], GAERTNER [3], MERAT [4], etc., etc.

[1] **RICHARD** Louis-Claude :
  Dictionnaire élémentaire de Botanique, par Billiard. 1 v. in-8°, Paris 1799.
  Analyse du Fruit considéré en général, publié par Duval. 1 v. in-8°, Paris 1808.
  Analyse botanique des Embryons endorhizes. In-4°, Paris 1811.
  RICHARD A., *Précis de Botanique et de Physiologie végétale*, etc. 1 v. in-12, Paris 1852; etc., etc.

[2] **JUSSIEU** A. :
  Mémoire sur les Embryons monocotylédones. In-8°, Paris 1839.
  Cours élémentaire de Botanique. 1 v. in-12, Paris 1855; etc.

[3] **GAERTNER** Joseph, *De Fructibus et Seminibus plantarum*. 2 v. in-4°, Lipsiæ 1788-1791.

[4] **MERAT** F.-V. :
  Flore des environs de Paris. 2 v. in-18, 4° éd., Paris 1836.
  Élément de Botanique. 1 v. in-12, Paris 1829.
  Revue de la Flore parisienne. 1 v. in-8°, Paris 1843 ; etc., etc

PREMIÈRE CLASSE.

HERMAPHRODITÉES VERÉES.

Epillets entièrement composés de fleurs hermaphrodites.

PREMIÈRE TRIBU.

UNIFLORÉES.

ÉPILLETS COMPOSÉS D'UNE SEULE FLEUR.

PREMIÈRE SOUS - TRIBU.

Epillets en panicule rameuse.

PREMIÈRE SECTION.

Epillets comprimés latéralement.

I

GLUMES INÉGALES.

---

*

Glumes plus longues que la fleur.

---

§

Glumelles longuement barbues à la base.

1° Lasiagrostis (*Link*).

Plantes droites, élevées, très-belles. — Feuilles planes. — Panicule rameuse, diffuse. — Glumelles barbues à la base.

2 glumes membraneuses, mutiques. — Glumelles membraneuses; l'inf. longuement barbue à la base et sur les côtés, coriace, linéaire, lancéolée, arrondie sur

le dos, bifide au sommet, aristée entre les lobes, arête
tordue au milieu, persistante; la sup. plus courte, obtu-
sément bicarénée. — 3 glumellules membraneuses, glabres. — 3 étamines. — Anthères barbues au sommet,
mucronées à la base. — Ovaire stipité, glabre, bifide au
sommet. — 2 styles très-courts. — Stigmates plumeux.
— Caryopse libre, glabre, fusiforme, muni d'un sillon
sur la face interne.

Habitat : la Sibérie, l'Europe australe.   *2 espèces connues.*

NOTE. — Les espèces qui composent ce genre ont été attribuées au
genre Agrostis par *Lin.*, *Kœl;* au genre Arundo, par *Halleri, Schrad.;*
au genre Calamagrostis, par *Cand., Host., Bergeret;* au genre Stipa,
par *Wahlenb., Trinius.*

---

§

Glumelles brièvement barbues à la base.

2° Agrostis (*Linn.*).

Souche cespiteuse. — Chaume simple ou rameux. — Feuilles
planes, quelquefois enroulées. — Panicule rameuse, diffuse,
rarement contractée, à rameaux fasciculés, verticellés. —
Epillets pédicellés.

2 glumes inégales, carénées, aiguës. — Glumelle
inf. membraneuse, oblongue, carénée sur le dos, tronquée, dentelée au sommet, quelquefois pourvue d'une
arête dorsale genouillée, barbue à la base; glumelle sup.
plus petite, bicarénée, quelquefois nulle. — 2 glumellules entières, glabres. — 1-3 étamines. — Ovaire glabre. — Style nul. — 2 stigmates terminaux, sessiles,
plumeux. — Caryopse glabre, libre, ellipsoïde, non
comprimé, munie d'un léger sillon sur la face interne.

Habitat : l'Europe, l'Asie, l'Afrique, l'Amérique, l'Océanie.
90 espèces connues.

NOTE. — Les espèces qui composent le genre Agrostis sont nombreuses; *Kunth* en admet 90 ; mais, pour arriver à ce nombre, il a réuni au genre bien des espèces qui avaient été classées dans d'autres genres par les auteurs. C'est ainsi que vingt-cinq de ces espèces avaient été classées dans le genre Vilfa, par *Palissot de Beauvais, Humboldt, Presl., Trinius ;* quatre, dans le genre Agraulus, par *Palissot de Beauvais, Presl., Trinius ;* une, dans le genre Aira, par *Spreng.;* une, dans le genre Alopecurus, par *Link;* une, dans le genre Achnatherum, par *P. de Beauvais ;* deux, dans le genre Cinna, par *P. de Beauvais, Trinius ;* trois, dans le genre Milium, par *Poir., Linn.;* une, dans le genre Cornucopia, par *Walt.;* une, dans le genre Urachne, par *Trinius ;* une, dans le genre Axonopus, par *Rœm.;* trois, dans le genre Muehlembergia, par *Trinius ;* une, au genre Anemagrostis, par *Trinius ;* une, au genre Calamagrostis, par *Spreng.;* une au genre Polypogon, par *Spreng.;* une, au genre Pentapogon, par *P. de Beauvais ;* enfin une, au genre Crypsis, par *Guss.*

Nous allons rappeler succinctement quelques-uns des principaux caractères des genres qui, après avoir été admis par les auteurs, sont maintenant à peu près abandonnés, en indiquant dans quels autres genres on a fait entrer les espèces qui les composaient.

1° **Axonopus.** *(Palissot de Beauvais.)*

Axe digité. — Epis simple. — Epillets unilatéraux.

Les espèces de ce genre sont réunies aux genres Agrostis, Paspalum et Urochloa.

2° **Apera.** *(Adans.)*

Panicule composée.

Deux glumes presque égales. — 2 glumelles un peu plus longues que les glumes ; l'inférieure entière au sommet et portant une longue soie sur le dos, mais plus près du sommet que de la base ; la supérieure dentée, bifide. — 2 glumellules entières, glabres. — 1-3 étamines. — 2 styles courts. — Stigmates plumeux. — Caryopse libre.

Les espèces qui composaient ce genre sont réunies aux genres Agrostis et Muehlembergia.

3° **Agraulus.** *(Palissot de Beauvais.)*

Panicule composée, diffuse.

Deux glumes plus longues que les glumelles. — 2 glumelles émarginées au sommet ; l'inférieure aristée sur le dos ; arête genouillée au milieu. — 2 glumellules ovales, lancéolées, glabres, entières. — Styles nuls ou très-courts. — Stigmates divergeants villeux. — Caryopse libre.

Les espèces qui composaient ce genre sont réunies au genre AGROSTIS.

4° **Achnatherum.** *(Palissot de Beauvois.)*

Panicule composée, lâche ou contractée.

Deux glumes inégales, plus longues que les glumelles. — 2 glumelles presque égales ; l'inférieure émarginée au sommet, aristée ; arête non articulée, pliée, tordue ; la supérieure entière, aiguë. — 2 glumellules lancéolées, entières, glabres. — 2 styles courts soudés ensemble à la base. — Stigmates villeux. — Caryopse oblong, bifide au sommet, convexe sur la face externe, plan et profondément sillonné sur l'autre.

Les espèces de ce genre ont été réunies aux genres MUEHLEMBERGIA, CINNA et AGROSTIS.

5° **Tricodium.** *(Rich.)*

Panicule simple, rameuse, diffuse, lâche.

Deux glumes entières, presque égales, naviculaires, aiguës, plus longues que les glumelles. — Glumelles entières, obtuses, inégales, non aristées. — Glumellules . . . . . . — 2 styles. — Stigmates villeux. — Caryopse . . . . . .

Les espèces de ce genre ont été réunies aux genres PHILIPPSIA et AGROSTIS.

6° **Vilfa.** *(Adans.)*

Panicule simple, spiciforme, contractée ou diffuse.

Deux glumes un peu inégales, plus longues que les glumelles, ciliées sur les bords. — 2 glumelles entières ; l'inférieure dentée ; la supérieure bifide. — Glumellules. . . . . . — 1-3 étamines. — 2 styles courts. — Stigmates villeux. — Caryopse libre, pourvu d'un sillon sur la face interne.

Les espèces qui composent ce genre ont été réunies aux genres SPOROBOLUS et AGROSTIS.

＊

Glumes plus courtes que la fleur.

---

§

Glumelles brièvement barbues à la base.

3° **Sporobolus.** (*R. Brown.*)

Panicule diffuse ou contractée, en épis serrés. — Epillets pédicellés.

2 glumes inégales, carénées; l'inf. plus petite. — 2 glumelles; l'inf. mutique, aiguë, lancéolée, membraneuse, dépourvue d'arête, ciliée au sommet; la sup. bicarénée. — 2 glumellules, glabres, entières. — 2-3 étamines. — Ovaire glabre. — 2 styles terminaux. — Stigmates plumeux à poils simples. — Caryopse libre.

Habitat : une espèce, l'Europe; les autres, l'Afrique, l'Asie, les iles de l'Océanie et les Amériques.   *49 espèces connues.*

NOTE. — La plus grande partie des espèces qui composent ce genre lui viennent d'autres genres, c'est ainsi que trente-cinq avaient été classées avec les Agrostis, par *Schult., Raddi, Valh., Forsk., Roem., Willd., Lin , Torrey, Spreng., Lam., Swartz, Nées, Roth., Jacq., Gouan, R. Brown, Schreb.;* vingt-sept autres, avec les Vilfa, par *Palissot de Beauvais, Trinius, Humboldt, Nees ;* une, dans le genre Ehrharta, par *Spreng.;* une, dans le genre Zoysia, par *Palissot de Beauvais ;* une, dans le genre Podosemum, par *Link ;* une, dans le genre Calotheca, par *Steud.;* une, dans le genre Muehlembergia, par *Trinius ;* une, dans le genre Phalaris, par *Forsk.;* une, dans le genre Panicum, par *Mart.;* une, dans le genre Heleochloa, par *Palissot de Beauvais ;* une, dans le genre Colpodium, par *Trinius ;* une, dans le genre Agrosticula, par *Raddi.*

Podosemum. *(Desvaux).*

Panicule rameuse, axe paniculée. — Epillets très-longuement pédicellés, lancéolés, aristés.

2 glumes presque égales, longuement aristées au sommet.

ciliées sur les bords ; arêtes droites ciliées, celle de la glume
supérieure plus longue, carénées, à carène pourvue de dents
fines. — 2 glumelles plus longues que les glumes, presque
égales, oblongues, aiguës, carénées, naviculaires, bidentées
au sommet, ciliées sur la carène ; l'inférieure portant sur le
dos, près du sommet, une arête droite, denticulée. — Glumellules........ — 3 étamines. — Ovaire glabre, pyriforme. — 2
styles courts. — Stigmates villeux. — Caryopse libre, pourvu,
sur l'une de ses faces, d'un sillon profond.

Les espèces qui composaient ce genre ont été reportées aux genres Muehlenbergia, Cinna
et Sporobolus.

§

Glumelles glabres à la base.

4° **Aristida.** (*Linn.*)

Feuilles enroulées. — Epillets pédicellés, rameux ou paniculés. — Fleurs stipitées.

2 glumes souvent mutiques : l'inf. plus courte. — 2
glumelles ; l'inf. coriace, enveloppante, aristée au sommet ; arête trifide, la division moyenne, plumeuse au
sommet, les latérales glabres ; glumelle sup. mutique,
plus courte. — 2 glumellules entières, glabres. — 1-3
étamines. — Ovaire glabre. — 2 styles très-courts,
terminaux. — Stigmates plumeux. — Caryopse glabre,
libre.

Habitat : les Amériques, l'Afrique, l'Asie, les îles de France
et Bourbon, l'Espagne.   80 *espèces connues.*

NOTE. — Le genre Aristida se compose d'espèces qui lui sont propres et d'espèces qui lui viennent d'autres genres. Quarante-une espèces
de ce genre avaient été classées avec les Chætaria, par *Schult.*, *Palissot de Beauvais*, *Nées* et *Roem.*; une, avec les Certopogon, par *Palissot
de Beauvais*; une, avec les Atheropogon, par *Spreng.*; quatre, avec les
Streptachne, par *Humboldt, Spreng.*; huit, avec les Atheratherum, par

Nees, Palissot de Beauvais, Gay et *Schult.;* une, avec le genre AVENA, par *Linn.;* une, avec le genre CHÆTURUS, par *Cand.*

1 **Chætaria.**

Panicule simple, lâche. — Epillets pédicellés, tri-aristés.

2 glumes membraneuses inégales, plus longues que les glumelles, mucronées ou aristées, carénées, denticulées sur la carène. — 2 glumelles : l'inférieure enroulée, trifide et triplement aristée au sommet : arètes divergeantes, très-longues, plus longues que l'épillet, denticulées : glumelle supérieure entière, aiguë. — 2 glumellules lancéolées, obtuses. — 2 styles simples, courts, soudés ensemble inf. — 2 stigmates villeux. — Etamines....... — Ovaire....... — Caryopse oblong, pourvu d'un sillon sur l'une de ses faces.

Les espèces qui composaient ce genre ont été reportées aux genres ARISTIDA et AVENA.

2° **Athratherum.** *Palissot de Beauvais.*

Panicule rameuse, lâche, pauvre en épillets. — Epillets longuement pédicellés.

2 glumes inégales, membraneuses, carénées, dentelées sur la carène, aiguës, plus longues que les glumelles ; la supérieure plus longue. — 2 glumelles nues ou barbues, aristées ; arète trifide, à divisions très-longues, enroulées, cordées dans leur tiers ou leur moitié inférieure : glumelle supérieure mucronée. — Glumellules....... — Etamines....... — Ovaire glabre. — 2 styles très-courts. — Stigmates plumeux. — Caryopse oblong, pourvu d'un sillon sur sa face interne.

Les espèces qui composaient ce genre ont été réunies au genre ARISTIDA.

3° **Curtopogon.** *Palissot de Beauvais.*

Panicule rameuse, diffuse ; axe paniculé. — Epillets pédicellés.

2 glumes lancéolées, carénées, denticulées sur la carène, aiguës, mucronées un peu au-dessous du sommet, un peu plus courtes que les glumelles. — 2 glumelles lancéolées ; l'inférieure enroulée, profondément bidentée, aristée entre la bidité : arète courte, recourbée, genouillée presque dès la base, puis ensuite étalée, redressée, denticulée : glumelle supérieure beaucoup plus petite, entière. — Glumellules....... —

2 styles. — Stigmates villeux. — Etamines. ..... — Ovaire......
— Caryopse oblong, sillonné.

Les espèces qui composaient ce genre ont été réunies au genre ARISTIDA.

II

GLUMES ÉGALES.

*

Glumes plus longues que la fleur.

§

Glumelles membraneuses. — Anthères barbues au sommet. — Fleurs
stipitées.

5° **Macrochloa.** (*Kunth.*)

Plantes élevées. — Feuilles enroulées. — Panicule compacte
ou étalée. — Fleurs stipitées.

2 glumes acuminées, lancéolées, à trois nervures,
concaves, égales, membraneuses, plus grandes que la
fleur. — 2 glumelles membraneuses, soyeuses, pubescentes sur la face externe ; l'inf. a cinq nervures, enroulée, bifide au sommet, aristée entre les lobes ; glumelle sup. binervée, bicuspide au sommet ; arête très-
longue, tordue, articulée à la base.— 3 glumellules entières, glabres, soudées inf. autour de l'ovaire. — 3
étamines. — Anthères barbues. — Ovaire stipité, glabre, bifide au sommet. — 2 styles très-courts.— Stigmates plumeux à poils simples.— Caryopse.....

Habitat : l'Espagne, la Barbarie.   *2 espèces connues.*

NOTE. — Le genre Macrochloa a été créé par M. Kunth, il ne renferme que deux espèces qui avaient été classées avec les Stipa, par *Linn.* et *Link*, et avec les Avena, par *Lagasca*.

§

Glumelles membraneuses. — Anthères glabres au sommet. — Fleurs sessiles.

6° **Calamagrostis.** (*Adans. D. C.*)

Panicule rameuse. — Epillets pédicellés. — Fleurs sessiles entourées de longs poils à la base.

2 glumes plus longues que la fleur, carénées, aiguës, mutiques, presque égales. — 2 glumelles membraneuses; l'inf. barbue à la base, membraneuse, oblongue, carénée sur le dos, tronquée ou dentée au sommet, aristée sur le dos, plus longue que la sup.; glumelle sup. binervée, — 2 glumellules lancéolées, glabres. — 3 étamines. — Ovaire glabre. — 2 stigmates terminaux, sessiles ou presque sessiles, s'étalant à la base de la fleur. — Caryopse glabre, libre, linéaire, oblong, un peu comprimé par le dos, déprimé et profondément canaliculé sur la face interne.

Habitat : l'Europe, l'Amérique, la Nouvelle-Zélande.

14 espèces connues.

NOTE. — Le genre Calamagrostis se compose d'espèces qui avaient été classées : les unes, avec les Arundo, par *Linn.*, *Ott.*, *Schrad.*, *Hall.*, *Bied.*, *Gmel.*, *Wahlenb.*, *Roem.*, *Mich.*, *Wigg.*, *Schult.*, *Agardh*, *Willd.*, *Forst.*, *Schrank ;* les autres, dans les genres Agrostis, par *Roem.* et *Gaud.*, et Avena, par *Willd.*

§

Glumelle inférieure coriace, enroulée, renfermant étroitement la supérieure.

2° **Stipa.** (*Linn.*)

Feuilles planes souvent enroulées. — Epillets pédicellés.

2 glumes membraneuses, plus longues que la fleur, mutiques, canaliculées. — 2 glumelles coriaces, cylindriques, enroulées; l'inf. aristée au sommet; arête articulée, tordue sur elle-même dans sa partie inf., genouillée au-dessus; glumelle sup. plus courte, entière, binervée. — 3 glumellules entières, charnues ou membraneuses, soudées avec la partie inf. de l'ovaire. — 3 étamines. — Anthères barbues au sommet. — 2 styles courts.— Stigmates plumeux, s'étalant à la base de la fleur. — Ovaire glabre, stipité. — Caryopse libre, glabre, sub-cylindrique, un peu comprimé au sommet par le côté.

Habitat : l'Europe, l'Asie, l'Afrique, les Amériques, la Nouvelle-Hollande.   *60 espèces connues.*

NOTE. — Presque toutes les espèces de ce genre lui appartiennent en propre, un petit nombre seulement lui vient d'autres genres : c'est ainsi que deux espèces avaient été classées avec les ORYZOPSIS, par *Nut.* et *Rich.*; une, avec les AVENA, par *Linn.*; une, avec les AGROSTIS, par *Linn.*; une, avec les CALAMAGROSTIS, par *Spreng.*; une, avec les PIPTOCHÆTIUM, par *Presl.*; une, avec les MILIUM, par *Spreng.*; une, avec les JARAVA, par *Ruiz;* et une, avec les ERIOCOMA, par *Nut.*

Les genres PIPTOCHÆTIUM, JARAVA et ERIOCOMA ont été entièrement réunis au genre STIPA. Le genre ARISTELLA (*Bertol.*), qui ne se compose que d'une seule espèce, ne se distingue du genre STIPA que par la raison que ses anthères sont glabres au sommet.

Ce caractère ne me paraît pas suffisant pour le maintenir au rang de genre.

⁂

Glumes plus courtes que la fleur.

---

§

Trois étamines, glumelles entourées de poils à la base.

8° **Cinna.** (*Linn.*)

Feuilles planes. — Panicule rameuse diffuse ou contractée, quelquefois spiciforme. — Epillets pédicellés.

2 glumes carénées. — 2 glumelles entourées de poils à la base; l'inf. acuminée, portant près ou au-dessous du sommet un mucron ou une arête courte; glumelle supér. binervée, offrant quelquefois à la base le pédicelle d'une fleur avortée. — 2 glumellules lancéolées, entières, glabres. — 1-3 étamines. — Ovaire glabre.— 2 stigmates sessiles ou presque sessiles, terminaux, plumeux, à poils simples. — Caryopse libre, glabre.

Habitat : l'Amérique du Nord, le Mexique, la Nouvelle-Hollande, la Nouvelle-Zélande.   14 *espèces connues.*

NOTE. — *Trinius* avait classé six espèces de ce genre avec les Muhlembergia; *de Humboldt* et *Presl.*, quatre avec les Crypsis; *Poir.*, une avec les Stipa ; *Linn.*, *Mich.*, *Willd.*, *Poir.*, *Bosc.*, *R. Brown* et *Forst.*, huit avec les Agrostis; *Link.* trois avec les Podosemum ; *Trinius*, *Cand.*, quatre avec les Trichochloa ; *Palissot de Beauvais* et *Trinius*, deux avec les Echinopogon.

Le genre Trichochloa (*Roem.*), qui était composé d'un assez grand nombre d'espèces, a été réuni aux genres Cinna et Muehlembergia.

Quant au genre Echinopogon, qui a été réuni en entier au genre Cinna, je pense qu'à cause de la conformation et de la composition de sa panicule, il doit être conservé ; c'est pour cette raison que nous l'avons classé dans la deuxième sous-tribu de notre deuxième classe.

---

§

Trois étamines. — Glumelles glabres à la base.

9° **Oryzopsis.** (*Rich.*) **Dilepyrum.** (*Rafinesque*).

Feuilles planes. — Panicule très-pauvre. — Epillets pédicellés, non articulés. — Fleurs brièvement stipitées.

2 glumes membraneuses, mutiques. — 2 glumelles égales, coriaces; l'inf. convexe, enroulée sur les bords, aristée au sommet ; arète articulée à la base ; glumelle supérieure à 2 nervures. — 2 glumellules lancéolées, ciliées au sommet. — 3 étamines. — Ovaire brièvement stipité, pulvérulent au sommet. — 2 styles terminaux. — Stigmates plumeux à poils simples. — Caryopse.....

Habitat : l'Amérique du Nord.   *2 espèces connues.*

NOTE. — Les espèces qui composent ce genre avaient été classées avec les URACHNE, par *Link* et *Trinius;* avec les MILIUM, par *Smith ;* et avec les PIPTATHERUM, par *Torrey*.

---

§

Six étamines.

10° **Maltebrunia.** (*Kunth*).

Chaume droit, simple. — Feuilles lancéolées, pétiolées. — Panicule terminale rameuse. — Epillets épars, pédicellés.

2 glumes petites, carénées, mutiques. — 2 glumelles membraneuses, parcheminées, naviculaires, comprimées longitudinalement, clauses ; l'inf. plus large, mutique. — 2 glumellules presque charnues, glabres. — 6 éta-

mines. — Ovaire glabre. — 2 styles terminaux. — Stigmates plumeux à poils simples. — Caryopse.....

Habitat : l'île de Madagascar.   *Une espèce connue.*

---

*

Glumes égales à la fleur.

11° Sclerachne. (*R. Brown*).

Chaume à 5-5 nœuds, glabre. — Gaînes pubescentes ; ligule obtuse ; feuilles linéaires planes. — Panicule rameuse, contractée, à axe glabre. — Epillets pédicellés, à pédicelle court, scabre.

2 glumes presque égales, herbacées, coriaces, à 3 nervures pubescentes. — 2 glumelles inégales ; l'inf. naviculaire, carénée, égale aux glumes, acuminée, aristée au-dessous du sommet ; la sup. plus courte, bi-carénée, binervée. — 2 glumellules égales, obtuses. — 3 étamines à anthères oblongues. — Ovaire linéaire oblong. — 2 styles nus en bas. — 2 stigmates plumeux. — Caryopse linéaire oblong, comprimé latéralement.

Habitat : le Texas, la Louisiane.   *2 espèces connues.*

NOTE. — *Nut.* avait créé le genre GREENIA avec une espèce de ce genre.

III

GLUMES NULLES OU TRÈS-PETITES.

----

§

Glumes beaucoup plus petites que la fleur.

12° **Oryza.** (*Linn.*)

Feuilles planes. — Epillets pédicellés, comprimés, hispidés.

2 glumes petites, membraneuses, concaves, mutiques, égales. — 2 glumelles coriaces, comprimées, carénées, clauses ; l'inf. plus large, aristée le plus souvent au sommet ; arête droite, articulée à la base. — 2 glumellules presque charnues, glabres. — 6 étamines. — Ovaire glabre. — 2 styles terminaux. — Stigmates plumeux à poils rameux. — Caryopse glabre, oblong.

Habitat : l'Asie, cultivé comme plante alimentaire.

4 *espèces connues.*

----

§

Glumes complètement nulles.

13° **Leersia,** (*Solander, Swartz*).

Feuilles planes. — Panicule rameuse ou simple. — Epillets rameux, brièvement pédicellés, sub-unilatéraux imbriqués.

Glumes nulles. — 2 glumelles comprimées, carénées, mutiques, clauses longitudinalement, presque égales ; l'inf. plus large. — 2 glumellules membraneuses, glabres. — 3-6 ou 1 étamines. — Ovaire glabre. —

2 styles terminaux à poils rameux. — Caryopse libre,
glabre.

Habitat : les Amériques et les Antilles.

12 espéces connues.

NOTE. — Ce genre se compose d'espèces qui lui sont propres et d'espèces qui avaient été placées dans d'autres genres. La plus grande partie des espèces qui le compose lui vient du genre ASPRELLA ; le genre
HOMALOCENCHRUS (*Hall.*) lui a cédé la seule espèce qui le composait ; il
en doit une au genre PHALARIS (*Linn.*) et une au genre EHRHARTA
(*Wiggers*).

DEUXIÈME SECTION.

Epillets comprimés par le dos.

14° **Piptatherum.** (*P. Beauvais*).

Chaume droit. — Feuilles planes. — Panicule diffuse. —
Epillets épars, pédicellés.

2 glumes égales, membraneuses, mutiques, persistantes, plus longues que la fleur. — 2 glumelles égales,
coriaces ; l'inf. convexe luisante, embrassant la sup. par
ses bords, munie d'une arête articulée, lancéolée, très-
caduque ; glumelle supér. binervée, entière. — 3 glumellules entières, membraneuses, glabres, inégales,
l'inf. plus petite. — 3 étamines à anthères nues au sommet, mais quelquefois à lobes barbus. — Ovaire glabre, stipité. — 2 styles courts terminaux. — stigmates
plumeux à poils simples. — Caryopse libre, étroitement renfermé dans les balles, glabre, oblong, muni
d'un léger sillon longitudinal.

Habitat : l'Europe centrale, le Caucase, la Sibérie, la Corse.

5 espéces connues.

NOTE. — Des espèces de ce genre avaient été placées dans les genres

Urachne, par *Link* et *Trinius;* Agrostis, par *Cand.* et *Linn.;* Oryzopsis, par *Nut.;* Milium, par *Schomb., Cavant., Sieb.* et *Duby.*

TROISIÈME SECTION.

Epillets cylindriques, ovoïdes ou fusiformes.

I.

GLUMES ÉGALES.

§

Epillets géminés, l'un sessile, l'autre pédicellé.

15° Eriochrysis. (*Palissot de Beauvais*).

Chaume cespiteux. — Feuilles linéaires planes. — Panicule rameuse contractée, pubescente, à rameaux articulés.

2 glumes presque égales, coriaces, membraneuses, elliptiques, mutiques, couvertes de poils jaunes. — 2 glumelles transparentes, inégales; l'inf. elliptique, obtuse, concave, ciliée sur les bords, plus courte que les glumes; la sup. plus courte, oblongue, aiguë, ciliée. —2 glumellules tronquées, glabres, irrégulièrement tridentées.— 3 étamines. —Ovaire glabre, subglobuleux, surmonté d'un bec filiforme court. — 2 styles. — stigmates plumeux. — Caryopse arrondi, surmonté d'un bec, glabre, libre.

Habitat : Cayenne.   *Une espèce connue.*

NOTE. — La seule espèce de ce genre avait été classée avec les Andropogon, par *Rich.,* et dans le genre Plazerium, par *Willd.*

§

Epillets tous pédicellés non géminés.

16° **Pentapogon.** (*R. Brown*).

Axe panicule. — Panicule simple contractée. — Fleurs
pédicellées.

2 glumes égales, membraneuses, mutiques, plus longues que les glumelles; la sup. mucronée. — 2 glumelles; l'inf. enveloppante, sommet tronqué, pourvu
de 4 dents, entre lesquelles naissent 5 arêtes inégales,
la médiane beaucoup plus grande, tordue ou cordée
dans la plus grande partie de sa longueur; glumelle
sup. plus petite, bifide et bidentée au sommet. — Glumellules..... — Etamines..... — Ovaire..... — Stigmates villeux sessiles. — Caryopse libre, tronqué, atténué à la base.

Habitat : la Nouvelle-Hollande.   *Une espèce connue.*

NOTE. — La seule espèce de ce genre avait été placée dans le genre
Agrostis, par *Labil.*

II.

Glumes inégales.

---

§

Fleurs stipitées. — Glumelles aristées; la supérieure incluse dans
l'inférieure.

17° **Streplachne.** (*R. Brown*).

Feuilles enroulées. — Epillets pédicellés. — Fleurs stipitées.

2 glumes lâches, mutiques. — 2 glumelles, l'inf. cy-

lindrique, enroulée, aristée au sommet ; arête non articulée, tordue inf. ; glumelle sup. incluse, mutique. —
Glumellules..... — 3 étamines. — 2 styles. — Stigmates plumeux. — Caryopse.....

Habitat : la Nouvelle-Hollande.   *Une espèce connue.*

§

Fleurs sessiles. — Glumelles aristées, herbacées, devenant coriaces
après la fécondation.

18° Muehlembergia. (*Schreber*).

Plante cespiteuse. — Chaume souvent rameux. — Panicule
simple ou rameuse. — Epillets pédicellés. — Fleurs sessiles
barbues à la base.

2 glumes très-courtes, inégales, plus courtes que les
glumelles, tronquées, dentelées au sommet. — 2 glumelles herbacées, s'indurant après la fécondation, carénées ; l'inf. aristée, denticulée sur la carène et sur
les bords ; arête droite dentelée ; la sup. bicarénée,
dentelée, ciliée sur la carène. — 2 glumellules, ovales,
tronquées obliquement au sommet. — 3 étamines à filets soudés inf. avec l'ovaire. — Ovaire glabre, stipité.
— 2 styles terminaux. — Stigmates plumeux à poils simples. — Caryopse glabre, libre, terminé par un bec
court capillaire.

Habitat : les Amériques, notamment le Mexique.
                                    34 espèces connues.

NOTE. — Beaucoup d'espèces qui composent ce genre ont été très-
diversement classées par les auteurs ; c'est ainsi que *Humboldt*, *Presl.*,
Poir., *Balb.*, *Desvaux*, en avaient classé plusieurs avec les Podosemum ;
Roem., *Trinius*, *Schult.*, *Cand.*, avec les Trichochloa : *Spreng.*,
Muehl., *Willd.*, *Lagasca*, avec les Agrostis ; *de Humboldt*, une avec
les Calamagrostis ; *Roem.*, *Spreng.*, avec les Arundo ; *Spreng.*, *Roem.*,

Willd., avec les POLYPOGON ; *Poir.*, avec les ALOPECURUS ; *Mich.*, *Palissot de Beauvais*, avec les DILEPYRUM ; *P. de Beauvais*, avec les APERA ; *P. de Beauvais*, avec les ACHNATHERUM ; *Link*, avec les CINNA ; *Lam.*, *Mich.*, *Wall.*, avec les STIPA ; *Roem.*, *P. de Beauvais*, avec les CLOMENA ; *Roem.*, *P. de Beauvais*, avec les BRACHYLYTRUM.

Les espèces du genre TRICHOCHLOA ont été complètement réunies aux genres CINNA et MUEHLEMBERGIA. Les espèces du genre ACHNATHERUM, aux genres MUEHLEMBERGIA, CINNA et AGROSTIS. Celles du genre DILEPYRUM, aux genres ORYZOPSIS et MUEHLEMBERGIA ; celles du genre APERA aux genres MUEHLEMBERGIA et AGROSTIS ; celle du genre CLOMENA au genre MUEHLEMBERGIA.

1° **Clomena.** *(Palissot de Beauvais)*

Panicule rameuse, presque unilatérale, pauvre en épillets. — Epillets pédicellés, aristés.

2 glumes inégales, presque aussi longues que les glumelles, l'inférieure plus courte, plus étroite, lancéolée, entière, acuminée, ciliée sur le dos ; la supérieure très-large, tridentée au sommet ; dents larges, profondes, acuminées, ciliées. — 2 glumelles naviculaires, carénées ; l'inférieure bidentée, longuement aristée dans la bifidité ; arête droite, roide, denticulée ; glumelle supérieure entière, ciliée, acuminée. — Glumellules....... — 5 étamines à filets plus courts que la fleur, sortant à la base. — Ovaire....... — Style....... — Stigmate....... — Caryopse libre, oblong, obtus, cylindrique sur l'une de ses faces, profondément sillonné sur l'autre.

2° **Apera.** *(Palissot de Beauvais, Adans.)*

Panicule rameuse, dressée, ou plus ou moins diffuse. — Epillets pédicellés, aristés.

2 glumes presque égales, presque aussi grandes que les glumelles, striées, acuminées, naviculaires. — 2 glumelles oblongues, enroulées, l'inférieure entière, aristée sur le dos : arête beaucoup plus longue que la fleur, droite, roide, denticulée ; la supérieure, bidentée au sommet, à dents obtuses. — 2 glumellules lancéolées, entières, obtuses, glabres. — 1-3 étamines à filets, plus courts que la fleur. — Ovaire ovoïde, glabre. — 2 styles très-courts. — Stigmates divergeants, plumeux. — Caryopse inclus, mais libre d'adhérences, pourvu d'un sillon sur sa face interne.

§

Glumelles toujours membraneuses, mutiques

19° **Phippsia.** (*R. Brown*).

Plantes petites, cespiteuses, glabres, croissant dans l'eau ou sur les terrains inondés. — Chaume droit, divisé dès la base. — Feuilles linéaires planes. — Ligule membraneuse. — Rameaux de la panicule semi-verticellés. — Epillets pédicellés.

2 glumes mutiques, concaves, membraneuses ; l'inf. plus petite. — 2 glumelles membraneuses, mutiques, glabres ; l'inf. concave trinervée ; la sup. un peu plus courte, binervée, sub-bicarénée, tri ou quadri-dentée. — 2 glumellules très-petites, membraneuses, entières, glabres. — 1-3 étamines à anthères elliptiques. — Ovaire glabre. — 2 stigmates sessiles terminaux. — Caryopse oblong, cylindrique.

Habitat : la Finlande, le Groenland, l'île de Malvina.

Une espèce connue.

NOTE. — La seule espèce de ce genre avait été classée avec les Trichodium, par *Svensk.* et *Roem.*, et avec les Vilfa, par *Trinius.*

DEUXIÈME SOUS-TRIBU.

Epillets en panicule spiciforme ou capituliforme.

PREMIÈRE SECTION.

Epillets comprimés latéralement.

I

GLUMES INÉGALES.

1

Glumes plus longues que la fleur.

✳

Glumes cartilagineuses ou semi-cartilagineuses.

---

§

Deux glumelles non aristées.

20° **Leptothrium.** (*Kunth*).

Plante cespiteuse, glabre, roide. — Chaume simple. —
Feuilles enroulées sur les bords, roides, ciliées sur la gaine ;
ligule presque nulle.—Epis simples ; rachis triangulaire, sub-
flexueux. — Epillets brièvement pédicellés, alternes : le pédicelle articulé avec le rachis.

2 glumes sub-coriaces, acuminées subulées : l'inf.
plus courte. sub-carénée : la supér. enroulée. un peu

comprimée latéralement. — 2 glumelles transparentes ; l'inf. ovale, sub-carénée, uninervée, glabre ; la sup. trois fois plus courte. — 2 glumellules tronquées, glabres. — 3 étamines. — Ovaire glabre. — 2 styles terminaux. — Stigmates plumeux. — Caryopse.....

Habitat : l'Amérique centrale.   *Une espèce connue.*

NOTE. — La seule espèce qui compose ce genre avait été classée avec les Zoysia, par *Willd.*

§

Deux glumes aristées.

21° Limnas. (*Trinius*).

Racines rampantes. — Chaume cespiteux, droit, filiforme, glabre, simple.— Feuilles radicales très-longues, comprimées-enroulées, sub-sétacées, un peu scabres, ligule bi-auriculée.— Panicule simple, droite, pauciflore.

2 glumes parcheminées, naviculaires, carénées, hispides, mucronées, égales aux fleurs ; l'inf. plus courte. — 2 glumelles, l'inf. parcheminée, comprimée, aiguë, aristée au-dessous du milieu ; la sup. plus petite, étroite, aristée ; arête tordue, genouillée. — 2 glumellules lancéolées, acuminées, plus longues que l'ovaire. — 3 étamines. — Ovaire oblong, aigu. — Styles soudés ensemble inf. — Stigmates plumeux. — Caryopse.....

Habitat : le Kamtschatka.   *Une espèce connue.*

§

Une seule glumelle.

22° Haplachne. (*Presl.*)

Chaume droit, simple. — Feuilles linéaires, aiguës, planes, parsemées de poils tuberculeux; gaine comprimée, pubescente. — Panicule composée de cinq épis environs, rapprochés, fasciculés; rachis flexueux, cilié, inarticulé. — Epillets solitaires, alternes, sessiles, distiques.

2 glumes cartilagineuses, carénées, comprimées, mucronées, ciliées sur la carène; l'inf. un peu plus petite. — Une glumelle plus courte que les glumes, membraneuse, diaphane, laciniée ou bifide au sommet, uninervée; la nervure se termine en une arête tordue, très-fragile. — 2 étamines. — Ovaire ovale, lancéolé. — 2 styles. — Stigmates en goupillon. — Caryopse.....

Habitat : l'ile de Marie-Anne.   *Une espèce connue.*

※

Glumes membraneuses.

---

§

Epillets sessiles.

23° Spartina. (*Schreber*).

Plante marine. — Chaume cespiteux, roide. — Feuilles le plus souvent enroulées, roides. — Epillets sessiles, unilatéraux, imbriqués, bisériés. — Fleurs sessiles.

2 glumes carénées, mutiques; la sup. plus grande et dépassant la fleur. — 2 glumelles membraneuses, mu-

tiques; l'inf. comprimée, carénée; la sup. plus longue, naviculaire, bicarénée sur le dos. — 2 glumellules en forme S, transparentes, glabres, quelquefois nulles. — 3 étamines. — Ovaire glabre. — 2 styles terminaux très-longs, rapprochés, parallèles. — 2 stigmates très-grêles et très-longs, plumeux, à poils simples. — Caryopse comprimé, arrondi.

Habitat : l'Europe, les Amériques, les îles de l'Océan, Java, etc.   *15 espèces connues.*

NOTE. — Huit espèces de ce genre avaient été classées avec les DACTYLIS, par *Ait.*, *Loeff.*, *Walt.*, *Linn.*, *Lam.*, *Burm.*; d'autres, avec le genre TRACHYNOTIA, par *Mich.*, *Caml.*, *Poir.*; d'autres, avec le genre PASPALUM, par *Brot.*; avec le genre PONCELETIA, par *Petit-Thouars*; avec le genre LYMNETIS, par *Rich.*

Les genres PONCELETIA, TRACHYNOTIA et LYMNETIS ont été complétement réunis au genre SPARTINA.

---

§

Epillets pédicellés.

24° Chætotropis. (*Kunth*).

Chaume droit, simple. — Feuilles planes, scabres sur leur face interne; ligule très-longue; gaines glabres. — Panicule spiciforme, interrompue. — Epillets aglomérés, fasciculés, pédicellés, à pédicelle hispide. — Fleurs sessiles glabres, plus courtes que les glumes.

2 glumes oblongues, lancéolées, acuminées, membraneuses, carénées, fermées; l'inf. plus longue. — 2 glumelles membraneuses, transparentes, glabres, petites; l'inf. ovale tronquée, présentant 4 dents au sommet, aristée au-dessous du sommet, concave; arête caduque; la sup. beaucoup plus petite, concave, tronquée et irrégulièrement bidentée au sommet. — 2 glumellules mem-

braneuses, glabres, plus grandes que l'ovaire. — 3 étamines. — Ovaire glabre. — 2 stigmates terminaux, sessiles. — Style nul. — Caryopse oblong, convexe sur sa face externe, plan et sillonné sur sa face interne, glabre, lisse.

Habitat : le Chili.   *Une espèce connue.*

2

Glumes plus courtes que la fleur.

25° Crypsis. (*Aiton*).

Plantes cespiteuses. — Racines fibreuses. — Feuilles planes. — Panicule spiciforme, enfermée dans une feuille spathiforme. — Fleurs sessiles glabres.

2 glumes comprimées, carénées, mutiques, inégales, à peine plus courtes que les fleurs, ciliées sur la carène : l'inf. plus petite. — 2 glumelles membraneuses presque égales, mutiques ; l'inf. comprimée, carénée, ciliée sur la carène ; glumelle sup. binervée. — Glumellules nulles. — 2-3 étamines. — Ovaire glabre. — 2 styles terminaux très-longs. — Stigmates plumeux, à poils simples, denticulés. — Caryopse libre, glabre.

Habitat : l'Europe, l'Asie.   *6 espèces connues.*

NOTE. — Bien que ce genre ne soit composé que d'un petit nombre d'espèces, cependant les auteurs ont beaucoup varié pour leur classement ; c'est ainsi que *Linn.* en a classé une avec les ANTHOXANTHUM, deux autres avec les SCHŒNUS et les PHLEUM ; que *Host.* en a classé une avec les HELEOCHLOA ; *Link, Smith* et *Forsk.*, une avec les PHALARIS ; *Pourr.*, une avec les PHLEUM ; *Gaertner*, une avec les ANTITRAGUS.

Les genres ANTITRAGUS et PHLEUM, qui ne contenaient chacun qu'une seule espèce, sont maintenant réunis au genre CRYPSIS.

II

GLUMES ÉGALES.

---

*

Epillets unilatéraux.

---

§

Glumes obtuses, mutiques.

26° Microchloa. (*R. Brown*).

Plantes très-petites, cespiteuses. — Feuilles étroites, falciformes, striées. — Epi terminal, solitaire, falciforme, à rachis
non articulé. — Epillets sessiles, bisériés, imbriqués, unilatéraux.

2 glumes oblongues, membraneuses, mutiques ; l'inf.
sub-carénée. — 2 glumelles courtes, très-minces, membraneuses, transparentes ; l'inf. ovale, tronquée, mucronée, trinervée, pubescente ; la sup. bicarénée. —
2 glumellules membraneuses, glabres, à demi-soudées
à la glumelle sup. — 2-3 étamines. — Ovaire glabre.
— 2 styles terminaux. — Stigmates plumeux à poils
simples. — Caryopse.....

Habitat : le Mexique, Montevideo, l'Inde orientale, la Nouvelle-Hollande.   *Une espèce connue.*

NOTE. — La seule espèce qui compose ce genre avait été classée avec
les Nardus, par *Linn.*; avec les Rottboellia, par *Roxb.*

---

§

Glumes aiguës subulées.

27° Schœnefeldia. (*Kunth*).

Racines fibreuses. — Chaume simple. — Ligule très-courte, pubescente. — Feuilles étroites, enroulées, filiformes. — 1-5 épis terminaux, sessiles. — Epillets bisériés, unilatéraux, sessiles. — Rachis, plan, non articulé. — Fleurs sessiles, barbues à la base.

2 glumes persistantes, subulées, aiguës, carénées, plus grandes que les fleurs; la sup. externe. — 2 glu-melles membraneuses; l'inf. concave, longuement aris-tée au sommet; la sup. canaliculée, ciliée sur le dos. — 2 glumellules très-courtes. — Etamines..... — Ovaire.... — Styles..... — Stigmates.....—Caryopse libre, presque fusiforme, glabre.

Habitat : le Sénégal.   *Une espèce connue.*

---

§

Glumes coriaces, indurées, couvertes de longs poils soyeux.

28° Ceresia. (*Persoon*).

Epis composés, paniculés; rameaux formant des épis lâches. —Epillets unilatéraux, lancéolés, pédicellés, alternes, dressés, offrant, au point d'insertion, une espèce de membrane large, naviculaire, trinervée.

2 glumes égales, striées, coriaces, indurées, recou-vertes de longs poils soyeux, qui dépassent assez lon-guement l'épillet. — 2 glumelles membraneuses, na-viculaires, carénées, acuminées, égales, dépassant peu les glumes, glabres. — Glumellules..... — Etami-

nes.. .. — Ovaire fusiforme, glabre. — 2 styles courts.
— Stigmates en goupillon. — Caryopse.....

Habitat : le Pérou, la Géorgie.   *2 espèces connues.*

NOTE. — Ce genre avait été réuni au PASPALUM, par *Linn.;* mais il
doit de nouveau en être séparé, par la raison que l'épillet n'a qu'une
seule fleur, qui n'est jamais accompagnée d'un rudiment de fleur stérile,
et que, de plus, ses glumes sont coriaces.

Epillets entourant l'axe.

---

§

Epillets sessiles ou subsessiles.

29° **Phleum.** (*Linn.*)

Plantes à feuilles planes. — Panicule étroite, serrée, cylindrique, oblongue ou elliptique. — Epillets comprimés par les
côtés, à peine convexes sur les faces.

2 glumes plus longues que la fleur, membraneuses,
naviculaires, carénées, à carène non ailée. — 2 glumelles très-petites, membraneuses; l'inf. carénée, tronquée et irrégulièrement dentelée au sommet; la sup.
bidentée, munie de deux carènes rapprochées et séparées par un étroit sillon. — 2 glumellules, glabres,
bilobées, à lobes aigus. — 3 étamines. — Ovaire glabre. — 2 styles courts. — Stigmates allongés, plumeux,
à poils simples, s'étalant au-dessus de la fleur. — Caryopse libre, glabre, ovale ou elliptique, inclus, non
canaliculé.

Habitat : l'Europe, l'Asie, les Amériques, l'Afrique.

8 espèces connues.

NOTE. — Les auteurs ont beaucoup varié sur le classement des espèces qui composent ce genre : *Willd.*, *Linn.*, *Cand.*, *Pers.*, *Savi*, *Retz.*, *Lagasca*, *Host.*, *Desf.*, en avaient classé plusieurs avec les PHALARIS ; *P. de Beauvais* et *Roem.*, avec les CHILOCHLOA et les ACHNODONTON.

Achnodonton. *(P. de Beauvais.)*

Panicule spiciforme, compacte. — Epillets subsessiles.

2 glumes égales, naviculaires, acuminées, ou presque obtuses, carénées. — 2 glumelles plus courtes que les glumes ; l'inférieure tronquée et pluridentée au sommet : dents inégales ; la supérieure bidentée, émarginée. — Glumellules...... — Trois étamines à filets courts. — Ovaire glabre, ovoïde. — 2 styles soudés ensemble à la base, très-courts. — 2 stigmates divergeants, plumeux. — Caryopse ovoïde, libre, pourvu d'un sillon sur la face interne.

---

§

Glumes herbacées.

36° Heleochloa. *(Host.)*

Panicule à axe paniculé. — Epillets pédicellés.

2 glumes presque égales, herbacées, lancéolées, aiguës, entières, ciliées sur la carène. — 2 glumelles inégales, lancéolées, aiguës, naviculaires, ciliées sur la carène ; la sup. bifide. — 2 glumellules très-petites, obovales, entières, glabres. — 3 étamines à filets courts. — 2 styles très-courts, soudés ensemble inf. — 2 stigmates divergeants, plumeux. — Ovaire ovoïde, glabre, mucroné par la base persistante du style. — Caryopse ovoïde, inclu entre les glumelles.

Habitat : le Midi de l'Europe, l'Amérique du Nord.

2 espèces connues.

NOTE. — Les espèces de ce genre avaient été classées avec les CRYPSIS et les SPOROBOLUS, par *Kunth.*

---

§

Epillets pédicellés, glumes membraneuses.

31° **Polypogon.** (*Desfontaine*).

Feuilles planes. — Panicule spiciforme, ovoïde, velue. — Epillets pédicellés. — Fleurs sessiles, barbues à la base.

2 glumes carénées, membraneuses, aristées, égales, plus longues que la fleur, à sommet obtus, portant sur le dos, depuis la base, une longue arête ; arête soudée au dos des glumes, ciliées sur sa partie adhérente. — 2 glumelles petites, membraneuses ; l'inf. tronquée, dentelée au sommet, aristée un peu au-dessous du sommet ; la sup. bicarénée et bimucronée au sommet. — 2 glumellules entières, glabres, falciformes, membraneuses, plus grandes que l'ovaire. — 3 étamines. — Ovaire glabre. — Style nul. — 2 stigmates sessiles, subterminaux, plumeux, à poils simples, denticulés, s'étalant à la base de la fleur. — Caryopse libre, glabre, ovoïde, oblong, à coupe transversale, presque orbiculaire, muni d'un sillon sur sa face interne.

Habitat : l'Europe, l'Asie, l'Afrique, les Amériques, les îles de l'Océan.   **14** *espèces connues.*

NOTE. — *Willd.*, *Knapp.*, *Lamm.*, *Mœnch*, *With.*, *Poir.*, ont classé plusieurs espèces de ce genre avec les AGROSTIS ; *Forsk.*, *Aub* , avec les PHALARIS ; *Linn.*, *Huds.*, avec les ALOPECURUS ; *Schreb.*, *Karf.*, *Roxb.*, avec les PHLEUM, et *Savi*, une espèce dans le genre SANTIA.

Le genre SANTIA se trouve complètement réuni au genre POLYPOGON.

III.

GLUMES NULLES, OU TRÈS-PETITES, OU INCOMPLÈTES.

---

§

Une seule glume ; épillets pédicellés.

32° Zoysia, (*Willdenow*).

Feuilles distiques, striées, canaliculées, barbues au col de la gaine. — Epi simple, non articulé. — Epillets imbriqués.

Une seule glume, carénée, mutique ou mucronée. — 2 glumelles membraneuses, mutiques ; l'inf. ovale, oblongue, uninervée, pliée-carénée. — Glumellules nulles. — 3 étamines insérées, 2 devant la glumelle sup. ; une devant la glumelle inf. — Ovaire glabre. — 2 styles allongés, terminaux. — Stigmates plumeux. — Caryopse glabre, libre.

Habitat : l'Inde orientale, la Nouvelle-Hollande.

Une espèce connue.

NOTE. — La seule espèce qui compose ce genre avait été classée avec les Agrostis, par *Linn.;* avec les Matrella, par *Pers.*

Le genre Matrella, qui n'était composé lui-même que d'une seule espèce, a donc changé son nom en celui de Zoysia.

---

§

Une seule glume ; épillets sessiles, cachés dans l'excavation de l'axe.

33° Monerma. (*Palissot de Beauvais*).

Panicule spiciforme, presque linéaire, très-simple ; rachis articulé, denté, pourvu d'excavations articulées. — Epillets cachés dans les excavations de l'axe, sessiles, dressés, appliqués contre l'axe.

Une seule glume, naviculaire, lancéolée, striée, acuminée, presque cartilagineuse, finement pubescente, un peu plus longue ou aussi longue que l'épillet. — 2 glumelles membraneuses, transparentes, carénées, naviculaires, acuminées, plus longues que les organes internes. — 2 glumellules lancéolées, entières, glabres. — 1-3 étamines. — 2 styles courts.— 2 stigmates plumeux, divergeants. — Ovaire ovoïde, glabre. — Caryopse. ....

Habitat : l'Amérique du Nord, l'Europe, le Cap de Bonne-Espérance, l'Afrique. *5 espèces connues.*

NOTE. — *Linn.* et *Savi* avaient classé les espèces de ce genre avec les ROTTBOELLIA.

---

§

Glumes nulles; 2 étamines.

34° Colcanthus. (*Seidel*). **Schmidtia.** (*Sternb.*)

Racines cespiteuses ou fibreuses. —Chaume filiforme, élargi au-dessous de la panicule. — 2-3 feuilles linéaires, canaliculées, falciformes, à gaine ventrue. —Ligule oblongue, aiguë, entière. — Panicule terminale très-simple. — Epillets falciformes, pédicellés.

Glumes nulles. — 2 glumelles membraneuses; l'inf. ovale, uninervée, carénée, acuminée, arète courte. —La sup. moitié plus courte, binervée, bicarénée, bifide au sommet, à lobes aigus, divergeants. — Glumellules nulles. — 2 Etamines à anthères oblongues, bifides.— Ovaire oblong, sessile, glabre.— Style nul. —2 stigmates sessiles, opposés, allongés, subulés, denticulés. —

Caryopse oblong, aigu, inclus dans les glumelles persistantes.

Habitat : la Bohême. *Une espèce connue.*

NOTE. — *Sternb.* avait fait de la seule espèce de ce genre le genre *Schmidtia.*

DEUXIÈME SECTION.

Epillets comprimés par le dos.

35° **Alopecurus.** *(Linn.)*

Feuilles planes. — Epis cylindriques ou fusiformes, compactes. — Epillets brièvement pédicellés.

2 glumes plus longues que la fleur, naviculaires, carénées, presque égales, libres ou soudées à la base, comprimées par le dos, mutiques ou aristées. — Une seule glumelle ovale, comprimée, carénée, aristée au-dessus de la base. — Glumellules nulles. — 3 étamines. — Ovaire, glabre. — 2 syles terminaux, soudés ensemble à la base. — Stigmates allongés, plumeux. — Caryopse glabre, libre, inclus, comprimé par le dos, ovale non canaliculé.

Habitat : l'Europe, l'Asie, les Amériques, etc.

24 espèces connues.

NOTE — *Willd., Linn.,* avaient classé plusieurs espèces de ce genre avec les Phalaris; *All., Scop.,* avec les Phleum; *Linn.,* une avec les Cornucopia; *Savi,* une avec les Tozzettia, et *P. de Beauvais,* une avec les Colobachne.

Les espèces qui constituaient les genres Tozzettia *(Savi)* et Colobachne *(P. de Beauvais)* étant, à cause des caractères insignifiants qui les séparaient des Alopecurus, réunies à ce dernier genre, ne doivent plus constituer des genres séparés.

TROISIÈME SECTION.

Epillets ovoïdes, fusiformes ou cylindriques.

I.

GLUMES INÉGALES.

---

§

Glumes ventrues à la base.

36° Gastridium. (*Palissot de Beauvais*).

Plantes annuelles. — Feuilles planes. — Panicule contractée, spiciforme. — Epillets pédicellés ; pédicelle épaissi, un peu comprimé au sommet.

2 glumes membraneuses, lancéolées, beaucoup plus grandes que la fleur, fermées, ventrues à la base ; l'inf. plus longue. — 2 glumelles petites, membraneuses ; l'inf. tronquée, dentée au sommet, aristée ou mutique, embrassant la sup. — 2 glumellules glabres, entières, plus grandes que l'ovaire. — 3 étamines. — Ovaire glabre. — Style nul. — 2 stigmates sessiles, terminaux, plumeux. — Caryopse ovale, elliptique, comprimé parallèlement à l'embrion, glabre, libre.

Habitat : les bords de la Méditerranée, la Dalmatie, la Sicile, le Chili.   *2 espèces connues.*

NOTE. — Ce genre n'est composé que de deux espèces : la première avait été classée avec les Agrostis, par *Linn.*, *Gouan*, *Lam.*, *Poir.*; avec les Calamagrostis, par *Spreng.*; avec les Arundo, par *Schult.*, et enfin avec les Milium, par *Lin.*; la seconde lui est propre.

---

§

Glumes non ventrues à la base.

37° Nowodworskia. (*Presl.*)

Chaume droit, simple, rond, strié, à nœuds glabres, radicants inf. — Feuilles linéaires, planes, scabres, acuminées, à gaine striée, et à ligule grande. — Panicule droite, contractée, spiciforme, à rameaux très-courts, verticellés, scabres.

2 glumes oblongues, lancéolées, subulées, aristées au sommet, arrondies sur le dos, uninervées, à nervures hispides, non ventrues à la base; l'inf. un peu plus grande. — 2 glumelles; l'inf. herbacée, ovale à trois nervures, trifide, mucronée au sommet, aristée sur le dos; arête droite, scabre; glumelle inf. beaucoup plus petite, plane, lancéolée, bidentée au sommet. — Glumellules nulles. — Étamines..... — Ovaire ovoïde, glabre. — 2 styles rapprochés à la base. — Stigmates en goupillon. — Caryopse oblong, couronné par la base des styles, persistante.

Habitat : le Pérou.   *Une espèce connue.*

NOTE. — *Presl.* avait formé le genre Raspaila avec la seule espèce de ce genre.

II.

GLUMES ÉGALES.

⁂

Glumes plus longues que la fleur.

---

§

Glumes aristées, subulées.

38° **Chœturus.** (*Link.*)

Plantes cespiteuses. — Racine fibreuse. — Feuilles planes. — Panicule simple, spiciforme. — Epillets géminés ou ternés, sessiles ou presque sessiles. — Fleurs sessiles, glabres.

2 glumes plus grandes que la fleur; l'inf. aristée au sommet. — 2 glumelles petites, membraneuses, mutiques; l'inf. trifide ou tridentée au sommet; la sup. bifide. — 2 glumellules tronquées, glabres, entières, plus grandes que l'ovaire. — 3 étamines. — Ovaire glabre. — 2 stigmates terminaux, sessiles, plumeux, à poils simples, denticulés. — Caryopse.....

Habitat : l'Espagne, le Portugal.　　　*Une espèce connue.*

NOTE. — *Willd., Pers.,* avaient classé la seule espèce de ce genre avec les Polypogon, et *Brot,* avec les Agrostis.

---

§

Glumes mutiques. — Glumelles inférieures aristées.

39° **Epicampes.** (*Presl.*)

Panicule contractée, spiciforme. — Fleurs dépassant les glumes.

2 glumes ovales, convexes. uninervées. obtuses. mutiques. entières. — 2 glumelles convexes, ovales : l'inf.
embrassante à la base, entière, à nervure moyenne, se
transformant en une arête droite : la sup. binervée,
très-obtuse. — 2 glumellules glabres, déchirées en lobes. — 3 étamines. — Ovaire glabre, émarginé au
sommet. — 2 styles terminaux. — Stigmates plumeux.
— Caryopse.....

Habitat : le Mexique.   *5 espèces connues.*

NOTE. — Des trois espèces qui composent ce genre, une lui est propre, les deux autres avaient été classées avec les Agrostis, par *Humb.*,
et avec les Cinna. par *Kunth*.

§

Glumes mutiques, glumelle inférieure tronquée, non aristée.

40° **Chamagrostis.** *(Borkhausen)*.

Plantes petites, annuelles, cespiteuses. — Chaume simple,
capillaire. — Feuilles pliées, obtuses. — Epis simples. —
Epillets très-brièvement pédicellés, sub-unilatéraux. sub-bisériés. — Fleurs plus courtes que les glumes.

2 glumes ovales, oblongues, uninervées, carénées,
arrondies, tronquées et mutiques au sommet; la sup.,
un peu plus grande, regarde le rachis. — 2 glumelles
très-petites, membraneuses, pubescentes sur la face externe : l'inf. a 5 nervures, tronquée au sommet; la sup.
binervée. — 2 glumellules glabres, petites. — 3 étamines. — Ovaire glabre. — 2 styles terminaux. — 2
stigmates très-longs.— Caryopse ovale, elliptique, libre
entre les glumelles.

Habitat : l'Europe.   *Une espèce connue.*

NOTE. — La seule espèce de ce genre a été classée avec les Knappia,

par *Trinius* : avec les SǕrensia, par *Hoppe* et *Pers.*, avec les Agrostis,
par *Lin.*, et avec les Milbora, par *Adans.*

✳

Glumes plus courtes ou aussi longues que la fleur.

11° **Perotis.** (*Ait., R. Brown*).

Plantes tropicales. — Panicule spiciforme composée. — Epillets pédicellés, entourés d'un involucre soyeux, lanugineux.

2 glumes longuement aristées, naviculaires, carénées, ciliées, pubescentes sur le dos ; arête très-longue, naissant du sommet ou près du sommet : celle de
la glume inf. plus longue. — 2 glumelles entières, ciliées sur les bords, mutiques, transparentes. — 2 glumellules entières, glabres. — 3 étamines. — Ovaire
glabre. — 2 styles soudés inf. — 2 stigmates plumeux.
—Caryopse cylindrique, glabre, inclus entre les glumes.

Habitat : les Indes orientales, le Japon, la Nouvelle-Hollande.   *2 espèces connues.*

NOTE. — Les deux espèces du genre Perotis avaient été classées
avec les Anthoxanthum, par *Linn.* ; avec les Saccharum, par *Linn.* ; avec
les Agrostis, par *Linn.* ; avec les Xystidium, par *Trinius.* Ce dernier,
qui n'avait qu'une seule espèce, se trouve complétement confondu avec
celui que nous venons de décrire.

✳

Glumes nulles ou très-petites.

12° **Nardus.** (*Linn.*)

Plantes cespiteuses, roides. — Feuilles enroulées, subulées.
— Epi simple, à rachis, convexe sur sa face externe, excavé
sur sa face interne pour l'insertion des épillets. — Epillets
unilatéraux, alternes ou géminés, sessiles.

Glumes nulles. — 2 glumelles : l'inf. linéaire, trigône,

carénée, trinervée, longuement aristée, droite, roide, enveloppant la sup.; arête droite, scabre, triangulaire : la sup. entière, plus courte, linéaire, lancéolée, bicarénée, obtuse au sommet. — Glumellules nulles. — 3 étamines à anthères linéaires. — Ovaire glabre. — 1 style terminal. — 1 stigmate très-long, linéaire, pubescent. — Caryopse glabre, linéaire, trigône, canaliculé sur sa face interne.

Habitat : l'Europe, le Caucase, l'Inde orientale.

2 espèces connues.

NOTE. — *Linn.* avait classé une espèce de ce genre avec les Stipa.

<hr>

TROISIÈME SOUS-TRIBU.

Panicule anormale, ou renfermée dans une spathe ou un involucre.

I.

GLUMES NULLES.

43° **Lygeum.** (*Linn.*)

Plantes vivaces, à chaume dressé, ferme, cylindrique, glabre, junciforme, n'offrant qu'un seul nœud, d'où part la dernière feuille. — Feuilles rapprochées à la partie inférieure de la plante, linéaires, roides, subulées, presque cylindriques, à ligule allongée, glabre. — Epillets géminés ou ternés, disposés par groupes, et chaque groupe enveloppé dans une spathe foliacée, verdâtre, striée, enroulée sur elle-même, épaisse, charnue inférieurement, amincie supérieurement. — Les épillets du même groupe, rapprochés, serrés les uns contre les autres, soudés même ensemble jusqu'au tiers de la hauteur, et recouverts à la base de poils soyeux, blancs, longs et touffus.

Glumes nulles. — 2 glumelles inégales : l'inf. lancéolée, roide, membraneuse, acuminée, sub-concave, charnue inf., à bords soudés en bas; la sup. membraneuse, transparente, binervée, bicarénée, bifide ou bidentée au sommet, soudée par le dos et en bas à celle de la fleur de l'épillet voisin. — Glumellules nulles. — 3 étamines à filets très-longs, libres. — Anthères linéaires très-longues, à base bifide, étroite, prismatiques, biloculaires, insérées sur le filet par le milieu. — Ovaire libre, fusiforme, très-petit. — 1 style très-long, terminal. — Stigmate se distinguant à peine du style, simple, subulé, enroulé en crosse, plano-convexe, glabre. — Caryopse oblong, convexe, terminé en pointe, surmonté de la base persistante du style et des glumelles, devenues cartilagineuses, de manière à offrir l'apparence d'un péricarpe à loge monosperme.

Habitat : l'Espagne, le Nord de l'Afrique.

Une espèce connue.

II.

DEUX GLUMES.

*

Glumes inégales.

14° Amphipogon. (*R. Brown*).

Plantes cespiteuses. — Racines rampantes. — Chaume fasciculé. — Feuilles sétacées. — Epillets disposés, soit en tête globuleuse, soit en épis allongés. — Fleurs sessiles ou pédicellées.

2 glumes membraneuses, concaves, mutiques, velues ou glabres; l'inf. plus courte. — 2 glumelles membraneuses; l'inf. trifide : la sup. bifide, laciniées.

subulées, aristées ; arêtes droites, scabres. — 2 glu-
mellules entières ou à bords découpés, glabres. —
Ovaire glabre. — 2 styles soudés ensemble à la base.
— Stigmates plumeux, à poils simples. — Caryopse....

Habitat : la Nouvelle-Hollande.   *5 espèces connues.*

NOTE. — Quatre espèces de ce genre avaient été classées avec les
Agrostis, par *P. de Beauvais.*

———————

✻

Glumes égales.

———————

§

GLUMES MUTIQUES.

45° Cornucopia. *(Linn.)*

Plantes annuelles. — Chaume cespiteux, rameux. — Feuilles
planes à gaîne ventrue. — Épillets fasciculés et enfermés ensemble dans un involucre campanulé, infundibuliforme, membraneux, crénelé, inséré au sommet des rameaux.

2 glumes membraneuses, carénées, égales, mutiques, soudées ensemble en bas, un peu plus courtes
que la fleur. — Une glumelle membraneuse, carénée, offrant en bas 5 nervures, bilobée au sommet, aristée sur
le dos, à bords soudés ensemble jusqu'au milieu ; arête
scabre, genouillée vers sa partie moyenne. — Glumellules nulles. — 3 étamines. — Ovaire glabre. — 2 styles terminaux, courts. — Stigmates très-longs, pubescents. — Caryopse oblique, ovale, lenticulaire, glabre,
libre.

Habitat : la Grèce, l'Asie mineure.   *Une espèce connue.*

———————

§

Glumes aristées.

46° **Pereilema.** (*Presl.*)

Chaume radicant à la base, puis redressé et rameux. — Feuilles linéaires à gaîne scabre. — Ligule courte, tronquée. — Panicule spiciforme interrompue, à rachis et rameaux scabres. — Epillets aglomérés par groupes, et entourés à la base d'un involucre composé de 8-19 folioles sétiformes. — Fleurs entourées de poils à la base : poils dépassant les glumes.

2 glumes transparentes, membraneuses, carénées, uninervées, bifides au sommet, aristées. — 2 glumelles ; l'inf. ovale, trinervée, entière, longuement aristée au sommet ; glumelle sup. binervée, entière. — Glumellules..... — 3 étamines. — Ovaire..... — Style..... Stigmate..... — Caryopse.....

Habitat : Panama.   *Une espèce connue.*

✳

Panicule en tête arrondie ou globuleuse.

---

§

Glumes herbacées.

47° **Remirea.** (*Aubl.*)

Panicule terminale en tête arrondie.

2 glumes égales plus longues que la fleur. — 2 glumelles sub-membraneuses, entières. — Une glumellule membraneuse. — Etamines..... — 1 style simple. — 3 stigmates villeux. — Ovaire..... — Caryopse.....

Habitat : la Guyane.   *Une espéce connue.*

NOTE. — *Schrad.* avait classé la seule espèce de ce genre avec les
MUSÆ.

La description trop incomplète de ce genre ne nous permet pas de le
classer définitivement.

----

§

Glumes membraneuses, soyeuses.

48° **Pterium.** *(Desvaux).*

Racines fibreuses annuelles. — Feuilles glabres. — Epis globuleux, barbus, violacés. — Fleurs entourées d'un involucre
soyeux.

2 glumes transparentes, presque égales, aristées,
soyeuses. — 2 glumelles coriaces ; l'inf. longuement
aristée, soyeuse ; la sup. acuminée. — Glumellules.....
— Etamines..... — Ovaire.... — Style..... — Stigmate.... — Caryopse.....

Habitat : l'Orient.   *Une espéce connue.*

NOTE. — Mêmes observations que pour le genre précédent.

DEUXIÈME TRIBU.

BIFLORÉES.

PREMIÈRE SOUS - TRIBU.

Épillets en panicule rameuse.

PREMIÈRE SECTION.

Épillets comprimés latéralement.

✳

Glumelles mutiques.

---

§

Style nul.

49° **Molineria.** (*Parlatore*).

Panicule rameuse, trichotome, divariquée, lâche, ovale, à rameaux lisses, capillaires. — Epillets pédicellés, comprimés par le côté, convexes sur le dos. — Fleurs, l'une sessile, l'autre pédicellée.

2 glumes égales, membraneuses, carénées, trinervées, plus courtes que les fleurs. — 2 glumelles membraneuses; l'inf. oblongue, carénée, arrondie, subtrilobée au sommet, mutique, multinervée; la sup. bicarénée, oblongue, émarginée au sommet. — 2 glumellules ovales, lancéolées, entières, glabres. — 3 Etamines. — Ovaire glabre. — Style nul. — 2 stig

mates terminaux, plumeux. — Caryopse libre d'adhérences, mais étroitement enfermé entre les glumelles,
lancéolé, canaliculé, atténué aux deux extrémités.

Habitat : la Corse. *Une espèce connue.*

NOTE. — La seule espèce de ce genre a été classée avec les AIRA,
par *Kunth ;* avec les AIROPSIS, par *Desvaux ;* avec les POA, par *Trinius ;*
avec les CATABROSA, par le même.

----

§

Deux styles.

50° **Catabrosa.** (*P. de Beauvais*).

Plantes glabres, aquatiques, à rameaux droits, simples. —
Feuilles planes, à ligule allongée, membraneuse. — Panicule
rameuse, diffuse, à rameaux verticellés. — Epillets pédicellés.
— Fleur inférieure sessile ; fleur supérieure pédicellée.

2 glumes membraneuses, plus courtes que la fleur,
concaves, colorées ; l'inf. oblongue, uninervée ; la sup.
sub-ovale, trinervée, crénelée ou dentelée au sommet.
— 2 glumelles membraneuses, oblongues, égales ; l'inf.
trinervée, tronquée, arrondie au sommet, trigône, carénée ; la sup. binervée, concave, bicarénée, presque
trilobée, arrondie au sommet. — 2 glumellules charnues, tronquées au sommet, glabres, de moitié plus
courtes que l'ovaire. — 3 étamines. — Ovaire ovale,
glabre. — 2 styles terminaux très-courts. — Stigmates
plumeux, à poils simples ou bifides, crénelés, transparents.— Caryopse oblique, obové, brièvement pédicellé,
comprimé par le côté, convexe sur les faces latérales,
non canaliculé ni pourvu de sillon, libre, glabre.

Habitat : l'Europe, le Caucase, les Amériques.
7 espèces connues.

NOTE. — Les 7 espèces qui composent ce genre avaient été classées, les unes avec les AIRA, par *Linn.*, *Pursh.*, *Zuccarini*; avec les MOLINIA, par *Wib.*; avec les GLYCERIA, par *Smith*; avec les AGROSTIS, par *Desvaux*; avec les COLPODIUM, par *Trinius*; avec les HYDROCHLOA, par *P. de Beauvais*. *Hartm.*

Les caractères du genre ASTISORIA (*Parlatore*) ressemblent tellement à ceux qui constituent le genre MOLINERIA (*Parlatore*), que les deux genres doivent être réunis en un seul.

En conséquence, nous proposons de conserver le genre MOLINERIA, et de lui donner la seule espèce qui constituait le genre ASTISORIA.

⁂

Glumelles aristées.

§

Arête articulée, renflée en massue au sommet.

51° Corynephorus. (*P. de Beauvais*).

Chaume cespiteux. — Panicule rameuse. — Épillets pédicellés, convexes sur les deux faces. — Fleur inférieure sessile, la supérieure pédicellée.

2 glumes carénées, dépassant les fleurs, mutiques, égales, membraneuses, uninervées. — 2 glumelles membraneuses; l'inf. entière, concave, aristée sur le dos; arête articulée au milieu et renflée en massue au sommet, poilue au point d'articulation; la sup. binervée, bicarénée, trilobée au sommet, mutique. — 2 glumellules glabres, bifides. — 3 étamines. — Ovaire glabre. — Style nul. — 2 stigmates sessiles, terminaux, plumeux. — Caryopse oblong, obtus, glabre, adhérent aux glumelles, muni d'un sillon étroit, longitudinal sur sa face interne.

Habitat : l'Europe, le nord de l'Afrique.

2 espèces connues.

NOTE. — Les deux espèces qui composent ce genre avaient été classées avec les Aira, par *Linn.*, *Desf.*, *Trinius*, *Presl.*; avec les Avena, par *Web.*; avec les Weingaertneria, par *Bernh.*

Le genre Weingaertneria, qui n'était composé que d'une seule espèce, se trouve rayé, par suite de sa réunion aux Corynephorus.

§

Arête jamais articulée ni renflée, en massue au sommet.

52° **Aira.** (*Linn.*)

Chaume cespiteux, simple. — Feuilles enroulées, sétacées ou planes. — Panicule diffuse, rarement contractée. — Epillets pédicellés. — Fleurs sessiles.

2 glumes presque égales, membraneuses, carénées, plus longues que les fleurs, uninervées. — 2 glumelles herbacées; l'inf. bifide au sommet, aristée sur le dos, très-rarement mutique ; arête tordue en bas; la sup. bicarénée, bidentée au sommet. — 2 glumellules aiguës, glabres, ovales, lancéolées, entières. — 3 étamines. — Ovaire glabre. — Style nul. — 2 stigmates sessiles, terminaux, plumeux, à poils simples, dentés, transparents. — Caryopse glabre, sub-fusiforme, sillonné sur sa face interne, adhérent aux glumelles.

Habitat : l'Europe, l'Asie, les Amériques, l'Océanie.

52 espèces connues.

NOTE.— Beaucoup des espèces qui composent ce genre lui sont propres, mais d'autres avaient été classées dans d'autres genres ; c'est ainsi que *Web.*, *P. de Beauvais*, *Mert.*, *Trinius*, *Lenk*, en avaient classé quelques-unes avec les Avena ; *Schult.*, avec les Koeleria ; *Dumortier* et *Schult.*, avec les Trisetum ; *Roem.*, avec les Milium ; *Poll.*, avec les Festuca ; *Ten.*, *Roem.*, avec les Airopsis ; *Trinius*, *Roem.*, avec les Deschampsia ; *Trinius*, avec les Periballia ; *Willd.*, avec les Panicum.

Le genre Periballia, ayant perdu la seule espèce qui le constituait, n'a plus de raison d'être.

DEUXIÈME SECTION.

Epillets ovoïdes, globuleux, fusiformes ou cylindriques.

*

Epillets globuleux.

53° **Airopsis.** (*Desvaux*).

Chaume rameux, rampant inférieurement. — Feuilles enroulées ou planes, à ligule membraneuse. — Panicule à rameaux
verticellés, contractée ou diffuse. — Epillets pédicellés, globuleux. — Fleurs sessiles.

2 glumes égales naviculaires, ventrues, carénées, enveloppant complètement la fleur, mutiques. — 2 glumelles membraneuses, transparentes, mutiques ; l'inf.
large, scarieuse, sub-trilobée au sommet, mutique, uninervée ; la sup. bicarénée, obtuse ou lobulée. — Glumelles falciformes, lancéolées, entières, glabres, adhé-
rentes aux glumelles. — 3 étamines. — Anthères ovales,
bifides aux deux bouts. — Ovaire, glabre pyriforme.—
Style nul ou très-court. — 2 stigmates sub-sessiles, terminaux, plumeux. — Caryopse très-petit, sub-orbiculaire, convexe sur sa face externe, plan sur sa face interne, glabre, étroitement enveloppé par les glumelles.

Habitat : l'Europe, le Cap de Bonne-Espérance.

4 espèces connues.

NOTE. — Les quatre espèces du genre Airopsis avaient été classées
par *Thor.*, *Lois.*, *Lagasca, Steud.*, avec les Aira ; par *Presl.*, avec les
Catabrosa ; par *Cav.*, avec les Milium ; par *Rasp.*, avec les Paspalum ;
par *Steud.*, avec les Eriachne ; par *Caud.*, avec les Poa.

Epillets fusiformes.

§

Glumes mutiques de même forme.

54° **Eriachne.** (*R. Brown*).

Plantes souvent pubescentes. — Feuilles étroites.

2 glumes membraneuses, égales, mutiques. — 2 glumelles membraneuses, pubescentes ; l'inf. concave, pourvue d'une arête ou d'une soie terminale, qui pourrait bien n'être que le prolongement de la nervure moyenne ; la sup. bicarénée. — 2 glumellules charnues, membraneuses sur les bords, glabres, entières, ou émarginées, ou bilobées. — 3 étamines. — Ovaire glabre. — 2 styles terminaux. — 2 stigmates plumeux, à poils simples, denticulés. — Caryopse glabre, libre.

Habitat : la Nouvelle-Hollande.   *11 espèces connues.*

NOTE. — Sept espèces de ce genre avaient été classées avec les Aira, par *Spreng*. *P. de Beauvais* a divisé le genre Eriachne en deux parties : la première, composée des espèces aristées, et à laquelle il a conservé le nom d'Eriachne ; la seconde, des espèces mutiques, avec lesquelles il a créé le genre Achneria.

Achneria. *(P. de Beauvais).*

Panicule rameuse, contractée ou diffuse.

2 glumes égales. — 2 glumelles lanugineuses à la base et sur le dos, mutiques. — Glumellules..... — 3 étamines. — Ovaire.... — 2 styles terminaux. — 2 stigmates plumeux. — Caryopse libre, glabre.

§

Glumes dissemblables.

55° **Rebeulea.** (*Kunth*).

plantes grêles. — Chaume dressé, simple. — Feuilles planes,
étroites, linéaires. — Panicule rameuse, contractée, à rameaux semi-verticellés. — Epillets articulés avec le pédicelle.
— Fleur supérieure quelquefois avortée.

2 glumes membraneuses, égales ou presque égales,
plus courtes que les fleurs ; la sup. obovale, obtuse.
carénée, naviculaire, trinervée ; l'inf. lancéolée, acuminée, carénée, uninervée. — 2 glumelles membraneuses ; l'inf. ovale, oblongue, arrondie au sommet,
comprimée, carénée, uninervée ; la sup. plus courte,
bicarénée, émarginée, bilobée au sommet. — 2 glumellules membraneuses, latérales, tronquées. — Etamines..... — Ovaire..... — Style..... — Stigmate.....
Caryopse linéaire, oblong, surmonté de la base persistante du style, inclus.

Habitat : l'Amérique du Nord.   *Une espèce connue.*

NOTE. — Les auteurs ont beaucoup varié pour classer la seule espèce de ce genre : *Desv.* l'a classée avec les Airopsis ; *Spreng., Muehl.,*
avec les Aira ; *Trin.,* avec les Trisetum ; *P. de Beauvais,* avec les Poa ;
Rafin., avec les Eatonia ; *Cand.,* avec les Kœlleria.

Le genre Eatonia se trouve réuni au genre Reboulea.

DEUXIÈME SOUS-TRIBU.

Epillets en panicule spiciforme.

---

*

Panicule spiciforme composée.

---

§

Glumes mutiques plus courtes que la fleur.

56° Beckmannia. (*Host.*)

Chaume droit. — Feuilles planes à ligule oblongue. — Panicule composée de plusieurs épis alternes, distants. — Epillets lenticulaires, brièvement pédicellés, bisériées, unilatéraux. — Fleurs sessiles, glabres à la base.

2 glumes obovales, comprimées, naviculaires, subcoriaces, presque opposées, égales, mutiques, un peu plus courtes que la fleur. — 2 glumelles membraneuses; l'inf. ovale, acuminée, mucronée dans la fleur inf., concave, à trois nervures, embrassant par ses bords la sup.; glumelle sup. binervée, bifide au sommet. — 2 glumellules acuminées, bifides, glabres. — 3 étamines. — Ovaire glabre. — 2 styles courts, terminaux.— 2 stigmates plumeux, à poils simples. — Caryopse oblong, arrondi sur une face, plan sur l'autre, glabre, libre.

Habitat : l'Europe australe, l'Amérique du Nord.

Une espèce connue.

NOTE. — *Linn.* avait classé la seule espèce de ce genre avec les Phalaris ; *Ait.*, avec les Cynosurus ; *Mœnch.*, avec les Paspalum ; *Ten.*, avec les Joachina ; *Nut.*, avec les Bruchmannia.

Les genres Joachina et Bruchmannia ne peuvent plus être mentionnés, par la raison que la seule espèce qui les composait forme aujourd'hui le genre Beckmannia.

---

§
3

Glumes mutiques plus grandes que les fleurs.

52° **Wangenheimia.** (*Mœnch.*)

Plantes très-petites, roides. — Chaume cespiteux, dressé, simple. — Feuilles enroulées, très-étroites. — Panicule spiciforme, composée. — Epillets unilatéraux, sessiles, imbriqués. — Rachis jamais articulé.

2 glumes presque unilatérales, carénées, mutiques, plus grandes que la fleur; l'inf. plus petite. — 2 glumelles membraneuses; l'inf. acuminée, sub-carénée, concave, uninervée; la sup. plus courte, bicarénée. — 2 glumellules bilobées, glabres. — 3 étamines. — Ovaire brièvement pédicellé, glabre. — 2 styles terminaux, courts. — 2 stigmates plumeux. — Caryopse.....

Habitat : l'Espagne.   *Une espèce connue.*

NOTE. — La seule espèce de ce genre a été classée avec les Cynosurus, par *Linn.*; avec les Dineba, par *P. de Beauvais*; avec les Poa, par *Trinius.*

Dineba. (*Delil.*)   Texte *P. de Beauvais*

Panicule spiciforme, composée, à rachis commun, acuminé, dépassant les divisions secondaires. — Divisions secondaires unilatérales, courtes, pendantes. — Epillets unilatéraux, alternes. — 2-5 fleurs.

2 glumes subulées, plus courtes ou plus longues que les fleurs. — 2 glumelles bifides, émarginées; l'inf. portant une soie au-dessous de son sommet. — 2 glumellules obtuses, tronquées ou lancéolées. — 2 styles. — 2 stigmates en goupillon. — Caryopse.....

Dineba, *Delil.*; Aristida, Cynosuri, Festucæ, spec. *Linn.*, *Juss.*; Heterostecha, *Desv.*; Melica, spec. *Mich.*; Chloridis, spec. *Pers.*; Dactylis, spec. *Willd.*

TROISIÈME SOUS-TRIBU.

Panicule ou épillets de forme anormale, ou renfermés dans une spathe ou un involucre.

---

§

Involucre double.

58° **Lepideilema.** (*Trinius*).

Plantes glabres. — Feuilles ovales lancéolées. — Inflorescence très-pauvre, très-simple. — Axe en forme de caducée. — Épillets solitaires, linéaires, lancéolés, comprimés, arrondis en forme de coin. — Involucre coriace, double : l'extérieur composé de 4-6 squammes courtes, inégalement dentées au sommet, et présentant 5-7 nervures : l'intérieur formé de 2-3 squammes allongées.

2 glumes lancéolées, sub-coriaces. — 2 glumelles linéaires, lancéolées ; l'inf. presque coriace : la sup. transparente. — Glumellules nulles. — Étamines..... — Ovaire..... — 1 style. — 3 stigmates simples. — Caryopse.....

Habitat : le Brésil.   *Une espèce connue.*

NOTE. — La description de ce genre est trop incomplète pour que sa classification soit définitive.

Schrad. avait classé la seule espèce de ce genre avec les Streptochæta, qui, lui-même, ne possédait qu'une espèce.

§

Involucre simple.

59° **Chondrolaena.** (*Nees ab S.*)

Panicule spiciforme, à rameaux simples, courts. — Epillets biflores, brièvement pédicellés, géminés, entourés d'un involucre membraneux.

2 glumes égales, opposées, herbacées, calleuses ou cartilagineuses à la base, comprimées à 5-7 nervures. — 2 glumelles ciliées ; l'inf. oblongue, naviculaire, mutique ou mucronulée, trinervée à la base ; la sup. étroite, bicarénée, anguleuse, linéaire, binervée en bas. — 2 glumellules courtes, presque quadrilatères, tronquées, membraneuses, glabres. — 3 étamines. — Anthères linéaires, profondément bifides à la base, à filet dilaté en bas. — Ovaire lancéolé, glabre, papilleux au sommet. — 2 styles courts, rapprochés en bas. — Stigmates plumeux à poils denticulés. — Caryopse......

Habitat : l'Afrique australe.　　　　*Une espèce connue.*

NOTE. — La seule espèce de ce genre avait été classée avec les Phalaris, par *Linn.;* les Phleum, par *Pers.,* les Chilochloa, par *Trinius.*

GENRE DOUTEUX.

60° **Caryochloa.** (*Sprengel*).

Plantes glabres. — Feuilles filiformes. — Epillets paniculés.

2 glumes aristées. — 2 glumelles s'accroissant avec le fruit, aristées ; arête latérale, tordue, allongée. — Glumellules..... — Etamines..... — Ovaire..... — Sty-

le..... — Stigmate..... — Caryopse gros, dur, tuberculeux.

Habitat : Montevideo.   *Une espèce connue.*

NOTE. — La description bien trop incomplète de ce genre a besoin
d'une étude nouvelle pour pouvoir le classer convenablement.

TROISIÈME TRIBU.

TRIFLORÉES.

PREMIÈRE SOUS-TRIBU.

Épillets disposés en panicule rameuse.

✳

Glumes égales.

61° Deschampsia. (*P. de Beauvais*).

Panicule rameuse dressée.— Epillets pédicellés, comprimés par le côté et convexes sur les deux faces. — La fleur inf. sessile, les deux sup. pédicellées.

2 glumes carénées, mutiques, égales ou presque égales, plus courtes que l'épillet. — 2 glumelles membraneuses, presque égales; l'inf. bicarénée, tronquée, offrant 4 dents, brièvement aristées par une arête partant de la base; la sup. bifide au sommet, bicarénée. — 2 glumellules entières, lancéolées, glabres. — 3 étamines. — Ovaire glabre. — Style nul.— 2 Stigmates subsessiles, plumeux. — Caryopse sub-fusiforme, comprimé par le dos, plan sur les faces internes, glabre, libre.

Habitat : l'Europe, l'Asie, l'Amérique. 11 *espèces connues.*

NOTE. — *Linn., Mœnch., Thuilier, Wib., Gouan, Mich., Pursh., Spreng., Bieb., Brotero, Lagasca* et *Wahl.* ont classé plusieurs espèces de ce genre avec les AIRA ; *Link* en a classé deux avec les CAMPELIA ; *Trinius*, une avec les SCHISMUS.

Les deux espèces qui composaient le genre CAMPELIA sont réunies aux DESCHAMPSIA.

---

*

Glumes inégales.

---

§

Glumelle inférieure, terminée par une arête droite, et portant sur le dos deux soies et une arête dorsale.

62° **Ventenata.** (*Kœler*).

Panicule rameuse, à rameaux allongés, étalés, rudes, flexueux. — Epillets pédicellés, cylindriques, alternes.

2 glumes inégales, carénées, multinervées, scarieuses sur les bords. — 2 glumelles ; l'inf. herbacée, convexe sur le dos, entière au sommet, terminée par une arête droite, et portant sur le dos deux longues soies et une arête dorsale genouillée (la fleur inf. est dépourvue d'arête) ; la sup. bicarénée, entière au sommet. — 2 glumellules glabres, petites, lancéolées, entières. — 2-3 étamines. — 2 styles très-courts. — 2 stigmates plumeux. — Ovaire glabre. — Caryopse demi-cylindrique, canaliculé, libre, glabre.

Habitat : la France.   *Une espèce connue.*

Will., Mœnch., Koch., Lois., ont classé l'espèce de ce genre avec les Avena ; *Poll.,* avec les Bromus ; *Roem., Pers.,* avec les Trisetum ; *Vigg., Schultz,* avec les Holcus.

---

§

Glumelle inférieure sans arêtes ni soies.

63° **Dupontia.** (*R. Brown*).

Plantes glabres, droites. — Feuilles linéaires planes. — Panicule simple, contractée, violacée ou brune. — Épillets pedicellés, à pédicelle se continuant avec l'axe. — Fleurs distantes très-caduques.

2 glumes mutiques, scarieuses, concaves, dépassant l'épillet. — 2 glumelles mutiques, scarieuses, concaves, presque égales, pubescentes à la base : l'inf. ovale, trinervée; la sup. étroite, binervée. — 2 glumellules membraneuses, transparentes, dentées au sommet, plus courtes que l'ovaire. — 3 étamines. — Ovaire glabre. — Style nul. — 2 stigmates denses, plumeux. — Caryopse.....

Habitat : l'île de Melville.   *Une espèce connue.*

NOTE. — *Spreng.* avait classé la seule espèce de ce genre avec les Melica.

DEUXIÈME SOUS-TRIBU.

Épillets disposés en panicule spiciforme.

64° **Trichœta.** (*P. de Beauvais*).

Panicule spiciforme, simple, ovoïde, terminale. — Épillets très-brièvement pédicellés.

2 glumes presque égales, naviculaires, terminées par une pointe aiguë, pourvues de nervures parallèles garnies de soies roides, épaisses, étalées, ressemblant assez à des épines. — 2 glumelles bifides, acuminées, subulées au sommet; l'inf. portant sur le dos une arête flexueuse, divergeante, étalée, lancéolée, naviculaire, striée sur le dos, pourvue de soies roides, étalées, spinescentes; la sup. bicuspidée au sommet. — 2 glumellules lancéolées, entières, glabres. — 3 étamines. — Ovaire

pyriforme. glabre. — 2 styles. — Stigmates plumeux.
— Caryopse.....

Habitat : l'Espagne, le Portugal.   *Une espèce connue.*

NOTE. — La seule espèce de ce genre a été classée avec les Bromus, par *Cav.;* avec les Trisetum, par *Kunth.*

QUATRIÈME TRIBU.

PLURIFLORÉES.

PLUS DE TROIS FLEURS A L'ÉPILLET.

PREMIÈRE SOUS - TRIBU.

Epillets en panicule rameuse.

PREMIÈRE SECTION.

Epillets comprimés latéralement.

I.

GLUMES ÉGALES.

---

*

Epillets barbus à la base.

65° Arundo. (*Linn.*)

Plantes très-élevées, souvent sous-frutescentes. — Feuilles planes. — Panicule très-rameuse, diffuse. — Epillets pédicellés, renfermant 2-7 fleurs, toutes longuement barbues à la base.

2 glumes acuminées, canaliculées, carénées, membraneuses, égales aux fleurs. — 2 glumelles membraneuses; l'inf. bifide au sommet, à lobes subulés, aristée; arête courte insérée entre les lobes; la sup. beaucoup plus courte, bicarénée. — 2 glumellules charnues, glabres, tronquées. — 3 étamines. — Ovaire glabre, conique — 2 styles terminaux allongés. —

Stigmates plumeux, à poils denticulés, transparents, simples, quelquefois bifides au sommet. — Caryopse libre, glabre.

Habitat : l'Europe, l'Asie, l'Afrique, l'Océanie, les Amériques.

24 espèces connues.

NOTE. — *P. de Beauvais, Trinius* ont classé plusieurs espèces de ce genre avec les Donax : *Mert., Koch.*, avec les Scolochloa ; *Gmel., Spreng., Host.*, avec les Calamagrostis ; *Brogniard,* une espèce avec les Ampelodesmos : *Roem.*, avec les Deyeuxia ; *Nées,* avec les Gynerium ; *Roth,* avec les Trichoon.

Les espèces du genre Donax ont été réunies aux genres Arundo et Ampelodesmos ; celles des genres Trichoon et Scolochloa l'ont été au genre Arundo.

Donax. *(P. de Beauvais).*

Panicule rameuse. — Epillets 3-7 fleurs.

2 glumes membraneuses. — 2 glumelles ; l'inf. a trois soies ; la soie du milieu plus longue ; la sup. tronquée, émarginée ou bifide, dentée. — 2 glumellules lancéolées, entières ou tronquées. — Ovaire pubescent ou glabre au sommet. — 2 styles. — Stigmates plumeux ou en goupillon. — Caryopse entier ou bicorne.

Epillets glabres à la base.

Glumelle inférieure mucronée.

66° Schismus. *(P. de Beauvais).*

Plantes cespiteuses. — Feuilles pubescentes ; les caulinaires planes : les radicales enroulées, sétacées. — Ligule pubescente. — Panicule rameuse contractée. — Epillets pédicellés renfermant 5-7 fleurs. — Fleurs distiques, distantes.

2 glumes égales, membraneuses, transparentes sur les bords; ovales, oblongues, acuminées, concaves, un peu plus courtes que l'épillet; l'inf. arrondie sur le dos, nervée, bifide au sommet. — 2 glumelles entières, tronquées, glabres; l'inf. obovale, bifide au sommet, mutique ou mucronée, 9 fois nervée, concave, membraneuse, transparente au sommet, ciliée sur les bords et sur le dos; la sup. oblongue, spatulée, acuminée, binervée, à nervures divergeantes. — 2 glumellules entières, tronquées, glabres, transparentes, offrant 1-2 rangées de poils au sommet. — 3 étamines. — Anthères oblongues. — Ovaire stipité, glabre. — 2 styles terminaux allongés. — Stigmate poilu, à poils simples, crénelés, épars. — Caryopse obovale, comprimé par le dos, glabre, nu, libre d'adhérences, mais renfermé entre les glumelles.

Habitat : l'Espagne, la France, le Cap de Bonne-Espérance.

2 espèces connues.

NOTE.—Le genre Schismus ne se compose que de deux espèces : l'une a été classée avec les Festucées, par *Linn.*, *Stevens*; avec les Koeleria, par *Cand.*; avec les Hemisacris, par *Steud.*; l'autre, avec les Festucées, par *Stevens*.

Le genre Hemisacris a été complètement réuni au genre Schismus.

---

§

Glumelle inf. portant sur le dos trois arêtes et au sommet trois mucrons.

67° **Tricuspis.** (*P. de Beauvais*).

Panicule rameuse dressée. — Epillets pédicellés, pluriflorés, terminaux des rameaux, oblongs, comprimés latéralement, dressés.

2 glumes naviculaires, plus courtes que les fleurs, égales, bifides au sommet, mucronées entre la bifidité.

— 2 glumelles presque égales ; l'inf. herbacée, couverte de poils jusqu'à moitié de sa hauteur, bidentée au sommet et portant sur le dos trois arêtes qui sont soudées avec la glumelle, depuis la base jusqu'au sommet, et qui ne la dépasse que comme de simples mucrons : la sup. bicarénée, tronquée, bidentée au sommet. — 2 glumellules tronquées, frangées au sommet. — 3 étamines à filets courts. — Ovaire bicorne. — 2 styles. — 2 stigmates en goupillon. — Caryopse glabre, bicorne, en forme d'urne.

Habitat : l'Amérique du Nord.　　　　*Une espèce connue.*

NOTE. — *Kunth* avait classé la seule espèce de ce genre avec les URALEPSIS: mais elle s'en distingue parce que toutes les fleurs de l'épillet sont constamment fertiles ; *Schultz*, avec les TRIDENS ; *Poir.*, avec les POA et les FISTUCÉES ; *Trinius*, avec les ERAGROSTIS.

§

Glumelles obtuses, mutiques.

68° Briza. (*Linn.*)

Panicule simple ou rameuse, souvent diffuse. — Epillets pédicellés, multiflores, ovales ou sub-orbiculaires, comprimés par le côté. — Fleurs imbriquées, distiques.

2 glumes égales, membraneuses, arrondies sur le dos, comprimées, concaves, ventrues, mutiques. — 2 glumelles membraneuses ; l'inf. largement ovale, ventrue, arrondie sur le dos, cordée à la base, obtuse, mutique, plurinervée ; la sup. beaucoup plus petite, bicarénée, presque orbiculaire. — 2 glumellules glabres, entières ou bilobées, ovales, lancéolées.— 3 étamines. — Ovaire glabre. — 2 styles courts. — Stigmates plumeux, à poils rameux. — Caryopse adhérent à la

glumelle interne, comprimé par le dos, convexe en dehors, concave en dedans.

Habitat : l'Europe, les Amériques, le Cap de Bonne-Espérance.   11 *espèces connues.*

NOTE. — *Roem.*, *Schultz*, avaient classé deux espèces de ce genre avec les Megastachya ; *P. de Beauvais*, une avec les Poa ; *Trinius*, une avec les Glyceria ; *Raf.*, une avec les Neuroloma ; *Spreng.*, une avec les Calotheca.

Le genre Neuroloma a été entièrement réuni au genre Briza.

II.

GLUMES INÉGALES.

---

*

Glumes herbacées.

---

§

Epillets courbés, concaves, disposés en glomerules, sub-unilatéraux, aristés.

69° Dactylis. (*Linn.*)

Feuilles carénées. — Epillets très-brièvement pédicellés, 3-5 fleurs, comprimés par le côté, alternes, appliqués contre l'axe par le côté et formant une grappe composée, sub-unilatérale.

2 glumes inégales, carénées, non ventrues, un peu tordues au sommet, mucronées, aristées, uni-binervées. — 2 glumelles herbacées ; l'inf. lancéolée, quinquenervée, carénée, mucronée, aristée, à carène ciliée, entière ou émarginée au sommet : la sup. bica-

rénée, bifide, à lobes aigus, ciliée sur la carène. — 2
glumellules, bifides, charnues, glabres. — 3 étamines.
— Anthères linéaires. — Ovaire pyriforme, glabre. —
2 styles courts, terminaux. — Stigmates plumeux, à
poils simples ou bifides, finement dentés. — Caryopse
oblong, glabre, comprimé par le côté, sub-trigône, avec
un angle saillant en dehors, pourvu d'un sillon sur sa
face interne.

Habitat : l'Europe, la Sibérie, l'Inde orientale.

9 espèces connues.

NOTE. — Les auteurs ont généralement été d'accord sur les espèces
du genre DACTYLIS; cependant *All.*, *Balb.*, *Lam.*, en avaient classé
deux espèces avec les FESTUCA : *Spreng.*, une avec les AIRA.

§

Epillets droits, à rachis articulé, se détachant avec la fleur.

70° Poa. (*Linn.*)

Feuilles planes. — Panicule diffuse ou contractée. — Epillets
pédicellés, entremêlés quelquefois de quelques épillets sessiles, alternes ou distiques, bi ou multiflores, ovales, allongés.

2 glumes mutiques, inégales, herbacées, membraneuses sur les bords, le plus souvent trinervées.—2 glumelles membraneuses, mutiques; l'inf. carénée, entière,
mutique, rarement coriace et concave sur le dos; la sup.
bicarénée, bifide.— 2 glumellules entières ou bilobées,
glabres. — Le plus souvent 3 étamines. — Ovaire glabre. — 2 styles très-courts. — Stigmates plumeux, à
poils simples finement dentés. — Caryopse libre, glabre, très-rarement adhérent à la glumelle sup., oblong,

trigône, à angle externe obtus, et à face interne un peu
déprimée.

Habitat : Partout.   *279 espèces connues.*

NOTE. — Les auteurs ont beaucoup varié sur le classement des
nombreuses espèces qui composent ce genre ; avec quelques-unes on a
créé des genres nouveaux qui n'ont pas été généralement admis (les
MEGASTACHYA, BRIZOPIRUM, ERAGROSTIS, etc.) : beaucoup d'autres avaient
été classées dans des genres encore aujourd'hui conservés, c'est ainsi :

Que *Willd., Schrad., Brignoli, Desf., Kœning, Bur., Link,* en
avaient classé quelques-unes avec les DACTYLIS ; *Gaud., Lab.,* avec les
ARUNDO ; *Spreng.,* avec les CALOTHECA ; *Roxb.,* avec les MELICA : *Tri-
nius, Nées, Roem., Presl., P. de Beauvais, Link, Schult., Schrad.,
Host., Jacq., Gaud.,* avec les ERAGROSTIS ; *Spreng.,* avec les ELEUSINE ;
Spreng., Schra., avec les TRITICUM ; *Roem., Schult., P. de Beauvais,*
avec les MEGASTACHYA ; *Presl.,* avec les BRIZOPIRUM ; *Trinius,* avec les
OELUROPUS ; *Link,* avec les BRIZOPIRUM ; *Spreng.,* avec les SESLERIA ;
Lab., Linn., Spreng., Roem., Nées, Poir., avec les UNIOLA ; *Raf.,* avec
les DISTICHLIS ; *Lam., Willd., Linn., Walt., Steud.,* avec les BRIZA ;
Forsk., Thumb., avec les CYNOSURUS ; *Pal.,* avec les AGROSTIS ; *Trinius,*
avec les GLYCERIA ; *Spreng.,* avec les KOELERIA ; *Lam., Willd., Schult.,
Spreng., Brog.,* avec les FESTUCA ; *Willd., Rad., Wald.,* avec les
AIRA ; *Roem.,* avec les PHALARIS ; etc.

1° **Megastachya.** *(P. de Beauvais).*

Axe paniculé. — Panicule composée. — Epillets pédicellés, pluriflores,
oblongs, comprimés, distants. — Fleurs distiques, imbriquées, sessiles.

2 glumes, plus courtes que les fleurs. — 2 glumelles ; l'inf.
émarginée, mucronée entre les divisions ; la supérieure bifide,
dentée. — Glumellules..... — 3 étamines à filets courts. — Anthères bilobées. — Ovaire glabre. — 2 styles. — Stigmates
plumeux, divergents. — Caryopse libre, pyriforme, portant
un sillon sur l'une de ses faces.

Les espèces qui composaient ce genre ont été réunies aux genres POA et ERAGROSTIS.

2° **Brizopirum.** *(Link).*

Epi simple ou composé. — Epillets alternes, pluriflores, comprimés.

2 glumes herbacées, nervées, sub-équi-latères. — 2 glumelles ; l'inférieure convexe, parcheminée, cartilagineuse à la
base, nervée, pubescente, acuminée au sommet. — 2 glumel-

lules lancéolées, barbues au sommet. — 3 étamines. — Ovaire
stipité, glabre. — 2 styles courts, distants. — Stigmates plumeux, à poils simples. — Caryopse libre, convexe sur une face,
concave sur l'autre.

Les espèces qui composaient ce genre ont été réunies aux genres Poa et Festuca.

3° **Eragrostis.** *(P. de Beauvais).*

Panicule rameuse, étalée, plus ou moins diffuse, à rameaux divergents. — Épillets multiflores, alternes sur l'axe. — Fleurs distiques,
imbriquées.

2 glumes membraneuses, mutiques, égales. — 2 glumelles :
l'inf. réfléchie, à bords renversés en dehors, entière, ciliée sur
les bords, persistante ; la sup. comprimée, carénée, membraneuse, trinervée. — Glumellules...... — Etamines...... — Ovaire
ovoïde, émarginé, bicorne. — 2 styles droits. — Stigmates
en goupillon. — Caryopse plan, libre, tombant avec la glumelle inférieure.

Les espèces de ce genre ont été réunies au genre Poa.

✳

Glumes membraneuses.

----

§

Glumelle inférieure dépourvue de soies au sommet.

71° **Bromus.** (*Linn.*)

Feuilles linéaires, planes. — Panicule diffuse ou contractée.
— Épillets pédicellés, le plus souvent oblongs, multiflores, ordinairement élargis au sommet pendant l'anthèse.

2 glumes inégales, le plus souvent carénées, acuminées ; l'inf. uninervée ; la sup. trinervée. — 2 glumelles herbacées ; l'inf. aristée, rarement mutique,
convexe sur le dos, souvent fendue au sommet jusqu'à
l'origine de l'arête ; la sup. bicarénée, ciliée sur la

carène. — 2 glumellules entières, glabres, oblongues, très-petites. — 3 étamines. — Ovaire sub-pyriforme, pubescent au sommet. — Style nul. — 2 stigmates plumeux, insérés en avant et au-dessous du sommet de l'ovaire, toujours inclus. — Caryopse oblong ou linéaire, courbé en gouttière, appendiculé et velu au sommet, adhérent aux glumelles.

Habitat : toute la terre.   *87 espèces connues.*

NOTE — *Desf.*, *Bert.*, *Presl.*, *Mœnch.*, *Schreb.*, *Cand.*, *Thin.*, *Pers.*, *Mert.*, *Willd.*, *Poir.*, *Savi*, ont classé plusieurs espèces de ce genre avec les Festuca ; *Roem.*, *P. de Beauvais*, en ont classé deux avec les Schenodorus ; *P. de Beauvais*, une avec les Brachypodium ; *P. de Beauvais*, *Presl.*, *Roem.*, quatre avec les Ceratochloa ; *Lejeune*, une avec les Calotheca ; *Dumor.*, une avec les Michelaria ; *Lejeune*, une avec les Libertia.

Les genres Libertia et Michelaria n'ont pas été admis par les Botanistes.

Quant aux genres Ceratochloa, Brachypodium et Schenodorus, nous les réunissons, avec plusieurs Botanistes, au genre Bromus.

1° **Ceratochloa.** *(P. de Beauvais.)*

Panicule rameuse, dressée. — Epillets comprimés, pédicellés, pluriflores, à fleurs brièvement pédonculées, imbriquées.

2 glumes naviculaires, aiguës, inégales. — 2 glumelles bifides, mucronées entre la bifidité, striées, ciliées sur les stries ; l'inf. plus grande, à bords enroulés en dedans, enveloppant la sup. — 2 glumellules ovales, transparentes, très-courtes, très-obtuses. — 3 étamines à filets courts. — Ovaire sub-trigône, tricorne au sommet, à cornes obtuses, un peu convergentes en dedans, finement ciliées. — 3 styles courts. — 3 stigmates plumeux. — Caryopse trigône, sillonné, surmonté de trois pointes obtuses.

2° **Brachypodium.** *(P. de Beauvais.)*

Panicule simple ou composée. — Epillets sub-sessiles, le terminal longuement pédicellé, à rachis articulé, très-longs, aristés, un peu comprimés latéralement, multiflores. — Fleurs sessiles, alternes.

2 glumes plus courtes que les fleurs, lancéolées, striées, pu-

bescentes, acuminées, inégales. — 2 glumelles naviculaires,
striées, à bords enroulés en dedans ; l'inf. entière, à bords ciliés, pubescente, plus grande que la sup., terminée par une
longue pointe grêle : la sup. bicarénée, entière, terminée par
deux mucrons grêles. — 2 glumellules ovales, entières, pubescentes. — 5 étamines. — Ovaire glabre, ovoïde. — 2 styles
très-courts. — Stigmates sessiles, plumeux, divergents. —
Caryopse ovoïde, sillonné.

Les Brachypodium habitent le Nord de l'Afrique : le plus grand nombre de leurs caractères
les rapprochent des Bromes, auxquels nous les réunissons avec beaucoup de Botanistes ; cependant ils possèdent quelques autres caractères qui les en éloignent ; la forme de la panicule, la disposition des épillets, l'ovaire, etc ; ces derniers caractères ont paru suffisant à *Pa-
lisot de Beauvois* pour en former un genre séparé ; cette opinion a été partagée par plusieurs
autres Botanistes, notamment *Nées*, *Roem.*, etc.

3° **Schenodorus.** *(P. de Beauvois.)*

Panicule rameuse, étalée. — Epillets alternes, pédicellés, comprimés
latéralement, multiflores. — Fleurs sessiles.

2 glumes inégales, plus courtes que l'épillet. — 2 glumelles
à bords enroulés en dedans, lancéolées, naviculaires, bifides
au sommet, mucronées ; l'inf. brièvement aristée au-dessus du
sommet. — 2 glumellules lancéolées, aiguës, subulées, entières, glabres. — 5 étamines à filets courts, presque latéraux. —
Stigmates divergents en bas, convergents en haut, plumeux
en dedans seulement. — Caryopse ovoïde, glabre, sillonné en
dedans.

§

Glumelle inférieure pourvue de soies au sommet.

72° **Chœtobromus.** *(Nées ab E.)*

Panicule rameuse, étroite, à rameaux très-courts, dense ou
lâche. — Epillets multiflores, brièvement pédicellés. — Fleurs
inf. sessiles, les sup. brièvement pédicellées.

2 glumes membraneuses, inégales, plus grandes que
les fleurs, multinervées sur le dos ; l'inf. plus grande, à
9-11 nervures sur le dos, enveloppante, membraneuse

sur les bords. — 2 glumelles ; l'inf. bifide, laciniée ou entière, soyeuse au sommet, aristée ; l'arête insérée entre les divisions, plane à la base, arrondie, tordue au-dessus, recourbée au sommet. — 2 glumellules obconiques, membraneuses, glabres. — Étamines..... — Ovaire ovale, déprimé au sommet, contracté à la base. — 2 styles distants, courts, élargis, membraneux à la base. — Stigmates..... — Caryopse déprimé.

Habitat : l'Afrique méridionale.　　　　5 espèces connues.

NOTE. — *Schrad., Trinius, Steud., Kunth,* ont classé les espèces de ce genre avec les Pentameris, les Panthonia et les Avena.

DEUXIÈME SECTION.

Epillets cylindriques, ovoïdes, fusiformes ou globuleux.

I.

GLUMES ÉGALES.

---

*

Glumes aristées.

73° Tripogon. *(Roem. et Schult., Roth.)*

Panicule rameuse. — Epillets multiflores, à rachis articulé. — Fleurs sessiles.

2 glumes aristées. — 2 glumelles ; l'extérieure pourvue d'une arête droite au-dessous du sommet ; quelquefois l'arête est insérée sur les bords ou vers le milieu, extrorse, pubescente à la base. — Glumellules....... —

3 étamines. — Style nul. — 2 stigmates plumeux. —
Caryopse.....

Habitat : les Indes orientales.   *Une espèce connue.*

NOTE. — La description de ce genre est trop incomplète pour pouvoir le classer définitivement.

La seule espèce de ce genre avait été classée avec les Triathera, par
Roth.; avec les Festuca, par *Heyne ;* avec les Avena, par *Spreng.*

---

*

Glumes aiguës ou mutiques.

---

§

Glumelle inférieure tridentée.

74° **Triodia.** (*R. Brown.*)

Panicule rameuse simple. — Epillets pédicellés, alternes,
pluriflores, un peu comprimés. — Fleurs brièvement pédicellées.

2 glumes presque aussi grandes que l'épillet, égales
ou presque égales, aiguës, mucronées, naviculaires,
carénées. — 2 glumelles ovales, naviculaires, un peu
tronquées au sommet, striées; l'inf. plus large et plus
grande, enveloppante, tridentée au sommet, chaque
dent mucronée, ciliée sur les bords et sur les crêtes
dorsales ; glumelle sup. bicarénée, ciliée sur les bords.
— 2 glumellules lancéolées, entières. — 3 étamines à
filets dressés, plus courts que l'ovaire. — Ovaire ovoïde,
glabre, terminé sup. par un bec bifide, sur lequel s'insère les styles. — 2 styles divergents. — 2 stigmates
plumeux. — Caryopse.....

Habitat : la Nouvelle-Hollande.   *6 espèces connues.*

---

§

Glumelle inf. jamais tridentée, glabre à la base.

75° Avena. (*Linn.*)

Plantes assez souvent cespiteuses. — Feuilles planes, rarement enroulées, sétacées. — Panicule rameuse ou spiciforme. — Epillets pédicellés, renfermant 2-9 fleurs, d'abord cylindriques, puis ouverts et comprimés par le côté, alternes. — Fleurs distantes.

2 glumes grêles, membraneuses, mutiques, presque égales, carénées, uni-multinervées. — 2 glumelles herbacées; l'inf. coriace, souvent enroulée étroitement autour de la graine; souvent bidentée au sommet et munie sur le dos, un peu au-dessus de la base, d'une arête tordue ou genouillée; la sup. bicarénée, mutique ou bidentée. — 2 glumellules grandes, glabres, lancéolées, le plus souvent bifides. — 3 étamines. — Ovaire sub-pyriforme ou fusiforme, pubescent au sommet. — Style nul. — 2 stigmates plumeux, à poils simples, s'étalant en dehors de la fleur. — Caryopse velu, fusiforme, muni d'un sillon longitudinal, étroit sur la face interne, libre d'adhérences, mais enveloppé par les glumelles devenues coriaces.

Habitat : l'Europe, l'Asie, l'Afrique, l'Amérique, l'Océanie.
53 espèces connues.

NOTE. — *P. de Beauvais, Roem., Trinius, Pers., Bertol., Nees,* ont classé plusieurs espèces de ce genre avec les Trisetum; *Bess.,* une avec les Helicotrichum; *Lenk.,* une avec les Arthrostachya; *P. de Beauvais,* une avec les Toresia et une autre avec les Gaudinia; *Hor.,* une avec les Bromus; *Spreng.,* une avec les Agrostis; *P. de Beauvais, Steud., Spreng.,* quatre avec les Danthonia; *Loiss.,* une avec les Arundo, *Muehl., Forst.,* deux avec les Aira; *P. de Beauvais,* une avec les Chascolytrum.

Les genres Arthrostachya et Helicotrichum sont complètement confon-
dus avec les Avena.

---

§

Glumelle inf. jamais tridentée, pubescente à la base

76° **Ampelodesmos.** (*Link.*)

Plantes élevées. — Feuilles enroulées, subulées. — Panicule
très-lâche, unilatérale. — Epillets pédicellés, composés de
2-4 fleurs, comprimés, alternes. — Rachis articulé, chargé de
longs poils. — Fleurs opposées.

2 glumes ovales, lancéolées, subulées, canaliculées,
membraneuses, plus courtes que les fleurs. — 2 glumelles membraneuses; l'inf. acuminée, à base cachée
par de longs poils, canaliculée, enveloppant la sup.; la
sup. bicarénée, un peu plus courte, bidentée, à carène
ciliée. — 2 glumellules lancéolées, acuminées, ciliées
en haut, plus grandes que l'ovaire. — 3 étamines. —
Ovaire pyriforme, pubescent au sommet. — 2 styles
terminaux, très-courts. — Stigmates plumeux, à poils
rameux, denticulés, transparents. — Caryopse linéaire,
cylindrique, obtus, pubescent au sommet, muni d'un
sillon sur la face interne, libre.

Habitat : le nord de l'Afrique.   *2 espèces connues.*

NOTE. — *Valh., Poir., Desf., Cyr., Lam.*, ont classé les deux espèces de ce genre avec les Arundo; *Gmel.*, avec les Calamagrostis;
P. de Beauvais, avec les Donax.

II.

GLUMES INÉGALES.

※

Glumelle inf. munie d'une arête dorsale.

---

§

Ovaire glabre.

77° **Trisetum.** (*Persoon.*)

Chaume simple ou rameux. — Feuilles planes. — Panicule contractée ou diffuse. — Epillets pédicellés, composés de 2-6 fleurs, cylindriques d'abord, puis lancéolés, comprimés par le côté et convexes sur les deux faces, alternes.

2 glumes membraneuses, carénées, mutiques, uninervées, inégales. — 2 glumelles ; l'inf. bicuspide au sommet, aristée sur le dos, membraneuse, carénée ; arête tordue à la base, le plus souvent genouillée au milieu ; glumelle sup. bicarénée, bidentée. — 2 glumellules entières ou lobées, lancéolées, obtuses. — 3 étamines. — Ovaire glabre. — Style nul. — Stigmate sessile, plumeux, à poils denticulés, simples ou rameux, s'étalant en dehors de la fleur. — Caryopse glabre, libre, oblong, comprimé par le côté, plan sur les deux faces latérales, non canaliculé.

Habitat : l'Europe, l'Asie, le nord de l'Afrique, les Amériques.   *21 espèces connues.*

NOTE. — *Gmel., Link, Kœl., Pollin, Urville, Mich., Humb., Desf., Spreng., Savi, Lam., Roth., Linn., Mœnch., Leers., Vil., Cav, Lied., Willd., Host., All.,* ont classé le plus grand nombre des espèces de ce genre avec les AVENA ; *Kœl.* et *Mœnch.* en ont classé deux avec les Ventenatia ; *Spreng.* et *Ledeb.*, deux avec les Arundo ; *Mert.*, *Link.* deux avec les Koeleria ; *P. de Beauvais,* une avec les Trichoeta ; *Web.,* une avec les Holcus ; *Cav.*, *Pol.*, deux avec les Bromus ; *Linn.*, une avec les Aira.

Toutes les espèces du genre Ventenatia ont été réunies au genre Trisetum.

§

Ovaire pubescent au sommet.

78° Serrafalcus. (*Parlatore*).

Panicule simple ou rameuse, étalée ou contractée. — Epillets multiflores, pédicelles, alternes, cylindriques, aigus, puis rétrécis au sommet.

2 glumes inégales, membraneuses, concaves, nervées, aiguës : l'inf. plus petite. — 2 glumelles ; l'inf. un peu ventrue, demi-cylindrique, oblongue ou elliptique, à sommet obtus, entier ou bifide, aristée un peu au-dessous du sommet ; la sup. obtuse, bicarénée, ciliée. — 2 glumellules glabres, oblongues, entières, obtuses. — 3 étamines. — Ovaire pubescent au sommet, oblong. — Style nul. — 2 stigmates plumeux, très-écartés, insérés un peu au-dessous du sommet. — Caryopse courbé en gouttière, oblong, velu au sommet, adhérent aux glumelles.

Habitat : le midi de l'Europe.   10 *espèces connues.*

NOTE. — *Linn.*, *Willd.*, *D. C.*, *Lois.*, *Koch.*, *And.*, *Weig.*, *Schrad.*, *Kunth*, *Gaud.*, *Smith*, *Dub*, *Poll.*, *Billot.*, *Breb.*, *Fries*, *Llyod*, *Fuge*, *Guss.*, *Bert.*, *God.*, *Mert.*, *Bied.*, *Bois.*, *Roth.*, *Poir.*, ont classé toutes les espèces de ce genre avec les Bromus.

La glumelle supérieure des Bromus est bidentée au sommet ; elle est entière dans les espèces du genre Serrafalcus ; tous les autres caractères sont les mêmes pour les deux genres, à très-peu de modifications près ; cela est-il suffisant pour constituer un genre ? Je ne le pense pas.

※

Glumelle inférieure dépourvue d'arête dorsale.

§

Glumelles mutiques au sommet.

79° Glyceria. (*R. Brown*).

Plantes aquatiques radicantes. — Feuilles planes, à ligule membraneuse. — Panicule simple ou rameuse, à rameaux fasciculés, verticellés.— Epillets multiflores, plus ou moins pédicellés, alternes — Fleurs imbriqués, distiques.

2 glumes membraneuses, sub-ovales, concaves, unitrinervées, très-inégales, plus courtes que les fleurs. — 2 glumelles membraneuses, roides, presque égales en longueur ; l'inf. ovale, elliptique, arrondie, obtuse, concave, à sommet entier ou lacinié, ou sub-trilobé, à 7 nervures ; la sup. lancéolée, bicarénée, bidentée, à carène ciliée. — 2 glumellules tronquées, charnues, glabres, soudées ensemble inf., libres au sommet. — 2-3 étamines à anthères linéaires. — Ovaire glabre. — 2 styles terminaux, allongés, divergents. — Stigmates plumeux, à poils dichotomes, denticulés, transparents. — Caryopse oblong, glabre, libre, obtus, convexe sur une face, plan et canaliculé sur l'autre.

Habitat : l'Europe, les Amériques, la Nouvelle-Hollande.

5 espèces connues.

NOTE. — *Lin.*, *Mœnch.*, *Bied.*, *Scop.*, *Willd.*, *Pers.*, ont classé toutes les espèces de ce genre avec les Poa ; *P. de Beauvais* en a classé une avec les Devauxia ; *Hart.* en a classé deux avec les Hydrochloa.

Le genre Devauxia n'a pas été conservé.

§

Glumelle inférieure cymbaliforme, à base cordée, aristée au sommet.

80° Chascolytrum. (*Desvaux*.)

Chaume droit, simple ou rameux. — Feuilles linéaires, planes. — Panicule simple ou rameuse, à rameaux solitaires, géminés ou verticellés. — Epillets pédicellés, elliptiques ou arrondis, composés de 8-12 fleurs. — Fleurs distiques imbriquées. — Rachis articulé.

2 glumes naviculaires, très-inégales. — 2 glumelles très-inégales ; l'inf. cymbaliforme, arrondie, à base cordée, herbacée, un peu coriace, mucronée, aristée au sommet, dos convexe ; la sup. moitié plus courte, aplanie, carénée. — 2 glumellules membraneuses, glabres, émarginées, bilobées. — 1-3 étamines à anthères très-petites, oblongues. — Ovaire sub-pyriforme, glabre. — 2 styles terminaux, glabres. — Stigmates allongés, plumeux, à poils écartés, simples. — Caryopse sub-orbiculaire, glabre.

Habitat : l'Amérique méridionale.   *6 espèces connues.*

NOTE. — *Lam.* et *Trinius* avaient classé trois espèces de ce genre avec les Briza ; *P. de Beauvais* et *Roem.*, avec les Calotheca ; *Spreng.*, avec les Festuca ; *Humb.*, avec les Bromus.

---

§

Glumelle inférieure ovale, oblongue, mucronée au sommet.

81° Pleuropogon. (*R. Brown*).

Plante élégante. — Feuilles planes, étroites. — Panicule rameuse, à rameaux simples. — Epillets courbés, luisants, purpurins, cylindriques, multiflores. — Fleurs distantes.

2 glumes écartées, inégales, mutiques, membraneuses; l'inf. ovale; la sup. plus longue, obovale. — 2 glumelles membraneuses, presque égales; l'inf. ovale, oblongue, très-obtuse, concave, à 5-7 nervures, scarieuse ou mucronée au sommet; la sup. profondément émarginée au sommet, binervée, bicarénée, deux fois aristée; arêtes superposées, subulées. — 2 glumellules très-courtes, tronquées. — 3 étamines. — Ovaire glabre. — 2 styles terminaux. — Stigmates plumeux, à poils denticulés. — Caryopse libre, comprimé légèrement.

Habitat : l'Amérique du Nord.   *Une espèce connue.*

---

§

Glumelle inférieure demi-cylindrique, aiguë, mucronée ou aristée au sommet.

82° **Festuca.** (*Linn.*)

Feuilles enroulées, sétacées ou planes. — Panicule simple ou rameuse, diffuse ou contractée. — Épillets pédicellés, quelquefois sessiles, bimultiflores, cylindriques, aigus, puis comprimés, ovales, lancéolés, alternes. — Rachis articulé. — Fleurs distiques.

2 glumes inégales, le plus souvent carénées, membraneuses; l'inf. plus petite, uninervée; la sup. trinervée. — 2 glumelles herbacées; l'inf. entière, aiguë au sommet, demi-cylindrique, arrondie sur le dos, munie d'une arête terminale ou presque terminale, ordinairement courte, rarement avortée; la sup. aiguë, bicarénée, bifide au sommet. — 2 glumellules oblongues, glabres, bifides, acuminées au sommet. — 1-2-3 étamines. — Ovaire le plus souvent glabre. — 2 styles terminaux, courts, distants. — Stigmates plumeux, à

poils simples, quelquefois bifides, denticulés. — Caryopse linéaire, oblong, courbé en gouttière, le plus souvent glabre au sommet, adhérent aux glumelles.

Habitat : toute la terre.   **134** *espèces connues.*

NOTE. — Les nombreuses espèces qui composent le genre Festuca sont peut-être, de toutes les graminées, celles qui ont été le plus controversées ; tantôt placées dans un genre, tantôt placées dans un autre, elles n'ont, pour la plupart, aucun classement bien certain : la même espèce a souvent été classée dans plusieurs genres différents.

Gou., *Gmel.*, *Roem.*, *Linn.*, *Poll.*, *Steven*, *Curt.*, *Willd.*, *Hort.*, *Trinius*, *Horn.*, *Retz.*, *Nut.*, *Schult.*, *Rain.*, *Huds.*, *Jacq.*, *Mœnch.*, *Merat*, *Koel.*, *Scop.*, *Schrad.*, *All.*, *Delarb.*, *Lenk* en ont classé **34** espèces avec les Poa ; *Wulf.*, *Ait.*, *Gmel.*, *Lam.*, *Cand.*, *Linn.*, *Willd.*, *Vivi.*, *Pers.*, *Link*, *Bert.*, *Eng.*, *Reich.*, *Loiss.*, *Hort.*, *Spreng.*, *Brot.*, *Wieb.*, **28** avec les Triticum ; *Trinius* et *Reich.*, **2** avec les Sphenopus ; *P. de Beauvais*, *Link*, *Reich.*, *Pan.*, *Presl.*, **7** avec les Sclerochloa ; *Roem.*, *Link*, *Dumor.*, *P. de Beauvais*, *Hop.*, *Schult.*, **27** avec les Schenodorus ; *Roem.*, une avec les Dineba ; *Spreng.*, *Forst.*, deux avec les Dactylis ; *Roem.*, *Link*, *Reich.*, **10** avec les Brachypodium ; *P. de Beauvais*, *Roem.*, **2** avec les Megastachya ; *Smith*, *Walb.*, *Heyn.*, *Mert.*, *Schult.*, **7** avec les Glyceria ; *Hart.*, une avec les Molinia ; *Hart.*, deux avec les Hydrochloa ; *Huds.*, une avec les Aira ; *Jacq.*, une avec les Cynosurus ; *Scop.*, une avec les Briza ; *Link*, une avec les Brizopirum ; *Reich.*, une avec les Agropyrum ; *Link*, **2** avec les Catapodium ; *Lin.*, une avec les Stipa ; *Huds.*, *Hort.*, **2** avec les Lolium ; *Link*, **6** avec les Mygalurus ; *Link*, *Gmel.*, *Reichenb.*, **12** avec les Vulpia ; *Lam.*, *Schmidt*, *All.*, *Cyr.*, *Lin.*, *Sav.*, *Retz.*, *Roth.*, *Spreng.*, *Presl.*, **6** avec les Diplachne ; *P. de Beauvais*, une avec les Donax ; *Willd.*, *Urville*, **2** avec les Arundo ; *Lin.*, une avec les Anthoxanthum ; *Spreng.*, une avec les Sesleria et une avec les Triodia.

Les genres Sphenopus, Catapodium, Mygalurus, Vulpia, n'ont généralement pas été admis ; les caractères qui les différenciaient ne sont pas suffisant pour constituer des genres déjà trop nombreux.

Diplachne. *(P. de Beauvais).*

Panicule rameuse à rameaux dressés. — Epillets pédicellés, pluriflores, alternes. — Fleurs très-brièvement pédicellées, fusiformes, acuminées, pubescentes à la base.

2 glumes naviculaires, presque égales, plus courtes que l'épillet ; la sup. trinervée, mucronée au sommet. — 2 glumelles naviculaires, carénées ; l'inf. bidentée au sommet, aris-

tée ; arête placée entre la bifidité, mais partant de la base de la glumelle, saillante et adhérente sur le dos ; la partie libre dépasse peu les dents ; la sup. bicarénée, tronquée, émarginée au sommet, ciliées sur la carène.— 2 glumellules très-courtes, obtuses. — 3 étamines. — Ovaire fusiforme, portant au sommet, entre les insertions des styles, un petit tubercule charnu, glabre. — 2 styles un peu latéraux. — 2 stigmates plumeux, divergents. — Caryopse libre, glabre, fusiforme, portant un sillon sur l'une de ses faces.

Ce genre, dont les espèces ont été réunies aux genres FESTUCA, MOLINIA et LASIOCHLOA, pourrait être conservé, par la raison que la glumelle inf. est aristée entre la bifidité ; cependant ce caractère ne me paraît pas suffisant.

DEUXIÈME SOUS-TRIBU.

Epillets en panicule spiciforme ou digitée.

PREMIÈRE SECTION.

Epillets comprimés latéralement.

I

ÉPILLETS PÉDICELLÉS, JAMAIS UNILATÉRAUX.

---

*

Glumes égales.

---

§

Une étamine.

83° **Elytrophorus.** (*P. de Beauvais*).

Racine fibreuse. — Chaume cespiteux, simple. — Feuilles planes. — Panicule très-serrée, lâche inf. — Epillets disposés par groupes globuleux, pédicellés, entourés à la base d'un involucre foliacé, composé de 5-7 folioles lancéolées, aiguës. — 5-6 fleurs sur chaque épillet, fleurs distiques, glabres.

2 glumes égales, membraneuses, carénées, subulées, aristées au sommet, plus courtes que l'épillet. — 2 glumelles membraneuses ; l'inf. beaucoup plus grande, na_viculaire, ventrue à la base, longuement subulée, denticulée supérieurement ; la sup. divisée en deux lobes profonds, bicarénée, à carène membraneuse, ailée, tron-

quée, tridentée au sommet, chaque dent pourvue de 1-3
soies. — 2 glumellules membraneuses, glabres, entières. — Une étamine. — Ovaire ovoïde, stipité, glabre. — 2 styles terminaux. — Stigmates pulvérulents.
— Caryopse oblong, arrondi, glabre, libre.

Habitat : le Sénégal, le Malabar, la côte de Coromandel.
Une espèce connue.

NOTE. — La seule espèce de ce genre a été classée avec les Dactylis,
par *Willd.*; avec les Sesleria, par *Spreng.*; *Trinius* avait, avec cette
espèce, créé le genre Echinalysium.

§

Trois étamines.

84° Sesleria. (*Arduin.*)

Plante cespiteuse. — Chaume simple. — Feuilles planes ou
sétiformes. — Epi simple, globuleux, oblong ou linéaire, très-
compacte, souvent entouré à la base de bractées ou mieux de
glumes stériles. — Rachis inarticulé. — Epillets sessiles ou
brièvement pédicellés, composés de 2-6 fleurs, ovales, comprimés latéralement. — Fleurs distiques.

2 glumes membraneuses, mutiques, rarement mucronées, inégales. — 2 glumelles membraneuses ; l'inf.
aristée, mucronée, offrant quelquefois 3-5 dents, portant chacune un mucron ; la sup. bicarénée, bifide au
sommet. — 2 glumellules entières, lancéolées, ou à 2-5
fides. — 3 étamines. — Ovaire glabre, rarement pubescent au sommet. — 2 styles rapprochés. — 2 stigmates très-longs, divergents, plumeux, à poils simples. — Caryopse oblong, convexe sur la face externe,
plan sur l'interne, glabre, quelquefois pubescent au
sommet, libre.

Habitat : l'Europe, le nord de l'Afrique, l'Amérique du Nord.
15 espèces connues.

NOTE. — *Linn., Balb., Koel., Hop., Hoffm., Wulf.,* ont classé 8 espèces de ce genre avec les Cynosurus; *Jacq.* et *Wulf.,* 3 avec les Aira; *Trinius* et *Spreng.,* 2 avec les Kœleria; *Link,* une avec les Psilathera; *Schreb.,* une avec les Dactylis; *Vill.,* une avec les Festuca : *Spreng.,* une avec les Calotheca; *Scop.,* une avec les Puleum; *Wulf., All., Scop.,* 3 avec les Poa; *Link,* une avec les Oreochloa; *Lam.,* une avec les Eleusine; *P. de Beauvais,* une avec les Sclerochloa.

Les genres Psilatera et Oreochloa n'ont pas été conservés.

---

*

Glumes inégales.

---

§

Rachis glabre.

85° Kœleria. (*Persoon*).

Plantes droites, cespiteuses. — Chaume simple. — Feuilles planes. — Panicule serrée. — Epillets pédicellés, composés de 2-7 fleurs. — Fleurs distiques.

2 glumes inégales, membraneuses, carénées; l'inf. plus petite, uninervée; la sup. trinervée. — 2 glumelles membraneuses; l'inf. aiguë, mutique, portant une arête courte un peu au-dessous du sommet; la sup. bicarénée, bifide au sommet. — 2 glumellules inégales, glabres, ovales, oblongues, bi-tri-fides au sommet. — 3 étamines. — Ovaire glabre. — 2 styles très-courts, terminaux. — Stigmates plumeux, à poils simples ou bifides, finement dentés. — Caryopse libre, oblong, comprimé par le côté, plan sur les deux faces, glabre.

Habitat : l'Europe, l'Asie, le nord de l'Afrique.
21 espèces connues.

NOTE. — *Linn., Spreng., Steud., All., Schlei., Vahl., Ledeb., Reich.*, ont classé 8 espèces de ce genre avec les Aira ; *With., Schkuhr, Cand., Lam.*, 4 avec les Poa ; *Bieb., Horn.*, 2 avec les Dactylis ; *Link*, 7 avec les Airochloa ; *Will., Roth., Pour., Cand., Viell., Linn., Savi*, 8 avec les Festuca ; *Trinius*, 4 avec les Trisetum ; *Lam., Ten., Girard*, 3 avec les Phalaris ; *All., Eckl.*, 2 avec les Alopecurus ; *Trinius, Schult.*, 2 avec les Ægialites ; *Savi, Lagasca, Roth., Spreng.*, 5 avec les Bromus ; *Reich.*, une avec les Lophochloa ; *Trinius*, une avec les Rostraria ; *Desf.*, une avec les Cynosurus ; *Schult.*, une avec les Ægialina.

Les genres Lophochloa, Airochloa, Ægialites, Ægialina et Rostraria n'ont pas été admis par le plus grand nombre des auteurs, nous ne les conserverons pas.

<h1 style="text-align:center">II</h1>

ÉPILLETS SESSILES, UNILATÉRAUX, DIGITÉS OU FASCICULÉS.

<h2 style="text-align:center">1</h2>

Panicule en grappe unilatérale simple.

⁂

Glumes égales.

---

§

Glumes plus courtes que les fleurs.

86° Scleropoa. (*Grisebach*).

Panicule spiciforme, en grappe sub-unilatérale. — Epillets multiflores, sessiles ou très-brièvement pédicellés, alternes, appliqués obliquement contre l'axe.

2 glumes plus courtes que les fleurs, égales, carénées, non ventrues, uni-tri-nervées. — 2 glumelles ;

l'inf. oblongue, lancéolée, carénée, entière, obtuse ou aiguë, mutique ou mucronée ; la sup. bidentée, bicarénée, ciliée sur les carènes. — 2 glumellules oblongues, glabres, obtuses, entières. — 3 étamines. — Ovaire glabre, oblong. — Style nul. — 2 stigmates sessiles, plumeux. — Caryopse glabre, adhérent aux glumelles, oblong, obtus, courbé en gouttières.

Habitat : la Corse, les bords de la Méditerranée.

4 espèces connues.

NOTE. — *Roem.* a classé 2 espèces de ce genre avec les Brachypodium ; *Pour.*, *Huds.*, *Berth.*, en ont classé 3 avec les Poa ; *Link.* une avec les Catapodium ; *D. C.*, *Mut.*, *Del.*, 2 avec les Festuca ; *Kunth*, *Linn.*, *Del*, *D. C.*, *Smith*, 4 avec les Triticum ; *Link*, *Guss.*, 3 avec les Sclerochloa.

§

Glumes plus grandes que les fleurs.

82° Leptochloa. (*P. de Beauvais*).

Feuilles planes. — Épis rameux. — Épillets unilatéraux, sessiles, distiques, bimultiflores.

2 glumes carénées, membraneuses, mutiques ou mucronées, plus grandes que les fleurs. — 2 glumelles membraneuses ; l'inf. trinervée, carénée, tantôt mutique, tantôt mucronée ; la sup. plus courte, bicarénée, bidentée ; dents mucronulées. — 2 glumellules membraneuses, glabres. — 3 étamines. — Ovaire stipité, glabre. — 2 styles terminaux. — Stigmates plumeux, à poils simples. — Caryopse oblong, glabre.

Habitat : les Amériques, le nord de l'Afrique, l'Asie.

19 espèces connues

NOTE.— *Jacq.*, *Willd.*, *Linn.*, *Vahl.*, *Lam.*, ont classé 6 espèce de ce genre avec les Cynosurus ; *Mœnch.*, *Spreng.*, 2 avec les Bromus

Pers., *Mich.*, *Roxb.*, 7 avec les Eleusine; *Pers.*, *Burm.*, *Lam.*, *Roth.*, 4 avec les Poa; *Mey*, 7 avec les Leptostachys; *Humb.*, *Poir.*, 5 avec les Chloris; *Lam.*, *Mich.*, *Muehlem.*, *Linn.*, *Willd.*, 8 avec les Festuca; *Nut.*, 3 avec les Oxydenia; *Willd.*, une avec les Cynodon; *Spreng.*, une avec les Pollinia; *Jacq.*, une avec les Dineba; *Willd.*, 2 avec les Dactylis; *P. de Beauvais*, 2 avec les Diplachne; *Presl.*, une avec les Schismus.

---

§.

Glumes inégales

---

§

Epillets dépourvus de bractées; glumes mucronées.

88° **Æluropus.** (*Trinius*).

Panicule spiciforme composée. — Epillets disposés en grappes unilatérales, très-brièvement pédicellés, composés de 5-11 fleurs, très-brièvement pédicellés, alternes, comprimés par le côté.

2 glumes inégales, carénées, mucronées, plus courtes que les fleurs, quinquenervées, — 2 glumelles; l'inf. ovale, oblongue, nervée, brièvement aristée et émarginée au sommet; la sup. bicarénée, rude sur les carènes, tronquée au sommet. — 2 glumellulles ovales, bifides, charnues, glabres. — 3 étamines. — Ovaire glabre. — 2 styles longs. — 2 stigmates courts, en goupillon. — Caryopse glabre, ovoïde, convexe en dehors, plan en dedans, libre.

Habitat : le midi de l'Europe.   *Une espèce connue.*

NOTE. — *Willd.*, *Schrad.*, *Lois.*, *Bert.*, ont classé l'espèce de ce genre avec les Dactylis; *D. C.*, *Gou.*, *Koch*, avec les Poa; *Spreng.*, *Cav.*, *Rech.*, avec les Calotheca.

---

§

Epillets pourvus d'une bractée à la base ; glumes mucronées.

89° **Rabdochloa.** (*P. de Beauvais*).

Panicule spiciforme, composée à rameaux simples, épars. Epillets brièvement pédicellés, aristés, alternes, presque unilatéraux, pourvus d'une bractée, foliacée à la base, 3-5 fleurs.

2 glumes inégales, plus courtes que les fleurs, carénées, ciliées sur la carène ; l'inf. mucronée. — 2 glumelles inégales, naviculaires ; l'inf. aristée un peu au-dessous du sommet, ciliée sur ses bords, à sommet quelquefois denticulé ; la sup. entière... — Glumellules... — Etamines... — Ovaire glabre, ovoïde. — 2 styles. — Stigmates plumeux. — Caryopse...

Habitat : les iles des Antilles, l'Amérique du Sud.

2 espèces connues.

NOTE. — *Jacq.*, *Willd.*, *Linn.*, ont classé les espèces de ce genre avec les Cynosurus ; *Mœnch.* en a classé une avec les Bromus ; *Pers.*, deux avec les Eleusine et les Poa ; *Mer*, avec les Leptostachys ; *Lam.*, avec les Festuca ; *Nutt.*, avec les Oxydenia ; *Humb.*, avec les Chloris ; *Kunth*, avec les Leptochloa.

———————

§

Glumes obtuses.

90° **Sclerochloa.** (*P. de Beauvais*).

Panicule spiciforme, à rameaux simples, très-courts, presque unilatéraux, dichotomes, disposés en tête ovoïde assez compacte, terminale. — Epillets brièvement pédicellés, un peu comprimés, 5-8 fleurs. — Fleurs sessiles, alternes.

2 glumes inégales, obtuses, plus courtes que les fleurs, membraneuses sur les bords, striées ; l'inf. plus courte.

— 2 glumelles parcheminées ; l'inf. large, striée, cordée au sommet, à bords enroulés en dedans ; la sup. plus étroite, bicarénée, bifide au sommet. — 2 glumellules très-courtes, dentées ou émarginées au sommet. — 3 étamines. — Ovaire glabre, surmonté d'un double bec grêle. — 2 styles très-courts, insérés sur les becs de l'ovaire. — Stigmate plumeux. — Caryopse fusiforme. bifide au sommet, glabre.

Habitat : le midi de l'Europe, le nord de l'Afrique.

7 espèces connues.

NOTE. — Toutes les espèces de ce genre avaient été classées avec les Festuca, par le plus grand nombre des auteurs.

2

Panicule digitée, fasciculée ou distique.

---

§

Panicule digitée.

91° Eleusine. (*Gaertner*).

Feuilles planes. — Epi digité, fasciculé. — Epillets sessiles, unilatéraux, bisériés, bimultiflores. — Fleurs distiques.

3 glumes carénées, membraneuses, mutiques, plus courtes que les fleurs. — 2 glumelles membraneuses, mutiques ; l'inf. carénée, bifide au sommet ; la sup. bicarénée. — 2 glumellules glabres, tronquées, denticulées au sommet. — 3 étamines. — Ovaire glabre. — 2 styles terminaux. — Stigmates plumeux, à poils simples. — Caryopse ovoïde, atténué en une pointe obtuse. courte aux deux extrémités, libre, glabre.

Habitat : l'Europe, les Amériques, l'Asie, l'Océanie.

8 *espèces connues.*

NOTE. — Quatre espèces de ce genre avaient été classées avec les CYNOSURUS, par *Lin., Lam., Hort.;* une avec les AGROPYRUM, par *Schult.;* une avec les PANICUM, par *Forsk.,* et une avec les CHLORIS, par *Poir.*

---

§

Epi distique.

92° **Gaudinia.** (*P. de Beauvais*).

Epi distique, à rachis articulé. — Epillets multiflores, distants, alternes sur les dents de l'axe, sessiles, divergents écartés de l'axe. — Fleurs distiques.

2 glumes inégales, mutiques, naviculaires, striées inf.; l'inf. plus courte et plus étroite. — 2 glumelles inégales; l'inf. oblongue, naviculaire, bifide et aristée un peu au-dessous du sommet; arête genouillée, tordue, une fois plus longue que la glumelle; la sup. bicarénée, membraneuse, 2-4 dents au sommet tronqué. — 2 glumellules glabres, concaves, inégalement bilobées. — 3 étamines. — Style nul. — 2 stigmates courts, sessiles, plumeux. — Ovaire pyriforme, glabre. — Caryopse linéaire, oblong, canaliculé sur une face, convexe sur l'autre, contracté au sommet.

Habitat : l'Europe.   2 *espèces connues.*

NOTE. — Les 2 espèces de ce genre ont été classées avec les AVENA, par *Kunth;* avec les BROMUS, par *Horn.;* avec les ARTHROSTACHYA, par *Link.*

DEUXIÈME SECTION.

Epillets ovoïdes, cylindriques ou fasiformes.

I.

DEUX GLUMES A TOUS LES ÉPILLETS.

✳

Epillets unilatéraux.

93° Triplasis. (*P. de Beauvais*).

Epi composé, à rameaux courts, alternes, simples, florifères au sommet, de manière à constituer autant d'épis. — Epillets 4 fleurs. — Fleurs distantes. — Rachis cilié.

2 glumes membraneuses, acuminées. — 2 glumelles inégales; l'inf. profondément bifide, subulée, très-longuement aristée entre la bifidité, ciliée sur les bords; arête droite ciliée; la sup. entière, couverte à l'intérieur de poils réfléchis. — Glumellules.... .. — Etamines.... 2 styles...... — Stigmates en goupillon. — Caryopse ovoïde, glabre.

Habitat : l'Amérique du Nord.   *Une espèce connue.*

NOTE. — La description de ce genre est incomplète; sur quelques échantillons, on a remarqué que les fleurs sup. de l'épillet étaient avortées ; s'il en était ainsi, ce genre devrait être classé ailleurs. Quoiqu'il en soit, le classement définitif ne pourra être fait que quand on aura une description plus complète.

---

*

Epillets jamais unilateraux.

---

§.

Glumes plus grandes que les fleurs.

94° Lasiochloa. (*Kunth*).

Plantes cespiteuses. — Chaume simple. — Feuilles étroites, planes ou enroulées, filiformes, à ligule ciliée sur les bords. — Panicule aglomérée. très-serrée.— Epillets 3-4 fleurs. — Fleurs distiques, à base calleuse. — Rachis articulé.

2 glumes presque égales, plus grandes que les fleurs, herbacées, à cinq nervures, concaves ; l'externe hispide. — 2 glumelles : l'inf. à 9 nervures, concave, herbacée, membraneuse sur les bords, aiguë ou mucronée ; la sup. plus courte, bicarénée. — 2 glumellules en forme de hache, entières, glabres, ciliées au sommet. — 3 étamines insérées en haut du pédicelle de l'ovaire, à anthères linéaires, le plus souvent bifides. — 2 styles distants.—Stigmates plumeux, à poils simples.—Ovaire stipité, glabre. — Caryopse.......

Habitat : le Cap de Bonne-Espérance.   8 *espèces connues.*

NOTE. — *Thumb., Schrad., Linn.,* ont classé le plus grand nombre des espèces de ce genre avec les DACTYLIS ; *Spreng.* en a classé deux avec les FESTUCA ; *Thumb.,* une avec les ALOPECURUS.

---

§

Glumes plus courtes que les fleurs.

95° **Triticum.** (*Linn.*)

Epi très-rarement rameux, compacte tétragone ou comprimé. — Epillets sessiles, très-multiflores, tous plans, convexes, alternes, solitaires dans les excavations du rachis, appliqués contre l'axe par leur face plane. — Rachis commun, simple, rarement rameux. — Fleurs distiques.

2 glumes presque opposées, égales, coriaces, ventrues, plurinervées, tronquées ou arrondies au sommet, mutiques ou aristées, plus courtes que les fleurs. — 2 glumelles membraneuses; l'inf. ovale, lancéolée, concave, équi-latère, mucronée ou aristée; la sup. bidentée, bicarénée, à carène ciliée. — 2 glumellules, le plus souvent entières, petites, ovales, oblongues, ciliées au sommet. — 3 étamines. — Ovaire pyriforme, plus ou moins pubescent au sommet. — Style nul. — 2 stigmates sessiles, plumeux, étalés, à poils longs, finement dentés. — Caryopse oblong, obscurément tétragone, obtus, muni sur une face d'un sillon longitudinal, étroit, velu au sommet, libre ou adhérent aux glumelles.

Habitat : toute la Terre (origine obscure).

29 espèces connues.

NOTE. — *Linn.*, *Pers.*, ont classé 4 espèces de ce genre avec les Secale; *Lam.*, une avec les Hordeum; *Link*, *P. de Beauvais*, *Presl.*, *Schult.*, *Reichemb.*, *Roem.*, *Ledeb.*, *Gaert.*, *Trinius*, **39** avec les Agropyrum; *Hoffm.*, *Leers*, 3 avec les Elymus; *Mœnch.*, *Huds.*, *Lin.*, *Desf.*, *Roth.*, *Ten.*, *Labil.*, *Poll.*, *Poir.*, *Gouan*, *Koel.*, **16** avec les Festuca; *Scop.*, *Hort.*, *Presl.*, *Bieb.*, *All.*, *Pers.*, *Ten.*, *Poll.*, *Lin.*, *Vill.*, *Weig.*, *Leys*, *Lam.*, **19** avec les Bromus; *Roem.*, *P. de Beauvais*, *Schult.*, *Link*, **16** avec les Brachypodium; *Link*, 2 avec les Trachynia.

Trachynia. (*Link*).

Panicule sub-rameuse. — Rachis incisé, articulé. — Epillets pluri-flores, brièvement pédicellés.

2 glumes inégales. plus courtes que les fleurs. — 2 glumelles:
l'inf. aristée au sommet. — 2 glumellules, grandes, lancéolées,
glabres. — 3 étamines à filets courts. — Ovaire fusiforme, pubescent au sommet. — 2 styles courts. — Stigmates plumeux.
— Caryopse........

Les espèces de ce genre ont été réunies aux TRITICUM ; elles l'avaient été aux BRACHYPODIUM,
par *Roem.*

§

Glumes très-aiguës, lancéolées, linéaires.

96° **Agropyrum.** (*Gaertner*).

Panicule spiciforme, lâche, à rachis articulé, jamais tétragone, comprimée latéralement. — Epillets très-brièvement pé·
dicellés. alterne sur les dents de l'axe, composés de 5-10 fleurs,
quelquefois les 2 fleurs sup. incomplètes, comprimés, solitaires
dans les excavations du rachis, appliqués contre l'axe, ou plus
plus ou moins étalés en dehors.— Fleurs lancéolées, linéaires.

2 glumes égales, jamais ventrues, un peu coriaces,
très-aiguës, lancéolées, linéaires, naviculaires, striées,
plus courtes que l'épillet. — 2 glumelles lancéolées,
naviculaires; l'inf. striée, à stries presque parallèles,
aiguë, terminée par une longue pointe ; la sup. à bords
enroulés en dedans, bicarénée, bifide, émarginée au
sommet. — 2 glumellules lancéolées, aiguës ou acuminées, entières, ciliées au sommet. — 3 étamines à filets
courts, à anthères sessiles. — Style nul. — Stigmates
sessiles, terminaux, divergents, plumeux. — Caryopse
ovoïde, comprimé, canaliculé, muni au sommet d'un appendice blanc, cilié.

Habitat : l'Europe, l'Afrique, l'Asie.   56 *espèces connues.*

NOTE. — Toutes les espèces de ce genre avaient été réunies au genre
TRITICUM, par *Kunth, Mert., Koch, Friees, Lin., Bert., Reich., Guss.,
Pers., Godr., Desf., D. C., Host., Huds., Lam ; Godr.* en a classé
2 espèces avec les BRACONNOTIA. Ce dernier genre n'a pas été conservé.

II.

UNE SEULE GLUME , EXCEPTÉ A L'ÉPILLET TERMINAL.

97° **Lolium.** (*Lin.*)

Feuilles planes. — Epi simple, distique, à rachis articulé. — Epillets sessiles, composés de 3-20 fleurs, d'abord cylindriques et presque cachés dans les excavations de l'axe, puis plus ou moins appliqués ou étalés .— Fleurs glabres à la base.

Une seule glume, excepté à l'épillet terminal qui en a deux, herbacée, lancéolée, canaliculée, mutique. — 2 glumelles herbacées ; l'inf. concave, mutique ou aristée au sommet ; la sup. bicarénée. — 2 glumellules oblongues, aiguës, entières ou dentées, glabre. — 3 étamines à anthères linéaires. — Style nul. — Stigmates plumeux, à poils longs, simples, finement dentés, transparents. — Ovaire glabre. — Caryopse adhérent aux glumelles, oblong, canaliculé, muni d'un appendice au sommet.

Habitat : toute la Terre. 10 *espèces connues.*

NOTE. — *Bernh.* a classé une espèce de ce genre avec les Bromus ; *Schr.*, une avec les Craepalia. Ce dernier genre n'a pas été conservé.

TROISIÈME SOUS-TRIBU.

Panicule anormale, ou renfermée dans une spathe ou un involucre.

98° **Cathestecum.** (*Presl.*)

Plantes cespiteuses, diffuses, couchées, rameuses, radicantes, rondes, striées, nœuds sup. pubescents, très-glabres.— Feuilles linéaires, scabres sur les bords, pubescentes en haut, planes inférieurement, canaliculées supérieurement ; gaine striée, pubescente en dessous et sur les bords ; ligule pubescente sur les bords. — Epi pédonculé, très-pauvre, ne portant que 4-5 épillets. — Epillets ternés, les latéraux inf. sessiles, biflores, celui du milieu quadriflore.

Epillets latéraux :

2 glumes linéaires, lancéolées, sub-carénées, pubescentes, soyeuses : l'inf. plus grande, colorée, égale aux fleurs. — 2 glumelles ; l'inf. ovale, bifide au sommet, aristée entre les lobes et souvent ciliée sur les bords ; arête plumeuse ; glumelle inf. beaucoup plus petite, ovale, lancéolée, obtuse, binervée. — Glumellules..... — 3 étamines. — Ovaire obovale, émarginé au sommet. — 2 styles libres. — Stigmates plumeux. — Caryopse...

Epillets intermédiaires :

2 glumes opposées ; l'inf. lancéolée, bifide au sommet, aristée, plus courte que les fleurs ; la sup. moitié plus courte, obovale, émarginée et aristée au sommet : arête plumeuse. — 2 glumelles ; l'inf. ovale, quadrifide, aristée entre les lanières ; 3 arêtes plumeuses ; la glumelle sup. comme dans les épillets latéraux ; il en est de même des autres organes.

Habitat : le Mexique.   *Une espèce connue.*

DEUXIÈME CLASSE.

HERMAPHRODITÉES INCOMPLÈTES.

Epillets composés de fleurs hermaphrodites, accompagnés de fleurs rudimentaires, stériles.

PREMIÈRE TRIBU.

UNIFLORÉES.

UNE SEULE FLEUR FERTILE SUR CHAQUE ÉPILLET.

PREMIÈRE SOUS - TRIBU.

Epillets disposés en panicule rameuse, diffuse ou contractée.

⁕

Glumes coriaces ; l'externe tuberculeuse.

99° Latipes. (*Kunth*).

Chaume droit, simple ou rameux, arrondi, glabre. — Feuilles planes, linéaires, étroites. — Panicule rameuse, à rameau terminal, solitaire, inarticulé, à rameaux latéraux, épars, courts, aplanis, plus tard réfléchis. — Epillets uniflores, quaternés, insérés par paire sur les rameaux courts; les uns réduits à une seule glume qui s'ajoute comme supplément à l'épillet contigu.

Une seule glume (l'inf. manque); la sup. coriace, acuminée, canaliculée, pourvue de tubercules sur la face externe. — 2 glumelles courtes; l'inf. ovale, naviculaire, carénée, ciliée sur les bords, membraneuse, nue, mucronée au sommet; la sup. moitié plus courte, lancéolée, transparente. — 2 glumellules membraneuses, transparentes, tronquées, bilobées, glabres. —

3 étamines à anthères elliptiques. — Ovaire glabre. —
2 styles terminaux, libres. — Stigmates plumeux, à
poils simples. — Caryopse oblong, glabre, inclus,
libre.

Habitat : le Sénégal.   *Une espèce connue.*

NOTE. — *Gay* avait classé la seule espèce de ce genre avec les
Trisetum.

Glumes membraneuses.

Glumes inégales, plus courtes que la fleur.

100° Colpodium. (*Trinius, R. Brown.*)

Plantes glabres. — Chaume dressé ou ascendant. — Feuilles
planes, à ligule indivise, glabre, plus large que la feuille. —
Panicule contractée ; rameaux verticellés. — Epillets inarticu-
lés, uniflores. — Fleur fertile, accompagnée d'une fleur sup. réduite à une simple soie.

2 glumes plus courtes que la fleur, membraneuses,
acuminées, sub-carénées ; la sup. un peu plus grande.
— 2 glumelles membraneuses, transparentes au sommet ; l'inf. carénée, concave, trinervée, arrondie, émarginée au sommet, aristée ou mucronée un peu au-dessous
du sommet ; la sup. un peu plus courte, concave, arrondie au sommet, binervée sur le dos. — 2 glumellules latérales, entières, étroites en haut, membraneuses, transparentes, glabres, égale à l'ovaire. — 3 étamines...... —
Ovaire oblong, glabre. — 2 styles terminaux, très-
courts. — Stigmates denses, plumeux, à poils imbriqués,
transparents, entiers ou à 2-3 fides. — Caryose........

Habitat : l'Amérique du Nord, les Alpes, l'Altaï.

3 espèces connues.

NOTE. — *Brown* et *Steven* ont classé deux espèces de ce genre avec les Agrostis ; *Trinius*, une avec les Villa.

----

§

Glumes inégales. — Glumelle inf. très-longuement aristée au sommet.

101° Brachyelytrum. (*P. de Beauvais*).

Panicule très-simple, très-pauvre, à rameaux simples, ne portant chacun qu'un seul épillet. — Epillets ovoïdes, lancéolés, aigus, pédicellés, uniflores. — Fleur fertile accompagnée d'une fleur incomplète, stérile.

Fleur hermaphrodite :

2 glumes très-inégales ; l'inf. petite, lancéolée, mutique, glabre ; la sup. trois fois aussi longue, mais encore beaucoup plus courte que les glumelles, lancéolée, très-étroite, acuminée, ciliée sur les bords dans la moitié sup. — 2 glumelles ; l'inf. plus longue, naviculaire, carénée, denticulée sur la carène, à bords enroulés en dedans, terminée sup. par une longue arête qui semble n'en être que le prolongement ; arête denticulée, scabre ; la sup. bicarénée, bidentée, à divisions acuminées ou mucronées. — 2 glumellules obovales, arrondies, ciliées au sommet, beaucoup plus courtes que l'ovaire. — 2 étamines à filets courts, plus courts que l'anthère. — Ovaire ovoïde, allongé, très-pubescent. — 2 styles. — Stigmates divergents, plumeux. — Caryopse....

Fleur incomplète :

Composée d'un simple pédicelle pubescent, dilaté au sommet et à la base, terminé par un appendice en forme de bourgeon ; elle est inf. à la fleur fertile.

Habitat : l'Amerique du Nord.   *Une espéce connue.*

NOTE. — *Schreb., Pers.. Kunth,* ont classé la seule espèce de ce genre avec les MUHLEMBERGIA : *Mich.,* avec les DILEPYRUM.

---

§

Glumes égales. plus longues que la fleur.

102° **Anisopogon.** (*R. Brown*).

Chaume simple. — Feuilles enroulées, à ligule ciliée. — Panicule diffuse. — Epillets uniflores, mais portant le rudiment d'une fleur sup. avortée. — Fleurs pédicellées.

2 glumes membraneuses, presque égales, à 9 nervures, plus grandes que les fleurs. — 2 glumelles sub-coriaces ; l'inf. oblongue, cylindrique, pubescente sur le dos, enroulée, trois fois aristée au sommet ; arête médiane très-longue, tordue dans sa moitié inf., genouillée dans sa partie moyenne ; arêtes latérales sinueuses, plus courtes que la moyenne ; glumelle sup. plus longue, portant un sillon longitudinal au milieu, bifide au sommet. — 3 glumellules égales, glabres, les latérales cultiformes, charnues en bas ; la postérieure oblongue, uninervée, concave. — 3 étamines. — Ovaire stipité, sub-pyriforme, comprimé, pubescent au sommet. — Style nul. — 2 stigmates terminaux, sessiles, plumeux, à poils transparents, simples, trifides ou rameux. — Caryopse......

Fleur incomplète :

Simple pédicelle aussi long que la fleur fertile, portant un renflement doublement noueux au milieu ; insérée à l'insertion des glumelles de la fleur fertile.

Habitat : la Nouvelle-Hollande.   *Une espéce connue.*

DEUXIÈME SOUS-TRIBU.

Epillets en panicule spiciforme ou digitée.

---

*

Epillets sessiles.

---

§

Epillets libres. — Epi allongé, cylindrique.

103° Chilochloa. (*P. de Beauvais*).

Panicule spiciforme, compacte, cylindrique. — Epillets sessiles, entourés de soies plus ou moins longues à la base, uniflores, accompagnés à la base d'un rudiment sétiforme, plus court, qui représente la seconde fleur avortée.

2 glumes presque égales, naviculaires, très-aiguës, assez longuement subulées, ciliées sur le dos, plus longues que les glumelles. — 2 glumelles presque cartilagineuses, très-obtuses ; l'inf. plus grande, entière ; la sup. bifide au sommet. — 2 glumellules lancéolées, entières, glabres. — 3 étamines à filets plus courts que la fleur et les anthères. — Ovaire ovoïde, aigu, glabre. — 2 styles très-courts. — Stigmates plumeux. — Caryopse libre, ovoïde, pourvu d'un sillon sur l'une de ses faces.

Habitat : l'Europe, la Sibérie, le nord de l'Afrique.

5 espèces connues.

NOTE. — *Huds., Koch., Bernh., Koel., Kunth,* ont classé plusieurs espèces de ce genre avec les PHLEUM ; *Retz, Ait., Linn., Willd.,* avec les PHALARIS, etc.

---

§

Épillets enfoncés dans les excavations du rachis. — Glumelles mutiques.

104° **Oropetium.**

Plantes très-petites. — Racines capillaires. — Chaume fasciculé, rameux en haut. — Feuilles sétacées. — Épi simple, comprimé, inarticulé. — Épillets uniflores, accompagnés du rudiment d'une fleur avortée, représentée par quelques poils, sub-sessiles, cachés dans les excavations du rachis. — Rachis articulé, comprimé, flexueux.

2 glumes mutiques ; l'inf. petite, ovale, finement membraneuse ; la sup. convexe, coriace, lancéolée, plus longue que la fleur. — 2 glumelles membraneuses, mutiques, presque égales ; l'inf. carénée, naviculaire ; la sup. bicarénée. — 2 glumellules glabres. — 3 étamines. — Ovaire glabre. — 2 styles terminaux. — Stigmates plumeux. — Caryopse.......

Habitat : les Indes orientales.　　　　*Une espèce connue.*

NOTE. — *Lin.* avait classé la seule espèce de ce genre avec les Nardus ; *Willd.*, avec les Rottboellia.

———————

§

Épillets libres ; épi globuleux.

105° **Echinopogon.** (*P. de Beauvais*).

Épi globuleux, terminal. — Épillets sub-sessiles, uniflores, accompagnés d'un pédicelle inf., représentant une deuxième fleur incomplète.

2 glumes égales, plus courtes que les glumelles, naviculaires, striées, ciliées sur les stries, acuminées.

Fleurs complètes :

2 glumelles ciliées à la base, striées, carénées, naviculaires; l'inf. longuement aristée au-dessous du sommet, entière, aiguë au sommet; arête droite, roide, dentée; glumelle sup. bicarénée, bifide au sommet, ciliée sur la carène. — Glumellules....... — 3 étamines à filets plus courts que la fleur, sortant à la base. — Ovaire pyriforme, pourvu d'un bouquet de poils au sommet. — 2 styles courts. — Stigmates divergents, plumeux. — Caryopse.....

Fleur incomplète :

Elle est inf. réduite à un simple rudiment sétiforme, olivaire, ciliée au sommet et dans toutes ses parties.

Habitat : la Nouvelle-Hollande, la Nouvelle-Zélande.

Une espèce connue.

NOTE. — *Kunth* a classé l'espèce de ce genre avec les Cinna; *Forst.*, *Willd.*, avec les Agrostis.

---

*

Epillets pédicellés.

---

§

Deux glumes égales, carénées, naviculaires.

106° **Phalaris.** (*Linn.*)

Feuilles planes. — Panicule serrée, spiciforme, quelquefois diffuse. — Epillets pédicellés, uniflores, offrant les rudiments de deux fleurs stériles incomplètes.

2 glumes carénées, naviculaires, presque égale, à carène souvent ailée, membraneuses, mutiques, plus

grandes que la fleur. — 2 glumelles carénées, naviculaires, mutiques, membraneuses; l'inf. plus grande enveloppe la sup. — 2 glumellules petites, glabres. — 3 étamines à filets plus longs que l'épillet. — Ovaire pubescent au sommet. — 2 styles terminaux. — Stigmates plumeux. s'étalant au sommet de la fleur. — Caryopse oblong, glabre, libre, inclus sans adhérences, comprimé par le côté.

Habitat : l'Europe. le nord de l'Afrique, les Amériques, l'Asie.   19 *espèces connues.*

NOTE. — *Ait.* a classé une espèce de ce genre avec les Arundo ; *Pers.*, une avec les Phleum ; *Trinius*. une avec les Chilochloa et les Digraphis ; *Dum.*, une avec les Baldingera ; *Sieb.*, une avec les Calamagrostis.

Les genres Digraphis et Baldingera n'ont pas été admis par le plus grand nombre des Botanistes.

----

§

Deux glumes égales, lancéolées. linéaires.

107° Lagurus. (*Linn.*)

Plantes molles, droites, annuelles. — Feuilles planes. — Epi très-serré, ovoïde, allongé, velu, cylindrique. — Epillets uniflores, accompagnés d'un rudiment de fleur incomplète. — Fleurs brièvement pédicellées, barbues à la base.

2 glumes lancéolées, linéaires, subulées, aristées, membraneuses, canaliculées. égales, plus grandes que la fleur. couvertes de longs poils soyeux. — 2 glumelles membraneuses; l'inf. concave, bi-aristée au sommet, et portant sur le dos une longue arête géniculée au milieu, tordue inf., insérée vers le milieu du dos ; glumelle sup. plus courte, naviculaire, lancéolée, bicarénée. — 2 glumellules entières, quelquefois lobées au sommet. épaisses, glabres. — 3 étamines. — Ovaire

glabre. — Style nul. — 2 stigmates sessiles, en goupillon allongé, à poils simples, courts, finement dentés, transparents. — Caryopse oblong, ovoïde, libre, glabre.

Habitat : l'Europe, l'Asie.   *Une espèce connue.*

§

Épillets géminés ou quinés.

168° Lappago. (Schreber.

Plantes diffuses, rampantes. — Feuilles acuminées, planes, courtes, rudes sur les faces, fortement ciliées, à ligule remplacée par des poils. — Panicule spiciforme, lâche, verte ou purpurine, à rameaux terminaux, solitaires, non articulés. — Épillets portés sur un pédicelle commun, court, géminés ou quinés, disposés sur huit rangs, dont quatre plus grands, uniflores, accompagnés d'une fleur rudimentaire, stérile.

2 glumes; l'inf. petite, plane, finement membraneuse; la sup. concave, sub-cartilagineuse, armée de pointes sur sa face externe. — 2 glumelles oblongues, aiguës, parcheminées, membraneuses, concaves; l'inf. binervée, enveloppant la sup., plus courte. — 2 glumellules membraneuses, transparentes, glabres. — 3 étamines. — Ovaire glabre. — 2 styles terminaux. — Stigmates plumeux, à poils simples, transparents, denticulés. — Caryopse oblong, glabre, libre, inclus dans la glumelle inf.

Fleur incomplète :

La fleur incomplète est constituée par une seule glume, qui manque assez souvent.

Habitat : l'Europe, l'Asie, le nord de l'Afrique, les Amériques et les Antilles.   *Une espèce connue.*

NOTE. — *Linn.*, *Lam.*, ont classé la seule espèce de ce genre avec les Cenchrus; *Hall.*, *Schult.*, *Nees*, avec les Tragus; *Forsk.*, avec les Phalaris.

Le genre Tragus a été admis par plusieurs Botanistes : avec *Kunth* nous ne le conservons pas.

TROISIÈME SOUS-TRIBU.

Panicule anormale, ou renfermée dans une spathe ou un involucre.

**

Epi contenu dans une spathe foliacée ou scarieuse.

§

Graminée arborescente.

103° Schizostachyum. (*Nees ab Esenb.*)

Graminée arborescente. — Feuilles pétiolées, oblongues, lancéolées, acuminées, glabres; gaine nue, ligule très-courte. — Epi terminal, à rameaux serrés, simples. — Epillets uniflores, rapprochés en glomerules compactes, distants, enfermés dans des spathes scarieuses, entremêlées d'épillets composés de fleurs complètement stériles, réduites à un simple pédicelle.

4-5 glumes; les inf. alternativement plus petites et plus grandes, également nervées; les sup. plus grandes, enroulées, équinervées. — Glumelles nulles, à moins que l'on ne considère comme telles une partie des glumes. — Glumellules nulles. — 6 étamines à anthères linéaires, droites. — Un style simple, long. — 3 stigmates pubescents, courts. — Caryopse.......

Habitat : Java.   *Une espèce connue.*

§

Graminée herbacée ; glume coriace, sub-orbiculaire, concave, sans
bordure.

110° Manisuris. (*Lin.*)

Chaume rameux. — Feuilles planes. — Epi solitaire à l'extrémité des rameaux, articulé, et enveloppé à la base par une
feuille spathiforme enroulée. — Epillets unilatéraux, uniflores, géminés ; les inf. hermaphrodites ; les sup. incomplets;
quelquefois neutres (mâles).

Fleurs incomplètes :

Constituées seulement par deux glumes coriaces,
égales.

Fleurs complètes :

2 glumes ; l'inf. sub-orbiculaire, coriace, concave,
embrassante, formant comme une petite boule, ponc-
tuée, ouverte sur la face interne ; la sup. plus petite,
plane, membraneuse. — 2 glumelles beaucoup plus petites que les glumes, membraneuses. — Glumellules....
— 3 étamines. — 2 styles terminaux, libres. — Stigmates plumeux. — Caryopse enveloppé par les glumes
et les glumelles.

Habitat : les Amériques, l'Afrique, la Chine.

2 espèces connues.

NOTE. — Des deux espèces de ce genre, la première a été classée
avec les Cenchrus, par *Linn.;* la seconde, avec les Peltophorus, par
Desvaux.

§

Glume de la fleur hermaphrodite, bordée d'une large membrane scarieuse, lobée.

111° **Peltophorus.** (*Desvaux*).

Chaume rameux. — Rameaux fructifères, nombreux. — Epis enveloppés à la base dans une feuille spathiforme. — Rachis articulé. — Epillets composés d'une fleur hermaphrodite sup., et d'une fleur très-incomplète inf.; dans quelques cas, les épillets sont complètement hermaphrodites ou composés seulement par une fleur incomplète.

Fleurs hermaphrodites :

2 glumes très-inégales ; l'inf. très-obtuse, échancrée au sommet, ovale, irrégulière, est bordée d'une large membrane, assez régulièrement lobée, principalement vers le milieu de la hauteur de la glume, où elle est profondément incisée ; la sup. naviculaire, très-entière, acuminée au sommet, plus courte et moins large que l'inf.; mais l'une et l'autre plus grandes que les glumelles. — 2 glumelles naviculaires, entières, mutiques, plus courtes que les glumes, presque égales. — Glumellules....... — 3 étamines à filets aussi longs que les anthères. — Ovaire presque sphérique, surmonté de deux cornes qui supportent les styles. — 2 styles divergents. — 2 stigmates . plumeux. — Caryopse de même forme que l'ovaire.

Fleurs incomplètes :

2 glumes ovales, lancéolées, aristées sur le dos. — Quelquefois 2 glumelles membraneuses, transparentes.

Habitat : les Indes orientales.   *Une espèce connue.*

NOTE. — La seule espèce de ce genre a été classée avec les MANISU-RIS, par *Kunth*.

✳

Panicule en épis.

113° Alloteropsis. (*Presl.*)

Racine fibreuse. — Chaume droit, simple, feuille inf., à nœuds pubescents. — Feuilles linéaires, planes, pubescentes en dessous ; gaine ronde, pubescente, soyeuse. — Epis géminés, très-courts, composés de 4 épillets : 2 sessiles hermaphrodites ; 2 incomplets, réduits à 4 bractées, glumeiformes, enroulées. — Rachis commun, triquètre, sub-flexueux, inarticulé.

Epillets à fleurs incomplètes :

Fleurs réduites en de simples bractées. — Bractées inégales, concaves, distiques, imbriquées ; les inf. trinervées, mucronées, aristées ; les moyennes quinquenervées, plus grandes ; les extérieures émarginées, mucronées ; les intérieures aiguës, mutiques.

Epillets hermaphrodites (de diverses formes) :
Les inférieurs :

2 glumes ovales, lancéolées, bifides, dentées au sommet. — 2 glumelles ; l'inf. réduite en une longue arête tordue ; la sup. transparente, très-obtuse, plus courte que les glumes. — Glumellules....... — Etamines....... — Ovaire....... — 2 styles terminaux. — Stigmates plumeux. — Caryopse linéaire, oblong, couronné par la base persistante des glumes, libre.

Epillets supérieurs :

2 glumes presque égales, sub-parcheminées, ovales, l'inf. mucronée, aristée au sommet ; arête droite. — 2 glumelles moitié plus courtes que les glumes, mutiques. — Glumellules..... — Etamines..... — Ovaire.... — 2 styles. — Stigmates plumeux. — Caryopse couronné par la base persistante des styles.

Habitat : la Californie. *Une espèce connue.*

DEUXIÈME TRIBU.

BIFLORÉES.

ÉPILLETS COMPOSÉS DE DEUX FLEURS.

PREMIÈRE SOUS-TRIBU.

Epillets en panicule rameuse, contractée ou diffuse.

PREMIÈRE SECTION.

Epillets sessiles.

---

§

Glumes égales, carénées, naviculaires.

113° **Dimeria.** (*R. Brown*).

Plante annuelle, très-petite.— Feuilles courtes, pubescentes. — Chaume simple en haut. — Epi double. — Epillets biflores, alternes, sessiles, composés de fleurs hermaphrodites et de fleurs incomplètes. — Fleurs extérieures incomplètes, les intérieures complètes, hermaphrodites. — Rachis inarticulé, persistant.

2 glumes presque égales, carénées, naviculaires, mutiques, barbues à la base; l'extérieure épaisse, coriace; l'intérieure coriace, membraneuse. —2 glumelles plus courtes que les glumes, transparentes; l'externe carénée, bifide, aristée au sommet; l'interne très-petite; arète tordue. — 2 glumellules très-petites. — 3 étamines. — Ovaire glabre. — 2 styles. — Stigmates plumeux. — Caryopse cylindrique, glabre. libre, enfermé dans la glume extérieure.

Habitat : la Nouvelle-Hollande, l'Inde orientale.

2 espèces connues.

NOTE. — A cause de la conformation de la panicule, il conviendrait peut-être mieux de classer ce genre dans la 2e sous-tribu de la 2e tribu ; mais, avant tout, il serait convenable d'en faire une nouvelle étude sur des plantes fraîches.

Spreng. a classé une des espèces de ce genre avec les Saccharum.

----

§

Glumes inégales, concaves, herbacées.

114° **Lucaea.** (*Kunth*).

Plantes droites, rameuses ; rameaux ternés, fasciculés, portant des épis très-longs. — Feuilles planes, membraneuses ; ligule courte. — Epis très-longs, géminés ou ternés, grêles. — Epillets solitaires, écartés, biflores. — Fleur inf. incomplète ; fleur sup. hermaphrodite.

Fleur incomplète :

La fleur incomplète est constituée par une seule glume.

Fleur complète :

2 glumes herbacées, concaves, inégales, mutiques. — 2 glumelles plus courtes, transparentes ; l'inf. aristée à la base. — 2 glumellules en forme de hache, glabres. — 2 étamines. — Ovaire sessile, glabre. — 2 styles. — Stigmates plumeux, à poils simples. — Caryopse sub-fusiforme, glabre, libre, léger.

Habitat : cultivées dans le jardin botanique de Kewe.

Une espèce connue.

NOTE. — Doit-on admettre ce genre ? ou doit-on plutôt considérer la plante qui le constitue comme une hybride produite artificiellement ?

DEUXIÈME SECTION.

Epillets pédicellés.

I.

GLUMES ÉGALES.

⁂

Fleurs glabres à la base.

§

Deux glumes.

115° Anthœnantía. (*P. de Beauvais*).

Panicule rameuse, dressée. — Epillets biflores, ovoïdes, pédicellés. — Fleur sup. hermaphrodite; fleur inf. incomplète.

2 glumes herbacées, égales, concaves, acuminées, striées, pubescentes, ciliées.

Fleurs incomplètes :

2 glumelles membraneuses, opposées, égales, lancéolées, naviculaires, acuminées, plus courtes, et alternes avec celles de la fleur sup.

Fleur complète :

2 glumelles naviculaires, concaves, acuminées, égales ou presque égales, presque cartilagineuses; la sup. obtuse, membraneuse au sommet, presque égale aux glumes. — Glumellules....... — Etamines....... — Ovaire glabre, surmonté d'un bec court, qui sert à l'insertion

des styles ; bec légèrement émarginé au sommet. — 2 styles courts. — Stigmates plumeux. — Caryopse ovoïde, surmonté d'un bec court.

Habitat : la Caroline.　　　　　　*Une espèce connue.*

NOTE. — *Kunth* a classé la seule espèce de ce genre avec les Panicum ; *Mich.*, avec les Phalaris ; *Elliott*, avec les Aulaxanthus ; *Nutt.*, avec les Aulaxia.

Les genres Aulaxanthus et Aulaxia n'ont pas été conservés.

---

§

Une glume.

116° Milium. (*Lin.*)

Plantes droites. — Feuilles planes. — Panicule rameuse, diffuse. — Epillets pédicellés, biflores, articulés avec le pédicelle. — Fleur sup. complète, hermaphrodite ; fleur inf. incomplète.

Une glume par avortement de la seconde, mutique, membraneuse, concave, arrondie sur le dos, aussi grande que la fleur. — 2 glumelles coriaces, mutiques, plus grandes ou plus courtes que la fleur ; l'inf. concave, binervée, enveloppant la sup. — 2 glumellules charnues, entières ou cordées, glabres. — 3 étamines. — Ovaire glabre. — 2 styles terminaux, très-courts.— Stigmates plumeux, à poils distiques, denticulés, bifides au sommet, transparents. — Caryopse oblong, glabre, léger, libre, renfermé entre les glumelles indurées.

Fleur incomplète :

Composée d'une seule glumelle.

Habitat : l'Europe, l'Asie, l'Amérique.

11 espèces connues.

NOTE. — *Cand.*, *Poir.*, ont classé deux espèces de ce genre avec les Agrostis ; *Nees*, deux avec les Leptocorypium. Ce dernier genre n'a pas été conservé.

⁂

Fleurs entourées de poils à la base.

§

Glumes mutiques.

117° Deyeuxia. (*Clarion, P. de Beauvais*).

Panicule rameuse. — Epillets pédicellés, articulés avec le pédicelle, biflores. — Fleur inf. sessile, hermaphrodite, barbue à la base ; fleur sup. incomplète.

Fleur supérieure :

Constituée par un simple pédicelle plumeux.

Fleur hermaphrodite :

2 glumes presque égales, mutiques, égales ou sup. aux fleurs. — 2 glumelles bifides au sommet ; l'inf. aristée sur le dos ; arête courte, tordue ; la sup. bicaré-née. — 2 glumellules lobées, à lobes aigus, glabres. — 3 étamines. — Ovaire glabre. — 2 styles terminaux, courts. — Stigmates plumeux, à poils simples. — Ca-ryopse glabre, libre.

Habitat : les Amériques, la Nouvelle-Hollande, la Nouvelle-Zélande, la Sibérie.   *41 espèces connues.*

NOTE. — *Trinius* a classé 5 espèces de ce genre avec les Lachna-grostis ; *Tim., Ehrh., Schrad., Schult., Scop., Link, Trinius, Poir., Wahlemb.,* 11 avec les Arundo ; *Roem.,* une avec les Donax ; *Trinius, Nutt., Wib., Gaud., Lois., Host., Wahlemb., Hart., Schrad, D. C., Dum., Roth., Presl., R. Brown,* 20 avec les Calamagrostis ; *Linn., Brown, Spreng., Gmel., Roem., Willd., Poir.,* 9 avec les Agrostis ; *Labil.,* une avec les Avena.

Le genre Lachnagrostis n'a pas été conservé par le plus grand nombre des Botanistes.

---

§

Glumes subulées.

118° Trisetaria. (*Forskahl*).

Chaume grêle. — Feuilles pubescentes inférieurement. — Panicule lancéolée. — Fleur inf. hermaphrodite, brièvement pédicellée, barbue à la base ; fleur sup. incomplète, réduite au seul pédicelle.

2 glumes lancéolées, subulées au sommet, carénées, membraneuses, plus grandes que les fleurs. — 2 glumelles ; l'inf. lancéolée, offrant deux soies au sommet, quinquenervées, enroulées, membraneuses, aristée au-dessous du sommet ; arête géniculée, tordue infér.; glumelle supér. bicarénée. — 2 glumellules glabres, émarginées, bilobées au sommet. — 3 étamines. — Ovaire glabre. — Style nul. — 2 stigmates terminaux, sessiles, plumeux. — Caryopse.......

Habitat : la Syrie, l'Egypte.   *Une espèce connue.*

NOTE. — La seule espèce de ce genre a été classée par *Labil.* et *Roem.*, avec les Trisetum ; par *Spreng.*, avec les Avena.

---

§

Glumes acuminées, à trois nervures rudes.

119° Acratherum. (*Link.*)

Chaume pubescent, géniculé, long de 80 centimètres à un mètre. — Feuilles scabres, pubescentes à la base ; gaines striées, pourvues de longs poils sur les bords et en haut ; ligule très-courte. — Panicule rameuse, à rameaux dressés, serrés, à ramuscules courts. — Epillets biflores. — Fleurs : les unes, hermaphrodites, pubescentes à la base ; les autres, incomplètes, glabres à la base.

2 glumes ; l'externe aiguë, trinervée, scabre, à nervure médiane, très-scabre, plus courte que la fleur stérile ; l'interne acuminée, légère, plus longue que la fleur fertile.

Fleur hermaphrodite :

2 glumelles entourées de poils très-fins ; l'externe lancéolée, aristée au sommet ; arête tordue à la base, brune, géniculée, insérée sur la face interne de la glumelle et plus longue qu'elle ; glumelle interne un peu plus petite que l'externe, obtuse, sub-bifide. — 2 glumellules tronquées, sub-denticulées. — 3 étamines à anthères longues, purpurines. — 2 styles. — Stigmates plumeux. — Caryopse.......

Fleur incomplète :

2 glumelles ; l'externe lancéolée, sub-trinervée, obtuse, rouge au sommet ; l'interne plus petite, aiguë, presque cachée dans l'externe , qui l'enveloppe en partie.

Habitat : le Nepaul. *Une espèce connue.*

II.

DEUX GLUMES INÉGALES.

---

§

Epillets comprimés latéralement.

120° Melinis. (*P. de Beauvais*).

Plantes rampantes, rameuses. — Feuilles planes, à gaine un peu visqueuse, pubescentes. — Panicule rameuse, plus ou moins contractée. — Epillets pédicellés, articulés avec le pédicelle, biflores. — Fleur inf. incomplète ; fleur sup. complète, hermaphrodite.

2 glumes inégales, mutiques, membraneuses ; l'inf. plus petite.

Fleur incomplète :

Réduite à une seule glume, striée, concave, navicu-laire, bifide au sommet, longuement aristée ; arête droite un peu scabre.

Fleur complète :

2 glumelles presque égales, striées, membraneuses, devenant coriaces après la fécondation, nues, concaves ; l'inf. bilobées au sommet, souvent mucronée entre les lobes ; la sup. mutique. — Une glumellule tronquée, charnue, glabre. — 3 étamines. — Ovaire glabre. — 2 styles terminaux. — Stigmates plumeux, à poils denti-culés, simples. — Caryopse.......

Habitat : le Brésil.   *Une espèce connue.*

NOTE. — La seule espèce de ce genre a été classée avec les Tristegis, par *Nees ;* avec les Agrostis, par *Fisch.;* avec les Suardia, par *Schrank.* Les genres Tristegis et Suardia n'ont pas été conservés.

§

Epillets comprimés par le dos.

121° **Panicum.** (*Linn.*).

Feuilles planes. — Panicule rameuse ou spiciforme. — Rachis inarticulé. — Epillets pédicellés, biflores, comprimés par le dos, plans d'un côté, convexes de l'autre. — Fleur sup. hermaphrodite, nue à la base; fleur inf. incomplète.

Fleur inf. incomplète :

Une ou deux glumelles herbacées.

Fleur complète :

2 glumes inégales, membraneuses, concaves, mutiques. — 2 glumelles coriaces, presque cartilagineuses, lisses, concaves, mutiques ou aristées, presque égales; l'inf. enveloppant la sup. — 2 glumellules charnues, en forme de hache ou tronquées, à 2-3 lobes, glabres. — 3 étamines. — Ovaire glabre. — 2 styles terminaux allongés. — Stigmates plumeux, à poils simples, denticulés. — Caryopse glabre, libre, elliptique, comprimé par le côté, convexe sur les deux faces, non canaliculé.

Habitat : la Nouvelle-Hollande, les Amériques, l'Europe, l'Asie, l'Afrique. *410 espèces connues.*

NOTE. — *Swartz, Lam.. Poir., Rad l., Rich., C. D., Nees,* ont classé **11** espèces de ce genre avec les Paspalum ; *Pers., Roem.. Lin, Willd., Roth., Schult , Nees, Steud., Scop., Gaud., Schrad., Hamilton,* 34 avec les Digitaria ; *Schrad., Walt.,* 4 avec les Syntherisma ; *Roxb.,* une avec les Melica ; *Kœnig, Spreng., Lin.,* 3 avec les Aira ; *Forsh., Mich ,* 2 avec les Phalaris ; *Lin., Kœnig,* 3 avec les Andropogon ; *Will.,* une avec les Dactylon ; *Spreng., Swartz,* 2 avec les Milium ; *Roem.,* une avec les Cynodon ; *Nees,* une avec les Orachyrium ; *P. de Beauvais, Nces,* 5 avec les Hymenachne : *Roem.,* une avec les Echinochloa : *Vahl., Poir., Ten., Willd., Lam.,* 7 avec les Agrostis ; *Aubl.,* une avec les Apluda ; *Presl., Kunth,* 6 avec les Setaria ; *Lin., Lam., Swartz,* 3 avec les Saccharum ; *Nees,* 5 avec les Trichachne ; *Scrad.,* une avec les Tricholoena : *Nees,* une avec les Orthoclada ; *Gaud.,* deux

avec les NEURACHNE ; *P. de Beauvais, Desvaux*, 2 avec les STREPTOSTA-
CHYS ; *P. de Beauvais*, une avec les CHAMOERAPHIS, une avec les ANTHOE-
NANTIA, et deux avec les MONACHNE ; *Elliott*, deux avec les AULAXANTHUS ;
Desvaux, une avec les ERYOLYTRUM ; *Nutt.*, 2 avec les AULAXIA ; *Spreng.*,
une avec les THALISIUM ; *Thumb.*, une avec les HOLCUS ; *Kunth*, 2 avec
les OPLISMENUS ; *Roem.*, une avec les SORGHUM, *Rad.*, une avec les ACI-
CARPA ; *Rottb.*, une avec les SCHOENUS ; *P. de Beauvais*, une avec les
ANATHERUM.

Quatre espèces du genre SYNTHERISMA (*Schrad.*) ont été réunies au
genre PANICUM, deux aux PASPALUM et une aux POA.

Une espèce du genre DACTYLON (*Willd.*) a été réunie aux PANICUM, la
seconde aux CYNODON.

La seule espèce du genre OTACHYRIUM (*Nees*) a été réunie aux PA-
NICUM.

Toutes les espèces qui constituaient le genre TRICHACHNE (*Nees*) ont
été réunies aux PANICUM.

Une espèce du genre TRICHOLOENA (*Schult.*) a été réunie aux PANICUM,
les deux autres aux SACCHARUM.

Toutes les espèces qui composaient les genres AULAXANTHUS (*Elliott*),
AULAXIA (*Nutt.*), ERYOLYTRUM (*Desvaux*), THALASIUM (*Spreng.*), ACI-
CARPA (*Raddi*), ont été réunies aux PANICUM.

Digitaria. *(Haller)*.

Panicule digitée ou fasciculée, à rameaux formant des épis linéaires,
simples. — Epillets très-brièvement pédicellés, unilatéraux, biflores. —
Fleur sup. complète, hermaphrodite ; fleur inf. incomplète.

2 glumes très-inégales, ciliées sur les bords, carénées, naviculaires, herbacées, membraneuses sur les bords ; l'inf. beaucoup plus petite.

Fleur incomplète :

Une seule glumelle herbacée, lancéolée, nervée.

Fleur complète :

2 glumelles parcheminées, coriaces, égales, lisses. — Glumellules........ — Etamines.... ... — Ovaire........ — 2 styles
courts. — 2 stigmates plumeux. — Caryopse libre, faiblement
sillonné.

NOTE. — Toutes les espèces qui composaient ce genre, qui généralement n'est plus admis, ont été réunies aux genres OPLISMENUS, PASPALUM, CYNODON, PHALARIS, POA, SETARIA et
PANICUM.

§

Epi composé ; épillets unilatéraux.

122° Echinochloa. (*P. de Beauvais*).

Panicule composée, à rameaux simples, dressés, alternes, distants. — Epillets compactes, un peu comprimés, brièvement pédicellés, aristés, biflores, unilatéraux. — Fleur sup. complète, hermaphrodite ; fleur inf. incomplète.

2 glumes très-inégales, pubescentes ou plutôt ciliées, naviculaires ; l'inf. plus courte, acuminée ; la sup. striée, mucronée.

Fleur incomplète :

2 glumelles herbacées, presque égales ; l'inf. striée, ciliée, aristée au sommet ; arête droite, presque aussi longue que la glumelle, couverte de soies courtes et roides ; glumelle sup. bicarénée, bidentée au sommet.

Fleur complète :

2 glumelles glabres, coriaces, indurées ; l'inf. concave, mucronée au sommet ; la sup. bicarénée. — 2 glumellules petites, sub-ovales, entières. — 3 étamines à filets courts. — Ovaire ovoïde, glabre, émarginé ou bicorne au sommet. — 2 styles insérés sur les cornes. — 2 stigmates en goupillon. — Caryopse libre d'adhérences, mais inclus entre les glumelles, persistantes, sillonné.

Habitat : les Indes orientales.   *23 espèces connues.*

NOTE. — *Kunth* a classé toutes les espèces de ce genre avec les ORPLISMENUS ; *Lin., Forsk., Roth., Link, Roxb., Forst., Guss., Host., Bivd., Gmel., Nées, Lam., Kœnig, Pursh, Poir., Torrey, Retz.,* le plus grand nombre avec les PANICUM ; *Spreng.,* avec les ORTHOPOGON ; *Nées,* avec les CHŒTIUM.

TROISIÈME SECTION.

Epillets géminés, l'un sessile, l'autre pédicelle.

---

*

Glume supérieure longuement aristée.

123° Dieciomis. (*P. de Beauvais, Kunth*).

Chaume rameux. — Feuilles linéaires, planes ; ligule très-longue. — Panicule rameuse, simple, interrompue quelquefois par une ou deux feuilles bractéales. — Epillets géminés, le terminal terné, 1 sessile, 1-2 pédicellés, biflores. — Fleur inf. incomplète ; fleur sup. hermaphrodite, complète.

Fleur inférieure :

Une glumelle très-obtuse, herbacée, membraneuse au sommet.

Fleur supérieure hermaphrodite :

2 glumes coriaces, membraneuses ; l'inf. ovale, oblongue, terminée par un appendice en forme d'ongle, mutique ; la sup. comprimée, naviculaire, longuement aristée au sommet ou près du sommet, ou mutique. — 2 glumelles membraneuses, petites, transparentes ; l'inf. bifide au sommet, longuement aristée ; arète géniculée au milieu. — 2 glumellules obliques, tronquées, glabres. — 3 étamines. — Ovaire glabre. — 2 styles terminaux. — Stigmates plumeux. — Caryopse brièvement pédicellé, arrondi, trigône, léger, glabre, libre.

Habitat : la Jamaïque, le Mexique, le Brésil.

3 espèces connues.

NOTE. — *Spreng.* a classé une espèce avec les Pollinia ; *Swartz*, la même espèce avec les Andropogon.

Les espèces qui composaient le genre Pollinia, qui n'a pas été généralement admis par les Botanistes, ont été réunies aux genres Andropogon, Diectomis et Oplismenus.

✳

Glumes mutiques.

---

§

Glumelles mutiques, inégales.

124° Saccharum. (*Linn.*)

Plantes très-grandes. — Panicule rameuse, diffuse. — Epillets entourés de longs poils à la base, tous fertiles, géminés ; l'un sessile, l'autre pédicellé, articulé à la base ; biflores. — Fleur inf. incomplète ; fleur sup. complète, hermaphrodite.

2 glumes membraneuses, naviculaires, mutiques. — 2 glumelles transparentes, mutiques, petites, inégales. — 2 glumellules libres, déchirées, bi-trilobées au sommet, libres. — 3 étamines à filets courts. — 2 styles allongés. — Stigmates plumeux, à poils simples, denticulés. — Ovaire glabre. — Caryopse glabre, libre.

Fleur incomplète :

Composée d'une seule glumelle.

Habitat : l'Asie, l'Afrique, l'Océanie, les Amériques.

22 espèces connues.

NOTE. — *Schult.* a classé deux espèces de ce genre avec les Tricholœna : *P. de Beauvais, Schult., Roem.,* 3 avec les Imperata ; *Spreng.,* une avec les Anatherum.

---

§

Glumelles égales, l'inf. aristée.

125° **Erianthus.** (*Richard*).

Panicule rameuse à rameaux fasciculés, étalée ou dressée. — Epillets géminés, biflores, l'un sessile, l'autre pédicellé, articulé à la base, entourés à la base, comme dans un involucre, de longs poils soyeux. — Fleur inf. incomplète ; fleur sup. complète, hermaphrodite.

2 glumes membraneuses, presque égales, concaves, naviculaires, mutiques, pourvues de longs poils soyeux dans leur moitié sup.; plus longues que les fleurs.

Fleur inf. incomplète :

Composée d'une seule glumelle membraneuse.

Fleur sup. hermaphrodite :

2 glumelles membraneuses, transparentes, égales, plus courtes que les glumes ; l'inf. plus grande, aristée ; arête droite, 7-9 fois plus longue que la glumelle, insérée un peu au-dessous du sommet ; glumelle sup. mutique. — 2 glumellules tronquées, glabres. — 2-3 étamines. — Ovaire glabre. — 2 styles allongés. — Stigmates en goupillon, s'étalant au sommet de la fleur. — Caryopse glabre, libre, ovoïde, comprimé par le dos.

Habitat : la Nouvelle-Hollande, l'Afrique centrale.

12 espèces connues.

NOTE. — *Walt.* a classé une espèce de ce genre avec les ANTHOXANTHUM ; *Pers., Nutt., Spreng., Lin., Labil., Thumb., R. Brown* et *Willd.*, 11 avec les SACCHARUM ; *Link, Lin.,* 2 avec les ANDROPOGON ; *Bosc,* une avec les CALAMAGROSTIS ; *Trinius,* 2 avec les RIPIDIUM.

Le genre RIPIDIUM (*Trinius*) n'a pas été conservé : des trois espèces qui le composaient, deux ont été réunies aux ERIANTHUS, et la troisième aux ANDROPOGON.

DEUXIÈME SOUS-TRIBU.

Epillets en panicule spiciforme, ou digitée.

PREMIÈRE SECTION.

Epillets sessiles.

I.

GLUMES ÉGALES.

⁂

Glumes aristées.

126° **Hordeum.** (*Linn.*)

Feuilles planes. — Epi simple ; rachis articulé, denté. — Epillets ternés, sessiles, biflores, appliqués contre l'axe, insérés dans les excavations du rachis ; épillets du centre fertiles, les latéraux souvent avortés. — Fleur supérieure incomplète ; fleur inf. complète, hermaphrodite.

Fleur supérieure :

Souvent réduite aux deux glumelles.

Fleur hermaphrodite :

2 glumes presque égales ou égales, lancéolées, linéaires, subulées, aristées, inéquilatérales, opposées aux glumelles, sub-unilatérales en dehors, herbacées, roides. — 2 glumelles herbacées ; l'inf. concave, arrondie sur le dos, aristée, quelquefois mutique ; arête droite scabre ; glumelle sup. bicarénée, bidentée, à carène ciliée. — 2 glumellules entières ou lobées, char-

nues, ciliées ou pubescentes. — 3 étamines. — Ovaire
poilu au sommet. — Style nul. — 2 stigmates sessiles,
presque terminaux, plumeux. — Caryopse pubescent
au sommet, oblong, pourvu d'un sillon sur la face interne, adhérent aux glumelles, quelquefois libre.

Habitat : les Amériques, l'Europe, l'Asie, l'Afrique, la Nouvelle-Hollande.   *12 espèces connues.*

NOTE. — *P. de Beauvais* a classé 5 espèces de ce genre avec les
ZEOCRITON ; *Raf.*, une avec les CRISTESIUM ; *Link*, une avec les ELYMUS ;
Wal., une avec les TRITICUM ; *Schreb.*, une avec les SECALE.

La seule espèce du genre CRISTESIUM (*Raf.*) a été réunie aux HORDEUM ;
il en a été de même de toutes les espèces qui constituaient le genre
ZEOCRITON (*P. de Beauvais*).

⁂

Glumes mutiques ou acuminées.

---

§

Deux étamines.

122° **Pleuroplitis.** (*Trinius*).

Chaume couché, rameux, radicant à la base. — Feuilles
courtes, lancéolées, cordées, amplexicaules à la base, scabres ; pédoncules terminaux et axillaires allongés. — Épi
court, falciforme. — Épillets alternes, biflores, articulés dans
les excavations du rachis. — Fleur sup. complète, hermaphrodite ; fleur inf. incomplète.

2 glumes plus longues que la fleur ; l'inf. sub-herba-
cée, quinquenervée, pubescente sur les nervures ; la
sup. un peu plus longue, parcheminée, carénée, pubescente sur la carène.

Fleur incomplète :

Le plus souvent représentée par une arête tordue,

quelquefois soudée à la glumelle sup. de la fleur hermaphrodite.

Fleur complète :

2 glumelles membraneuses, transparentes, égales, aiguës. — Une glumellule large. — 2 étamines à anthères oblongues. — Style....... — Stigmate....... — Ovaire..... — Caryopse cylindrique, libre.

Habitat : le Japon.　　　　　　*Une espèce connue.*

NOTE. — *Spreng.* a classé la seule espèce de ce genre avec les DEYEUXIA.

---

§

Trois étamines. — Fleur hermaphrodite, barbue à la base.

128° Gymnopogon. (*P. de Beauvais*).

Panicule spiciforme, composée, à rameaux grêles, alternes. — Epillets très-écartés, fusiformes, alternes, biflores. — Fleur inf. complète, hermaphrodite, sessile, barbue à la base ; fleur sup. pédicellée, incomplète.

2 glumes carénées, lancéolées, subulées, presque égales, plus grandes que les fleurs, entourées de poils à la base.

Fleur incomplète :

Elle est constituée par une simple arête, tordue dans sa moitié inf., et genouillée au milieu.

Fleur complète :

2 glumelles membraneuses, presque égales ; l'inf. cylindrique, enroulée, bilobée au sommet et aristée un peu au-dessous du sommet ; arête droite ; glumelle sup. bicarénée. — 2 glumellules tronquées, bilobées, gla-

bres. — 3 étamines. — Ovaire glabre. — 2 styles terminaux. — Stigmates plumeux, à poils simples, denticulés. — Caryopse libre, presque cylindrique.

Habitat : les Amériques.   **4 *espèces connues.***

NOTE. — *Mich.* a classé une espèce de ce genre avec les ANDROPOGON ; *Elliott,* une avec les ALLOIATHEROS ; *Nutt.,* une avec les ANTHOPOGON.

Les genres ANTHOPOGON et ALLOIATHEROS n'ont pas été généralement admis.

----

§

3 étamines, fleurs glabres à la base, épi simple, rond, articulé.

129° Lepturus. (*R. Brown*).

Chaume rameux, dressé, puis couché, quelquefois rampant. — Feuilles étroites, linéaires, planes. — Epi rond, articulé, grêle, droit ou arqué, subulé. — Epillets cachés dans les excavations du rachis, biflores. — Fleur inf. complète, hermaphrodite, contiguë au rachis ; fleur sup. externe, incomplète.

2 glumes coriaces, acuminées, subulées, presque égales, arrondies sur le dos, égalant ou dépassant les fleurs, toujours opposées dans l'épillet terminal, presque jamais dans les épillets latéraux ; l'inf. manque souvent.

Fleur incomplète :

Le plus souvent elle n'est constituée que par le pédicelle ; quelquefois elle a deux glumelles semblables à celles de la fleur hermaphrodite.

Fleur complète :

2 glumelles membraneuses, mutiques, plus courtes que les glumes ; l'inf. binervée, enveloppant la sup. qui est bidentée, bicarénée. — 2 glumelles entières, glabres. — 3 étamines. — Ovaire glabre. — 2 styles ter-

minaux, le plus souvent très-courts, quelquefois nuls.
— Stigmates plumeux. — Caryopse glabre, libre.

Habitat : l'Europe, l'Afrique, la Nouvelle-Hollande.

5 espèces connues.

NOTE. — *Lin., Savi, D. C., Willd., Host., Roth., Brot., Forst., Spreng., Cav.,* ont classé les 5 espèces de ce genre avec les ROTTBOELLIA ; *Lin.* en a classé une avec les ÆGILOPS ; *P. de Beauvais, Roem.,* **3** avec les OPHIURUS ; *Scop.,* une avec les AGROSTIS ; *P. de Beauvais, Schult., Gaud.,* 3 avec les MONERMA ; *Trinius,* une avec les PHOLIURUS.

Les deux espèces du genre PHOLIURUS qui n'a pas été généralement admis, ont été réunies, l'une aux LEPTURUS, l'autre aux ROTTBOELLIA.

§

Trois étamines ; fleurs glabres à la base ; épi digité.

130° Cynodon. (*Richard, Persoon, R. Brown*).

Plantes diffuses, rameuses, rampantes. — Feuilles planes. — Epi digité, géminé ou rameux, à rameaux disposés en une espèce d'ombelle simple. — Epillets unilatéraux, lancéolés, comprimés par le côté, biflores. — Fleur inf. complète, hermaphrodite ; fleur sup. incomplète, quelquefois nulle.

2 glumes carénées, membraneuses, mutiques.

Fleur incomplète :

Souvent nulle, quelquefois réduite en un simple pédicelle subulé.

Fleur complète :

2 glumelles membraneuses, naviculaires ; l'inf. carénée, mutique, quelquefois mucronée au-dessous du sommet ; la sup. bicarénée, à bords enroulés en dedans, offrant souvent deux mucrons grêles au sommet. — 2 glumellules charnues, glabres. — 3 étamines. — Ovaire glabre. — 2 styles terminaux. — Stigmates en

goupillon, s'étalant au sommet de la fleur ; poils simples. — Caryopse libre, glabre, comprimé par le côté, non canaliculé.

Habitat : l'Europe, l'Asie, les Amériques, la Nouvelle-Hollande, Sainte-Hélène.   13 *espèces connues.*

NOTE. — *Linn., Burm.,* ont classé 2 espèces de ce genre avec les Panicum ; *Walt., Lam.,* 2 avec les Paspalum ; *Schrad., Pers., Spreng., Echl., Willd., Kœnig,* 11 avec les Digitaria ; *Retz., Poir.,* 2 avec les Agrostis ; une avec les Chloris ; *Koel.,* une avec les Fibigia.

Le plus grand nombre des auteurs n'a pas admis le genre Fibigia *(Koel.)*

II

GLUMES INÉGALES.

---

*

Rachis articulé, appendice spiniforme opposé à chaque épillet.

131° **Paractœnum.** (*P. de Beauvais*).

Ligule soyeuse, barbue. — Panicule simple ou composée. — Rachis fructifère articulé, terminé par un appendice spiniforme, le même appendice est opposé à chaque épillet. — Epillets peu nombreux, ovoïdes, sessiles dans les excavations du rachis qu'il comprime ; biflores. — Fleur sup. complète, hermaphrodite ; fleur inf. incomplète.

2 glumes inégales, ovales, obtuses, concaves, dures, coriaces, striées longitudinalement ; l'inf. moitié plus courte.

Fleurs incomplètes :

2 glumelles herbacées, striées, ovales, obtuses, égales.

Fleurs complètes :

2 glumelles presque égales, naviculaires, concaves, mutiques, coriaces, indurées, glabres, à bords enroulés en dedans. — 2 glumellules presque quadrangulaires, irrégulièrement et obscurément lobées au sommet. — 3 étamines à filets aussi longs que les anthères. — 2 styles droits. — Ovaire émarginé. — Stigmates en goupillon. — Caryopse bicorne, libre d'adhérences, mais inclus entre les glumelles indurées, persistantes.

Habitat : la Nouvelle-Hollande.   *Une espèce connue.*

NOTE. — La seule espèce de ce genre a été classée avec les PANICUM par *Kunth*.

---

*

Epillets unilatéraux.

---

§

Epillets pédicellés.

132° Hymenachne. (*P. de Beauvais*).

Panicule spiciforme au sommet, rameuse inf., compacte, unilatérale, à rachis non articulé. — Epillets lancéolés, aigus, brièvement pédicellés, biflores. — Fleur sup. hermaphrodite, complète ; fleur inf. incomplète.

2 glumes très-inégales, herbacées, aiguës, naviculaires, striées, acuminées ; l'inf. distante, beaucoup plus petite.

Fleur inf. incomplète :

Une ou deux glumelles lancéolées, aiguës, striées, herbacées ; la sup. plus courte, membraneuse, transparente.

Fleur sup. hermaphrodite :

2 glumelles herbacées, membraneuses, aiguës, striées sur le dos, naviculaires, concaves. — 2 glumellules ovales, obtuses. — 3 étamines à filets courts. — Ovaire ovoïde, glabre. — 2 styles un peu coniques, courts. — 2 stigmates en goupillon allongé. — Caryopse ovoïde, libre.

Habitat : l'Amérique du Sud, Java.   *4 espèces connues.*

NOTE. — *Rich.*, *Kunth*, ont classé toutes les espèces de ce genre avec les Panicum ; *Vahl.* et *Poir.* en ont classé 2 avec les Agrostis.

§

¿Epis digités ; épillets sessiles.

133° Eustachys. (*Desvaux*).

Chaume rameux, comprimé, diffus, rampant. — Feuilles planes. — Epis digités, fasciculés. — Epillets unilatéraux, sessiles, biflores. — Fleur inf. complète, hermaphrodite ; fleur sup. incomplète.

2 glumes membraneuses, persistantes ; la sup. plus grande, émarginée, bilobée, mucronée, aristée au sommet. — 2 glumelles membraneuses ; l'inf. carénée, mucronée au sommet ; la sup. bicarénée. — 3 étamines. — Ovaire glabre. — 2 styles terminaux. — Stigmates plumeux, à poils simples. — Caryopse.....

Habitat : les Amériques.   *5 espèces connues.*

NOTE. — *Thunb.*, *Lagasca*, *Trinius*, ont classé les trois espèces de ce genre avec les Chloris ; *Ait.*, une avec les Agrostis ; *Vahl.*, une avec les Cynosurus ; *Houtt.*, une avec les Andropogon ; *Spreng.*, une avec les Schultesia, et une avec les Paspalum.

Le genre Schultesia n'a pas été admis par le plus grand nombre des auteurs.

§

Epi falciforme.

134° Chondrosium. (*Desvaux.*)

Plantes cespiteuses. — Feuilles linéaires planes. — Epi géniculé ou non, falciforme, solitaire, quelquefois 2-3 distants. — Epillets unilatéraux, sessiles, imbriqués, bisériés, biflores. — Fleur inf. sessile, complète, hermaphrodite ; fleur sup. pédicellée, incomplète.

2 glumes inégales, glabres, carénées, naviculaires, acuminées, subulées, membraneuses ; la sup. plus grande.

Fleur incomplète :

Assez longuement pédicellée, à pédicelle pubescent. Une seule glumelle, très-petite, pubescente, ciliée, portant trois arêtes droites : une au sommet et deux latérales ; arêtes beaucoup plus grandes que la glumelle.

Fleur complète :

2 glumelles membraneuses ; l'inf. a 3 nervures, carénée, concave, pubescente, ciliée, trilobée, lobe moyen bifide, acuminé, aristé, entre la bifidité, lobes latéraux très-petits, aristés ; arêtes droites, scabres, plus courtes ou aussi longues que la glumelle ; glumelle sup. bicarénée, bifide au sommet, à divisions obtuses. — 2 glumellules glabres. — 3 étamines. — Ovaire glabre, pyriforme. — 2 styles terminaux, allongés. — Stigmates plumeux. — Caryopse pyriforme, terminé par un bec en forme d'urne, libre.

Habitat : l'Amérique du Sud et du Centre, les îles Philippines.   8 *espèces connues.*

NOTE. — *Willd.*, *Roem.*, ont classé les 8 espèces de ce genre avec les Actinochloa ; *Spreng.*, *Jacq.*, *Roem.*, 6 avec les Ateropogon ; *Poir.*,

Durand, 2 avec les Chloris; *Lagasca*, 5 avec les Boutelova; *Humb.*, une avec les Dinebra; *Willd.*, une avec les Spartina.

Les genres Boutelova (*Hornemann*), Actinochloa (*Ræm.*), n'ont pas été généralement admis; les espèces qui les constituaient ont été réunies aux genres Chondrosium et Eutriana.

---

§

Glumes pubescentes, ciliées.

135° Atheropogon. (*Spreng.*)

Panicule spiciforme, unilatérale. — Epillets sessiles, biflores. — Fleur inf. complète, hermaphrodite; fleur sup. incomplète.

2 glumes inégales; la sup. plus longue que les fleurs, lancéolée, naviculaire, acuminée, ciliée, pubescente; l'inf. lancéolée, linéaire, acuminée, ciliée.

Fleur incomplète :

Pédicellée, 2 glumelles; l'inf. oblique, tronquée, trifide et tri-aristée; la sup. tronquée, émarginée au sommet.

Fleur complète :

2 glumelles; l'inf. tronquée, tri-aristée au sommet, pourvue d'un bouquet de soies à la base; la sup. bicarénée, tronquée au sommet. — 2 glumellules tronquées. — 3 étamines à filets courts. — Ovaire stipité, soyeux, bicorne. — 2 styles. — Stigmates plumeux. — Caryopse bicorne.

Habitat : les Amériques et les iles Philippines.

16 *espèces connues.*

NOTE. — Beaucoup d'auteurs rejettent ce genre et réunissent les espèces qui le composent aux genres Aristida, Stipa, Chondrosium, Polypo-

DON, TRITNA, GYMNOPOGON, ECTRIANA, PENTARRHAPHIS et TRIATHERA ; mais beaucoup d'autres le conservent.

III.

UNE SEULE GLUME, OU GLUMES NULLES.

Glumes nulles.

136° **Reimaria.** (*Fluegge*).

Plantes très-rameuses, rampantes. — Epi composé, quaterné ou quinné, à rachis inarticulé. — Epillets unilatéraux, sessiles, biflores. — Fleur inf. incomplète ; fleur sup. hermaphrodite.

Glumes nulles.

Fleur incomplète :

Composée d'une seule glumelle, acuminée, subulée, trinervée, membraneuse.

Fleur complète :

2 glumelles membraneuses, lancéolées, très-glabres, luisantes ; l'inf. trinervée, acuminée, subulée ; la sup. binervée, enveloppante. — 2 glumellules bilobées, glabres. — 2 étamines — Ovaire glabre. — 2 styles terminaux. —Stigmates en goupillon, à poils simples. — Caryopse oblong, comprimé, glabre, libre, inclus entre les glumelles.

Habitat : les Amériques.   *2 espèces connues.*

NOTE. — Une des espèces de ce genre avait été classée avec les AGROSTIS, par *Spreng*.

§

Une seule glume.

137° **Psilurus.** (*Trinius*).

Plantes annuelles. — Chaume cespiteux, simple. — Feuilles filiformes, enroulées. — Epi filiforme, arrondi, articulé ; articles alternants avec les excavations de l'axe. — Epillets biflores, sessiles, quelquefois géminés, les uns fertiles, les autres réduits en un simple pédicelle. — Fleur inf. sessile, complète, hermaphrodite ; la sup. incomplète, souvent réduite au simple pédicelle.

Une glume petite, ovale, membraneuse, mutique.

2 glumelles membraneuses ; l'inf. uninervée, aristée au sommet, enveloppant la sup.; la sup. un peu plus longue, bicarénée. — 2 glumellules membraneuses, bifides, glabres. — Une étamine. — Ovaire pédicellé, glabre. — Style nul. — 2 stigmates terminaux, sessiles, distants, pubescents. — Caryopse trigône, linéaire, glabre, adhérent à la glumelle supérieure.

Habitat : l'Europe méridionale.   *Une espèce connue.*

NOTE. — *Cav.* a classé la seule espèce de ce genre avec les ROTT-BOELLIA ; *P. de Beauvais,* avec les MONERMA ; *Host.,* avec les ASPRELLA ; *Gouan,* avec les NARDUS.

DEUXIÈME SECTION.

Epillets pédicellés.

I.

UNE SEULE GLUME.

138° Paspalum. *(Linn.)*

Plantes le plus souvent tropicales. — Epi simple, à rachis inarticulé. — Epillets brièvement pédicellés, articulés, caducs, biflores, ovoïdes, unilatéraux. — Fleur inf. incomplète; fleur sup. complète, hermaphrodite.

Une glume, quelquefois deux; l'inf. très-petite, le plus souvent avortée; la sup. herbacée, nervée, glabre, ou quelquefois lanugineuse, plus grande que les fleurs.

Fleur incomplète :

Constituée par une simple glumelle membraneuse, mutique.

Fleur hermaphrodite :

2 glumelles coriaces, mutiques, indurées; l'inf. concave, enveloppant la sup., binervée. — 2 glumellules entières, glabres, charnues, tronquées ou en forme de hache. plus courtes que l'ovaire. — 3 étamines. — Ovaire glabre. — 2 styles terminaux libres. — Stigmates en goupillon, à poils simples. denticulés. — Caryopse comprimé, glabre, inclus entre les glumelles indurées.

Habitat : la zône tropicale de la terre, l'Europe méridionale. 179 *espèces connues.*

NOTE — *Pers , Elliott.*, ont classé 2 espèces de ce genre avec les Ceresia: *Flueg .* 2 avec les Reimaria, *Lagasca .* une avec les Cabrera;

Cav., *Swart.*, *Elliott*, *Muehlem.*, *Roxb.*, *D. C.*, 9 avec les *Milium*; *Desf.*, *Poir.*, *Lin.*, *Roxb.*, *Rasp.*, 6 avec les *Panicum*; *Willd.*, *Mich.*, *Muehlem.*, *Pers.*, *Gaud.*, *Spreng.*, *Poir.*, *Desvaux*, *Lagasca*, *Schult.*, 17 avec les *Digitaria*; *Pour.*, une avec les *Phleum*; *Walt.*, 2 avec les *Syntherisma*; *Ait.*, une avec les *Agrostis*; *Roem.*, *Schult.*, *P. de Beauvais*, 3 avec les *Axonopus*.

La seule espèce du genre CABRERA (*Lagasca*), 2 de chacun des genres SYNTHERISMA (*Walt.*) et AXONOPUS (*P. de Beauvais*), 17 du genre DIGITARIA (*Adans*), ont été réunies aux PASPALUM.

Les autres espèces qui composaient les genres SYNTHERISMA, AXONOPUS et DIGITARIA, ont été réunies aux genres AGROSTIS, PANICUM, POA, OPLISMENUS et CYNODON.

Les genres CABRERA, SYNTHERISMA, AXONOPUS et DIGITARIA, n'ont pas été conservés par le plus grand nombre des Botanistes.

II.

DEUX GLUMES ÉGALES.

⁂

Glumes aristées dès la base.

139° Triæna. (*Humb.* et *Kunth*).

Chaume rameux. — Feuilles linéaires planes. — Epi terminal solitaire. — Epillets alternes, pédicellés, distiques, distants, biflores. — Fleurs, les unes complètes, hermaphrodites, les autres incomplètes.

2 glumes; l'inf. aristée dès la base; arête adhérente jusqu'à la moitié inf. de la glume.

Fleur incomplète :

Le plus souvent constituée par trois arêtes ou par une glumelle herbacée, membraneuse, tri-aristée.

Fleur complète :

2 glumelles acuminées, mutiques. — Glumellules ...

— 3 étamines. — Ovaire.... — 2 styles. — 2 stigmates plumeux. — Caryopse libre d'adhérences, mais inclus entre la glumelle sup.

Habitat : le Mexique.   *Une espèce connue.*

NOTE. — Ce genre a besoin d'être étudié de nouveau sur la plante fraîche. Jusqu'à présent, sa description est très-incomplète.

Spreng. a classé la seule espèce de ce genre avec les ANTHROPOGON.

---

*

Fleurs inf. de chaque épillet barbues à la base.

140° **Ammophila.** (*Host.*)

Plantes rudes, rampantes, aréneuses. — Feuilles enroulées. — Panicule contractée, spiciforme, compacte, étagée. — Epillets disposés en verticilles compactes, pédicellés, biflores. — Fleur inf. complète, hermaphrodite, brièvement pédicellée, barbue à la base ; fleur sup. incomplète, glabre.

2 glumes presque coriaces, membraneuses, lancéolées, carénées, plus grandes que les fleurs.

Fleur incomplète :

Le plus souvent réduite en un pédicelle plumeux en haut.

Fleur complète :

2 glumelles coriaces, membraneuses ; l'inf. ovale, lancéolée, carénée, à cinq nervures, bifide et mucronée un peu au-dessous du sommet, ou brièvement aristée ; la sup. plus courte, bicarénée. — 2 glumellules lancéolées, acuminées, glabres, dépassant l'ovaire. — 3 étamines. — Ovaire pyriforme, glabre. — 3 stigmates terminaux, distants, sessiles, plumeux, à poils transparents, denticulés, simples, ou à 2-3 fides. — Caryopse libre, glabre.

Habitat : l'Europe, l'Amérique du Nord.

2 espèces connues.

NOTE. — *Lin.*, *Flueg.*, ont classé les 2 espèces de ce genre avec les Arundo ; *Link*, *Nut.*, avec les Phalaris ; *P. de Beauvais*, *Roem.*, *Presl.*, avec les Psamma.

Le genre Psamma (*P. de Beauvais*) n'a pas été généralement admis par les Botanistes.

※

Fleurs inf. de chaque épillet glabres à la base.

§

Les deux glumes membraneuses transparentes.

141° Neurachne. (*R. Brown*).

Chaumes multiples, dressés, barbus, soyeux sur les nœuds. — Feuilles planes, courtes. — Un seul épi, simple, ovoïde. — Épillets biflores, brièvement pédicellés. — Fleur externe (inf.) incomplète ; fleur interne (sup.) complète, hermaphrodite.

2 glumes nervées, aiguës, pubescentes, coriaces, presque égales.

Fleur incomplète :

2 glumelles nervées, parcheminées, aiguës, pubescentes, presque égales.

Fleur complète :

2 glumelles transparentes, membraneuses, presque égales. — 2 glumellules..... — 3 étamines. — Ovaire.... — 2 styles. — Stigmates plumeux. — Caryopse libre, mais se détachant en même temps que les glumelles.

Habitat : la Nouvelle-Hollande.　　　　*Une espèce connue.*

NOTE. — La seule espèce de ce genre a été classée avec les PANICUM par *Spreng*.

TROISIÈME SECTION.

Epillets géminés ou ternés, l'un sessile, l'autre pédicellé, quelquefois alternes.

I

GLUMES ÉGALES.

***

Epillets unilatéraux.

142° Polyodon. (*Humb.* et *Kunth*).

Chaume rameux. — Feuilles linéaires, striées, planes. — Rachis nu, bifide au sommet. — Epi court, quelquefois rameux, distique. — Epillets biflores, unilatéraux. — Fleur complète, hermaphrodite, sessile ; fleur incomplète, pédicellée.

2 glumes mutiques.

Fleur incomplète :

2 glumelles ; l'inf. a sept dents ; dents alternativement aristées ; la sup. plus petite, sub-aristée.

Fleurs complètes :

2 glumelles ; l'inf. a cinq dents ; les dents latérales et la dent moyenne aristées. — Glumellules..... — Etamines...... — Ovaire..... — Style...... — Stigmates .... — Caryopse libre.

Habitat : les environs de Quito.   *Une espèce connue.*

NOTE. — *Spreng.* a classé la seule espèce de ce genre avec les ATHEROPOGON.

※

Epillets alternes ou opposés.

---

§

Glume externe cachée par de longs poils soyeux.

143° Imperata. (*R. Brown*).

Chaume droit, roide. — Feuilles glauques, linéaires, acuminées, canaliculées, à ligule courte, longuement ciliée. — Panicule contractée, spiciforme, cylindrique. — Epillets biflores, géminés ; l'un sessile, l'autre pédicellé ; articulés à la base ; l'externe entouré de longs poils soyeux à la base. — Fleur sup. complète, hermaphrodite ; fleur inf. incomplète.

2 glumes presque égales, membraneuses, mutiques, carénées, plus longues que les fleurs ; l'externe cachée par de longs poils soyeux.

Fleur incomplète :

Une seule glumelle membraneuse.

Fleur complète :

2 glumelles petites, transparentes, mutiques ; l'inf. plus grande. — Glumellules nulles. — 2 étamines. — Ovaire glabre. — 2 styles allongés. — Stigmates poilus, s'étalant au sommet de la fleur. — Caryopse glabre, libre, ovoïde, comprimé par le côté.

Habitat : l'Europe, le nord de l'Afrique, l'Amérique du Sud, les Indes orientales.   *Une espèce connue.*

NOTE. — *Lam.*, *Retz.*, *Cav.*, *Burm.*, ont classé la seule espèce de ce genre avec les Saccharum : *Linn.*, avec les Lagurus.

---

§

Glumes sub-coriaces, mutiques, entourées de soies à la base.

144° **Eulalia.** (*Kunth*).

Plantes rampantes. — Chaume ascendant. — Feuilles planes. — Epis fasciculés, digités, articulés. — Epillets biflores, géminés : l'un sessile, l'autre pédicellé, caché dans de longs poils couleur d'or. — Fleur inf. incomplète; fleur sup. complète, hermaphrodite.

2 glumes sub-coriaces, mutiques; l'inf. concave, naviculaire, carénée, enveloppant la sup.

Fleur incomplète :

Une seule glumelle plane.

Fleur complète :

2 glumelles transparentes; l'inf. longuement aristée. — Glumellules nulles. — 3 étamines. — Ovaire glabre. — 2 styles terminaux. — Stigmates plumeux. — Caryopse elliptique, glabre, libre, entouré des glumes et des glumelles indurées.

Habitat : l'île Bourbon.   *Une espèce connue.*

NOTE. — *Bory* a classé la seule espèce de ce genre avec les Andropogon; *Spreng.*, avec les Saccharum; *P. de Beauvais*, avec les Erianthus.

---

§

Glumes glabres à la base. — Epillets cachés dans les excavations
de l'axe.

145° **Rottboellia.** (*R. Brown*).

Plantes droites, souvent très-élevées. — Feuilles planes. — Epi rond. articulé. — Epillets réunis par deux, dans chaque excavation du rachis ; l'un sessile, biflore, complet, hermaphrodite, profondément caché dans les excavations du rachis ; l'autre pédicellé, incomplet, le plus souvent réduit au simple pédicelle. — Fleurs incluses ; l'inf. incomplète ; la sup. complète, hermaphrodite.

2 glumes presque égales ; l'extérieure (inf.) concave, coriace ; l'intérieure (sup.) carénée, naviculaire, submembraneuse, manquant quelquefois.

Fleur incomplète :

Le plus souvent réduite en une ou deux glumelles membraneuses.

Fleur complète :

2 glumelles membraneuses ou transparentes ; l'inf. concave ; la sup. le plus souvent bicarénée. — 2 glumellules charnues, obliques, tronquées, glabres. — 3 étamines. — Ovaire glabre. — 2 styles terminaux.— Stigmates plumeux. — Caryopse.....

Habitat : la Nouvelle-Hollande, l'Asie, l'Afrique, l'île Bourbon, le midi de l'Europe.   **14** *espèces connues.*

NOTE. — *Pour.* a classé une espèce de ce genre avec les Stegosia ; *Forsk.*, une avec les Triticum ; *Retz.*, une avec les Cymbachne ; *Spreng.*, une avec les Thelepogon ; *Trinius,* une avec les Pholiurus ; *Retz.*, une avec les OEgilops ; *Brogniart,* une avec les Coelorachis.

Les genres Coelorachis (*Brog.*), Pholiurus (*Trinius*), Stegosia (*Pour.*), n'ont pas été généralement admis.

---

§

Glumes glabres à la base ; épi solitaire terminal.

146° Elionurus. (*Willdenow*).

Plantes aromatiques donnant une odeur assez semblable à celle de la térébenthine. — Feuilles linéaires planes. — Epi terminal solitaire. — Epillets géminés : l'un sessile, biflore.

complet ; l'autre pédicellé, incomplet. — Fleur inf. incomplète ; fleur sup. complète, hermaphrodite.

2 glumes : l'inf. sub-coriace, bifide au sommet, bi-aristée ; la sup. membraneuse, mutique.

Fleur incomplète :

1-2 glumelles membraneuses, mutiques.

Fleur complète :

Une glumelle membraneuse, petite, mutique. — 2 glumellules tronquées, glabres. — 3 étamines. — Ovaire glabre. — 2 styles terminaux. — Stigmates plumeux. — Caryopse glabre, libre.

Habitat : l'Amérique centrale et du Sud, le Sénégal.

5 espèces connues.

NOTE. — *Spreng.* a classé une espèce de ce genre avec les ANATHE-RUM ; *Gay*, une avec les ANDROPOGON.

II

GLUMES INÉGALES.

✳

Glume inf. divisée en quatre parties.

147° **Polyschistis.** (*Presl.*)

Chaume cespiteux, dressé, rond ou alternativement cannelé et arrondi, glabre. — Feuilles linéaires acuminées, un peu pubescentes en haut, scabres sur les bords, à gaines arrondies, un peu renflées, striées, poilues au sommet, plus courtes que les entre-nœuds. — Épis géminés ou solitaires, à rachis étroit, linéaire, plan sur le dos, scabre. — Épillets alternes, biflores, sessiles ou pédicellés. — Fleur inf. complète, hermaphrodite ; fleur sup. incomplète.

2 glumes; l'inf. divisée en quatre parties, plus courtes que les fleurs, à divisions linéaires. subulées, poilues ; la sup. un peu plus longue, linéaire. acuminée.

Fleur incomplète :

2 glumelles ; l'inf. ovale, lancéolée, à cinq divisions; lobes subulés, aristés; la sup. bicarénée, bidentée au sommet.

Fleur complète :

2 glumelles ; l'inf. ovale, trifide au sommet, à divisions latérales, subulées, aristées ; la médiane plus longue, bifide au sommet, aristée entre les lobes; glumelle sup. linéaire, plane, bifide au sommet. — Glumellules..... — 3 étamines. — Ovaire ovoïde, glabre, émarginé au sommet. — 2 styles. — Stigmates poilus. —Caryopse.......

Habitat : le Portugal.   *Une espèce connue.*

---

*

Glumes entières, pourvues d'un bouquet de poils à la base.

148° **Triathera.** (*Desvaux*).

Plantes très - rameuses. — Feuilles enroulées, sétacées, roides, à gaines barbues au sommet. — Epi solitaire, simple, à rachis non articulé. — Epillets alternes, sessiles, distiques, distants, biflores. — Fleur inf. sessile, complète, hermaphrodite ; fleur sup. incomplète.

2 glumes uninervées, carénées, ovales, lancéolées, acuminées, subulées; la sup. plus longue, contiguë au rachis.

Fleur incomplète :

Composée d'une seule glumelle très-petite, ovale, surmontée de trois longues arètes, scabres ; arètes 2-3 fois plus longues que l'épillet.

Fleur complète :

2 glumelles ; l'inf. herbacée, oblongue, lancéolée, trifide au sommet, terminée par 3 mucrons, concave, trinervée ; la sup. bicarénée, bifide au sommet. — 2 glumellules charnues, glabres, en forme de hache. — Etamines..... — Ovaire allongé, arrondi, glabre. — 2 styles terminaux. — Stigmates plumeux, à poils simples. — Caryopse.....

Habitat : l'ile de Cuba. *Une espèce connue.*

NOTE. — *Spreng.* a classé la seule espèce de ce genre avec les ATHE-ROPOGON.

Glumes aristées.

148° **Berchtoldia.** (*Presl.*)

Racines fibreuses. — Chaume droit, simple. — Feuilles linéaires planes, pubescentes, à gaines comprimées. — Panicule simple, droite, contractée. — Epillets lancéolés, biflores, géminés en bas de l'épi, solitaires en haut, pédicellés. — Rachis non articulé. — Fleur inf. incomplète ; fleur sup. complète, hermaphrodite.

2 glumes lancéolées, aristées ; arète droite terminale ; l'inf. un peu plus grande, enroulée à la base.

Fleur incomplète :

2 glumelles conformes aux glumes, aristées, mucronées.

Fleur complète :

2 glumelles ; l'inf. ovale, cartilagineuse, aristée, mucronée, entourant la glumelle supér.. plus petite ; la sup. obtuse, denticulée au sommet et près du sommet. — Glumellules...... — 3 étamines. — Ovaire ellipsoïde entier. — 2 styles terminaux, allongés. — Stigmates en goupillon. — Caryopse oblong, cylindrique, bicorne au sommet.

Habitat : le Mexique.   *Une espèce connue.*

3.

Glumes mutiques.

Rachis parsemé de longs poils soyeux.

150° Urochloa. (*P. de Beauvais*).

Feuilles planes. — Epis géminés, digités ou rameux. Rachis parsemé de longs poils soyeux, transparents, rares, formant comme un involucre. — Epillets biflores, nus, alternes. — Fleur sup. complète, hermaphrodite ; l'inf. incomplète.

2 glumes membraneuses, inégales, concaves, mutiques.

Fleur incomplète :

2 glumelles herbacées.

Fleur hermaphrodite :

2 glumelles sub-coriaces, concaves ; l'inf. aristée au sommet ; arète mucroniforme. — 2 glumellules sub-trilobées, glabres ; lobe moyen, plus long, aigu. — 3 étamines. — 2 styles libres. — Stigmates plumeux, à poils

simples. — Caryopse elliptique, comprimé, glabre, libre, mais inclus entre les glumelles.

Habitat : la Nouvelle-Hollande, les Indes orientales, le Mexique, Java.   *7 espèces connues.*

NOTE. — *Spreng.* a classé une espèce de ce genre avec les Setaria ; *Burm., Poir., Lam., Brown, Retz.,* 6 avec les Panicum ; *Roxb., Lin.,* 2 avec les Milium ; *P. de Beauvais,* une avec les Axonopus ; *Roem., Schult.,* 2 avec les Paspalum ; *Nées,* une avec les Helopus ; *Roem.,* une avec les Oplismenus.

Le genre Helopus (*Nées*) n'a pas été généralement admis, les espèces qui le composaient ont été reportées aux genres Urochloa, Eriochloa et Paspalum.

§

Rachis dépourvu de soies.

151° **Ratzeburgia.** (*Kunth.*)

Plantes cespiteuses, tombantes, stolonifères. — Chaume diffus, simple. — Feuilles roides planes ou pliées, à gaine comprimée, carénée. — Epi linéaire, comprimé, articulé. — Epillets biflores, ternés sur chaque article : 2 latéraux égaux, sessiles, fertiles ; le moyen incomplet, stérile. — Fleur inf. incomplète : fleur sup. complète, hermaphrodite.

2 glumes : l'inf. ou externe, convexe sur le dos, coriace, bilobée, membraneuse au sommet, dentée sur les bords ; la sup. (interne) beaucoup plus petite, plane.

Fleur incomplète :

Une seule glumelle transparente, membraneuse, mutique.

Fleur complète :

2 glumelles transparentes, membraneuses, mutiques ; la sup. plus petite, trilobée. — 2 glumellules triangu-

aires, en forme de hache, bilobées, glabres. — Etamines....... — Ovaire glabre. — 2 styles terminaux.
— Stigmates plumeux, à poils simples. — Caryopse......

Habitat : les Indes orientales.   *Une espèce connue.*

NOTE. — La seule espèce de ce genre avait été classée avec les
Aikinia par *Wal.*

Le genre Aikinia (*Wal.*) n'a pas été admis.

$

Epillets bisériés ; les uns soudés au rachis par la glume supérieure,
les autres libres.

152° **Hemarthria.** (*R. Brown*).

Plantes rameuses, à rameaux fasciculés au sommet. — Epi
subulé, comprimé, semi-articulé. — Epillets biflores, bisériés,
géminés sur le même article, l'un sessile, aglutiné au rachis
par la glume sup.; l'autre pédicellé, soudé au rachis par le pédicelle. — Fleur inf. incomplète ; fleur sup. complète, hermaphrodite.

2 glumes parallèles au rachis, oblongues, acuminées,
inégales, striées.

Fleur incomplète :

Une glumelle oblongue, aiguë, membraneuse, plus
courte que les glumes, mais plus grande que la fleur
fertile.

Fleur complète :

2 glumelles petites, membraneuses ; l'inf. oblongue,
acuminée ; la sup. beaucoup plus petite, oblongue, linéaire. — 2 glumellules opposées, tronquées, sub-trilobées, glabres. — 3 étamines. — Ovaire glabre, oblong,
obscurément à deux becs. — 2 styles terminaux. —
Stigmates plumeux. — Caryopse......

Habitat : la Nouvelle-Hollande, le Cap de Bonne-Espérance,
les Indes orientales, les Florides, l'Espagne, le Nord de l'A-
frique.   *5 espèces connues.*

NOTE. — *Linn.*, *Lam.*, *Poir.*, *Nutt.*, *Roxb.*, ont classé toutes les
espèces de ce genre avec les ROTTBOELLIA ; *Trinius*, une avec les LEPTU-
RUS ; *P. de Beauvais*, une avec les LODICULARIA.

Le genre LODICULARIA (*P. de Beauvais*) n'a pas été généralement
admis.

III.

UNE SEULE GLUME OU GLUMES NULLES.

---

§

Une glume.

153° **Eriochloa.** (*Humb.* et *Kunth.*)

Feuilles planes. — Rachis inarticulé. — Epillets géminés ou
disposés en panicule, biflores, articulés à la base. — Fleur
sup. complète, hermaphrodite ; fleur inf. incomplète.

Une seule glume, très-petite, quelquefois nulle.

Fleur incomplète :

Une seule glumelle, très-rarement deux.

Fleur complète :

2 glumelles plus petites que les glumes, coriaces ;
l'inf. mucronée au sommet. — 2 glumellules presque
charnues, tronquées, émarginées, glabres. — 3 étamines.
Ovaire glabre. — 2 styles. — 2 stigmates plumeux, à
poils denticulés, quelquefois bifides. — Caryopse léger,
glabre, inclus, mais non adhérent.

Habitat : le Japon, la Nouvelle-Hollande, le Sénégal, les
Amériques.   *12 espèces connues.*

NOTE. — *Mich.*, *Roem* , *Spreng.*, *Rad.*, ont classé 5 espèces de ce genre avec les PANICUM ; *P. de Beauvais*, une avec les MONACHNE ; *Thunb.*, *Houtt.*, *Flueg.*, *Spreng.*, *Trinius*, 6 avec les PASPALUM ; *Nees*, *Trinius*, 4 avec les HELOPUS ; *Spreng.*, *Linn.*, *Retz.*, *Thunb.*, 4 avec les MILIUM ; *Lam.*, *Poir.*, 3 avec les AGROSTIS ; *Link*, une avec les OEDIPACHNE ; *P. de Beauvais*, *Schult.*, *Rad.*, *Presl.*, 4 avec les PIPTA-THERUM.

Les genres HELOPUS (*Nees*) et OEDIPACHNE (*Link*) n'ont pas été généralement admis ; les espèces qui les composaient ont été réunies : celles de l'HELOPUS, aux PASPALUM, aux ERIOCHLOA et aux UROCHLOA ; celle de l'OEDIPACHNE aux ERIOCHLOA.

TROISIÈME SOUS-TRIBU.

Panicule anormale, ou renfermée dans une spathe ou un involucre.

I

TIGES LIGNEUSES.

151° **Merostachys.** (*Spreng.*)

Tiges multiples, ligneuses, 1-5 mètres. — Rameaux fasciculés, portant tous des nœuds. — Feuilles distiques, lancéolées, courtement pétiolées, planes. — Epi terminal simple, enveloppé à la base dans une espèce de spathe foliacée, aphile. — Epillets biflores, unilatéraux, sessiles, imbriqués, sub-bisériés, lancéolés, oblongs. — Fleur inf. brièvement pédicellée, complète, hermaphrodite ; fleur sup. longuement pédicellée, très-petite, incomplète.

2 glumes inégales ; l'inf. petite, subulée ; la sup. lancéolée, oblongue, acuminée, subulée.

Fleur incomplète :

Souvent réduite au pédicelle ou à une seule glumelle ; dans le premier cas, elle est souvent cachée dans le sillon longitudinal de la fleur inf.

Fleur complète :

2 glumelles égales en longueur ; l'inf. ovale, elliptique, acuminée, cylindrique, enroulée : la sup. bicarénée. — 3 glumellules membraneuses, entières, ciliées
en haut. — 3 étamines. — Ovaire sessile, glabre. —
2 styles terminaux. — Stigmates internes, plumeux. —
Caryopse.......

Habitat : le Brésil.   *2 espèces connues.*

II.

TIGES HERBACÉES.

§

Épillets enfermés par groupes dans une spathe foliacée. — Glumelle
inf. longuement aristée.

155° **Anthistiria.** (*Lin.*)

Plantes très-rameuses. — Feuilles sup. spathiformes. — Panicule diffuse ou contractée. — Epillets réunis par groupe de
sept : trois au centre, biflores, contenant : le moyen, une
fleur fertile complète et une fleur incomplète ; les deux
latéraux sessiles, des fleurs mâles, stériles ; quatre à la circonférence, ne contenant que des fleurs incomplètes, toujours
stériles. — Fleur inf. incomplète ; fleur sup. complète, hermaphrodite.

2 glumes s'indurant après la fécondation, mutiques,
plus grandes que les glumelles : l'inf. plus grande, enveloppant la sup.

Fleur incomplète :

Réduite à une seule glumelle, membraneuse, courte.

Fleur complète :

2 glumelles plus courtes que les glumes, membraneuses, transparentes; l'inf. longuement aristée dès la
base; arête droite, tordue. — 2 glumellules tronquées,
glabres. — 3 étamines. — Ovaire glabre. — 2 styles
terminaux. — Stigmates plumeux. — Caryopse libre,
glabre.

Habitat : les Indes orientales, le Japon, l'Afrique, la Nouvelle-Hollande, Java, les Amériques.   *19 espèces connues.*

NOTE. — *Linn.*, *Thunb.*, *Willd.*, ont classé 5 espèces de ce genre
avec les ANDROPOGON; *Thunb.*, *Valh.*, *Lin.*, 3 avec les STIPA; *Forsk.*,
une avec les THEMEDA; *P. de Beauvais*, 2 avec les CALAMINA; *Spreng.*,
Roem., *Schult.*, 6 avec les CYMBOPOGON.

Les genres THEMEDA (*Forsk.*) et CYMBOPOGON (*Schult.*) n'ont pas été
généralement admis.

§

Épillets enfermés par groupes dans une spathe foliacée. — Glumelle
inf. de la fleur fertile, mutique.

156° **Calamina.** (*P. de Beauvais*).

Chaume rameux. — Feuilles larges. — Panicule plus ou
moins rameuse, interrompue, constituée par des groupes d'é-
pillets. — Épillets réunis par groupes de 6-7; quatre verticellés
à l'aisselle de la feuille spathiforme, sessiles, très-incomplets;
2-3 au centre de ce premier groupe, pédicellés, hermaphrodites ou neutres, biflores. — Fleur inf. incomplète; fleur sup.
hermaphrodite, complète.

2 glumes naviculaires, carénées, striées, acuminées,
glabres, plus longues que les fleurs, égales; l'inf. bifide, mucronée entre la bifidité.

2 glumelles membraneuses, transparentes; l'inf. bidentée au sommet, glabre. — 2 glumellules tronquées,

frangées au sommet, courtes. — 3 étamines à filets
courts. — Ovaire fusiforme, glabre. — 2 styles. —
Stigmates en goupillon. — Caryopse libre, glabre.

Habitat : l'Arabie, Java, Amboise, la Syrie, l'Afrique, les
Moluques.   *5 espèces connues.*

NOTE. — *Kunth* a classé 2 espèces de ce genre avec les Anthistiria ;
Forsk., une avec les Themeda ; *Linn.*, *Lam.*, *Kunth* et *Willd*, 3 avec
les Apluda.

✻

Spathe formée par la dilatation du rachis.

157° **Trachys.** (*Persoon.*)

Plantes annuelles rameuses. — Feuilles planes, molles. —
Épis terminaux simples, droits, enveloppés dans une feuille
spathiforme. — Rachis articulé, membraneux, à articles concaves, formant des espèces de poches qui renferment les épillets. — Épillets rapprochés, fasciculés par 6-8 au centre de
chaque poche : les 5-6 latéraux sessiles, très-incomplets, souvent réduits à de simples bractées ; les 2-3 du centre très-brièvement pédicellés, biflores. — Fleur inf. incomplète ; fleur sup.
complète, hermaphrodite.

2 glumes lancéolées, subulées, aplanies, roides ;
l'extérieure plus courte, indurée, coriace.

Fleur incomplète :

2 glumelles ; l'externe très-grande, ovale acuminée,
coriace, roide, multinervée, ondulée sur les bords en bas,
enveloppant la fleur hermaphrodite, moitié plus courte ;
l'interne petite, membraneuse. — 2 glumellules tronquées, transparentes, glabres.

Fleur complète :

2 glumelles presque égales, acuminées, concaves,
parcheminées ; l'inf. binervée, enveloppant la sup. —

2 glumellules petites, tronquées, glabres, transparentes. — 2 étamines à filets très-longs. — Ovaire glabre. — 2 styles terminaux, très-longs, réunis ensemble en bas. — Stigmates plumeux, à poils simples. — Caryopse oblong, glabre, libre d'adhérences, mais inclus.

Habitat : les Indes orientales.   *Une espèce connue.*

NOTE. — *Linn.* a classé la seule espèce de ce genre avec les CENCHRUS; *Retz*, *Burm.*, avec les PANICUM; *Dict.*, avec les TRACHYSTACHYS.

❉

Épillets rapprochés par groupes, enfermés dans un involucre quadrifide.

158° **Anthephora.** (*Schreber*).

Plantes rameuses. — Feuilles planes. — Épi terminal simple, solitaire, à rachis non articulé. — Épillets biflores, disposés par groupes de quatre, sessiles, soudés ensemble inf., très-brièvement pédicellés, à pédicelles articulés à la base ; 2 renferment chacun une fleur fertile, les 2 autres ne sont composés que d'une seule glume : chaque groupe est enfermé dans un involucre simple à 4 fides égales, lancéolées, plus longues que les épillets, offrant une dent obtuse à la base entre chaque division. — Fleur sup. complète, hermaphrodite ; fleur inf. stérile.

2 glumes presque égales ; l'inf. plus grande que les fleurs, coriace, oblongue, acuminée, aplanie, multinervée ; la sup. plus courte, lancéolée, subulée, membraneuse, carénée.

Fleur incomplète :

2 glumelles herbacées.

Fleur complète :

2 glumelles charnues, concaves, presque égales ; l'inf. bifide, dentée. — Glumellules nulles. — 3 éta-

mines. — Ovaire glabre. — 2 styles terminaux, allongés, soudés ensemble à la base. —Stigmates plumeux, à poils simples. — Caryopse elliptique, glabre, libre, inclus, mais non adhérent aux glumelles.

Habitat : la Jamaïque, le Mexique.   *Une espèce connue.*

NOTE. — *Lin.* a classé la seule espèce de ce genre avec les TRIPSACUM ; *Persoon*, avec les COLLADOA ; *Trinius, Spreng.*, avec les CENCHRUS.

※

Epi formant une tête globuleuse.

159° **Echinaria.** *(Desfontaines)*.

Chaume cespiteux simple. — Feuilles planes. — Epi globuleux. — Epillets biflores, brièvement pédicellés, cunéiformes, comprimés par le côté. — Fleur sup. pédicellée, incomplète ; fleur inf. complète, hermaphrodite.

2 glumes inégales, membraneuses, carénées, tronquées, cordées au sommet ; la sup. aristée au sommet, plus grande ; l'inf. bi-aristée, arête courte, droite.

Fleur incomplète :

Le plus souvent réduite à une glumelle ou seulement au pédicelle.

Fleur complète :

2 glumelles membraneuses ; l'inf. a cinq nervures, concave, tronqué, couronné par cinq fides au sommet ; fides lancéolées, linéaires, inégales, la moyenne beaucoup plus grande, toutes subulées, scabres, finement denticulées latéralement, planes, roides ; glumelle sup. bicarénée, tronquée, cordée au sommet, couronnée seulement par deux fides, comme celles de l'inf. — 2 glumellules en forme de hache, membraneuses, entières, glabres. — 3 étamines. — Ovaire presque

turbiné, pubescent au sommet. — 2 styles longs, divergents. — Stigmates glabres. — Caryopse oblong, arrondi, gibbeux, à deux becs, divergents, libre.

Habitat : le midi de l'Europe, le nord de l'Afrique.

Une espèce connue.

NOTE. — *Host.*, *Schrad.*, ont classé la seule espèce de ce genre avec les Sesleria ; *Linn.*, *Willd.*, *Sieb.*, avec les Cynosurus ; *Mœnch.*, avec les Panicastrella. Ce dernier genre n'a pas été généralement admis.

---

*

Panicule composée de rameaux qui ne portent que des épillets fertiles, d'autres que des épillets stériles.

---

§

Épillets stériles, oblongs, très-compactes, arqués, pédicellés.

160° Streptostachys. (*Desvaux*).

Panicule composée, portant des rameaux simples, spiciformes : les uns entièrement garnis d'épillets, contenant tout à la fois des fleurs complètes et des fleurs incomplètes ; les autres ne contenant que des fleurs incomplètes. — Épillets fertiles, biflores, oblongs, spatulés, comprimés, très-obtus, sessiles ou brièvement pédicellés, dressés contre l'axe ; épillets stériles, multiflores, distants, oblongs, lancéolés, arqués, pédicellés ; pédicelle épais près de l'insertion, supportant une base charnue, sur laquelle s'insère l'épillet. — Aux épillets fertiles ; fleur sup. complète, hermaphrodite ; fleur inf. incomplète ; aux épillets stériles, fleurs réduites à l'état de squammes distiques, imbriquées.

2 glumes entières, presque égales, striées, élargies, cordées à la base, offrant comme deux oreillettes courtes, obtuses.

Fleur incomplète :

Une glumelle herbacée, entièrement conforme aux glumes.

Fleur complète :

2 glumelles naviculaires, carénées, coriaces, presque égales, concaves, brièvement mucronées; l'inf. plus large et un peu plus longue. — 2 glumellules tronquées, dentées au sommet. — 3 étamines. — Ovaire ovoïde, bicorne ou émarginé, glabre. — 2 styles très-longs, insérés sur les cornes. — 2 stigmates en goupillon. — Caryopse glabre, bicorne.

Habitat : l'Amérique du Sud.   *Une espèce connue.*

NOTE. — *Kunth* a classé la seule espèce de ce genre avec les PANICUM.

----

§

Épillets stériles ni arqués, ni compactes.

161° **Lamarckia.** (*Mœnch.*)

Plantes cespiteuses, dressées, simples ou rameuses. — Feuilles planes, à ligule très-longue. — Panicule rameuse, contractée ou étalée, à rameaux courts, pubescents, à ramuscules, portant les uns des épillets complètement stériles, les autres des épillets composés de fleurs fertiles et de fleurs stériles. — Épillets stériles : multiflores (7-9 fleurs), allongés, aplanis, à rachis articulé, ondulé ; épillets fertiles biflores, ovoïdes, aristés, pédicellés. — Fleur sup. complète, hermaphrodite ; fleur inf. incomplète.

2 glumes lancéolées, subulées, presque égales, plus ou moins écartées de la fleur inf.

Fleur incomplète :

Le plus souvent constituée par une très-petite glumelle pédicellée et longuement aristée.

Fleur complète :

2 glumelles membraneuses ; l'inf. cylindrique, enroulée, bifide au sommet et aristée un peu au-dessous ;
la sup. bicarénée, l'une et l'autre ciliées sur les bords
dans leur moitié sup. — 2 glumellules très-petites,
glabres. — 3 étamines. — Ovaire glabre. — 2 styles
terminaux, courts. — Stigmates allongés, pulvérulents.
— Caryopse oblong, aplani, glabre, adhérent à la glumelle sup.

Epillets stériles :

Composés de 5-8 fleurs ; fleurs distantes à une seule
glumelle. — Glumes semblables à celles des épillets
fertiles. — Glumelle ovale, arrondie, concave, mucronée au sommet.

Habitat : l'Europe australe, la Barbarie.

Une espèce connue.

NOTE. — *Linn., Schrad.*, ont classé la seule espèce de ce genre avec
les CYNOSURUS ; *Pers., P. de Beauvais*, avec les CHRYSURUS.

TROISIÈME TRIBU.

TROIS FLEURS A L'ÉPILLET.

PREMIÈRE SOUS - TRIBU.

Épillets en panicule rameuse, diffuse.

PREMIÈRE SECTION.

Glumes égales.

---

*

Six étamines.

162° **Ehrharta.** (*Thunb.*)

Plantes souvent rameuses. — Feuilles planes. — Panicule rameuse dressée. — Épillets pédicellés, comprimés latéralement, triflores. — Les deux fleurs latérales incomplètes; la moyenne complète, hermaphrodite.

2 glumes plus courtes que les fleurs, presque égales, membraneuses, mutiques, glabres.

Fleurs incomplètes :

2 glumelles carénées, coriaces, mutiques, mucronées ou subulées, aristées.

Fleur complète :

2 glumelles : l'inf. comprimée, carénée, mutique, subcoriace ; la sup. étroite, carénée. — 2 glumellules membraneuses, bilobées, glabres ou ciliées. — 6-3 étamines. — Ovaire glabre. — 2 styles terminaux, souvent soudés ensemble à la base. — Stigmates plumeux, à

poils très-longs, simples. — Caryopse comprimé, glabre, libre, mais inclus entre les glumelles.

Habitat : le Cap de Bonne-Espérance, Sainte-Hélène, Madagascar.   *25 espèces connues.*

NOTE. — *Rich.*, *P. de Beauvais*, ont classé trois espèces de ce genre avec les TROCHERA ; *Lin.*, 2 avec les AIRA ; *Thunb.*, 4 avec les MELICA.

Toutes les espèces du genre TROCHERA (*Rich.*) ont été réunies aux EHRHARTA.

Trochera. (*Richard*).

Panicule très-simple, droite. — Epillets pédicellés, articulés, triflores. — Fleurs latérales incomplètes ; fleur moyenne complète, hermaphrodite.

2 glumes presque égales, tronquées, mucronées, plus courtes que les fleurs.

Fleurs incomplètes :

Constituées par une seule glumelle sub-cartilagineuse, tronquées, sub-trifides ou soyeuses ou mucronées au sommet, glabres, ou ciliées sur le dos, ou striées transversalement ; pourvues d'un bouquet de poils à la base.

Fleur complète hermaphrodite :

2 glumelles herbacées, striées, ciliées à la base et sur le dos, tronquées et mucronées sur le dos ; l'inf. assez souvent glabre. — 2 glumellules tronquées, concaves, aussi grandes que l'ovaire, ciliées au sommet, poils droits, parallèles, plus courts que la glumellule. — 4-6 étamines. — Ovaire émarginé, bicorne — 2 styles renflés à la base. — Stigmates en goupillon. — Caryopse bicorne, glabre.

Habitat : le Cap de Bonne-Espérance.   *Ce genre était composé de 2 espèces.*

*

Quatre étamines.

163° **Microlaena.** (*R. Brown*).

Plantes glabres. — Chaume filiforme. — Feuilles courtes, planes, à ligules incisées. — Panicule rameuse, dressée. — Épillets triflores, pédicellés, articulés. — Fleur moyenne terminale, complète, hermaphrodite, pédicellée, à pédicelle lanugineux ; fleurs latérales incomplètes.

2 glumes très-petites, carénées, concaves, égales mutiques, éloignées des fleurs.

Fleurs incomplètes :

Très-inégales ; glumelle lancéolée, linéaire, subulée, aristée, sillonnée, longuement acuminée, scabre sur les stries ; arête terminale scabre, plus grandes que la fleur fertile.

Fleur complète :

2 glumelles ; l'inf. comprimée, carénée, acuminée, membraneuse, striée ; la sup. trois fois plus petite, linéaire, transparente, sub-carénée, canaliculée.—2 glumellules opposées, alternes avec les glumelles.—4-6 étamines. — Ovaire glabre. — Style nul. — 2 stigmates sessiles, plumeux, à poils longs, transparents, simples. — Caryopse linéaire, comprimé, glabre libre, inclus entre les glumelles.

Habitat : la Nouvelle-Hollande.   *Une espèce connue*

NOTE. — La seule espèce de ce genre a été classée avec les Ehrharta, par *Labil.*

---

*

Trois étamines.

§

Chaume grimpant.

164° Chusquea. (*Humb.* et *Kunth*).

Plantes très-grandes, très-rameuses, grimpantes après le tronc des arbres, rameaux fasciculés, pendants. — Feuilles courtes, pétiolées, planes. — Panicule terminale, diffuse. — Epillets pédicellés, triflores. — Fleurs distiques, imbriquées; les 2 inf. ou latérales incomplètes ; la sup. ou moyenne complète, hermaphrodite.

2 glumes petites, membraneuses, carénées, concaves, mutiques.

Fleurs incomplètes :

Une glumelle semblable à la glumelle inf. de la fleur hermaphrodite.

Fleur complète :

2 glumelles membraneuses, presque égales ; l'inf. sub-carénée, concave, aiguë ou mucronée ; la sup. à nervures parallèles, bicarénée sur le dos, déchirée ou émarginée au sommet. — 3 glumellules entières, glabres, ciliées au sommet ; la 3me plus petite. — 3 étamines. — Ovaire glabre. — 2 styles terminaux, courts. — Stigmates plumeux sur leur face interne ; poils rameux. — Caryopses linéaires, oblongs, comprimés, glabres, libres.

Habitat : l'Amérique du Sud.   *4 espèces connues.*

NOTE. — *Humb., Roem.,* ont classé 2 espèces de ce genre avec les NASTUS; *Poir.,* une avec les BAMBUSA; *Poir.,* une avec les ARUNDO; *Rad.,* une avec les Reminaux ; ce dernier genre n'a pas été généralement admis. La seule espèce qui le constituait a été réunie aux Cinsperx.

§

Chaume droit. — Fleurs imbriquées, distiques.

165° **Platonia.** (*Kunth*).

Chaume dressé, simple, feuillé à la base. — Feuilles très-longues, planes, étroites en bas, coriaces, glabres. — Panicule allongée, rameuse, contractée, à rameaux fasciculés.— Epillets pédicellés, continus avec le pédicelle : comprimés, ovales, triflores; pédicelle anguleux, scabre. — Fleurs imbriquées, distiques, la moyenne ou terminale complète, hermaphrodite : les latérales plus petites, incomplètes.

2 glumes petites, presque rondes ou ovales, acuminées, concaves, coriaces.

Fleurs incomplètes :

Une seule glumelle semblable à la glumelle inf. de la fleur hermaphrodite.

Fleur complète :

2 glumelles coriaces, ovales, elliptiques, concaves ; l'inf. acuminée, binervée, enveloppant la sup. — 3 glumellules membraneuses, ciliées, presque rondes, libres, multinervées en bas. — 3 étamines. — Ovaire latéral, comprimé, glabre. — 2 styles terminaux, courts, réfléchis. — Stigmates plumeux. — Caryopse arrondi, glabre, libre, mais inclus entre les glumelles.

Habitat : l'Amérique du Sud.   *Une espèce connue.*

§

Chaume droit. — Fleurs distantes.

166° Centotheca. (*Desvaux, P. de Beauvais*).

Chaume droit, simple. — Feuilles lancéolées. — Panicule rameuse, diffuse, à rameaux fasciculés, semi-verticillés. — Epillets pédicellés, triflores. — Fleurs distantes : l'inf. complète, hermaphrodite ; les 2 sup. incomplètes.

2 glumes carénées, herbacées, un peu inégales ; la sup. plus grande, mucronée, striée, glabre.

Fleurs incomplètes :

1-2 glumelles herbacées, carénées, concaves, mucronées, portant sur les bords des tubercules ciliés.

Fleur complète hermaphrodite :

2 glumelles herbacées : l'inf. ovale, oblongue, carénée, mucronée, glabre ; la sup. bi-carénée, plus courte, glabre. — 2 glumellules charnues, membraneuses sur les bords, sinuées, émarginées, glabres. — 2-3 étamines insérées au-dessous de l'ovaire. — Ovaire stipité, glabre. — 2 styles terminaux. — Stigmates plumeux, à poils bifides ou rameux. — Caryopse oblique, ovale.

Habitat : les îles de l'Océanie, l'Inde orientale.

Une espèce connue.

NOTE. — *Lin., Forst.*, ont classé la seule espèce de ce genre avec les POA ; *Roem.*, avec les OPLISMENUS ; *Osb.*, avec les HOLCUS ; *P. de Beauvais*, avec les TORRESIA ; *Kunth*, avec les HIEROCHLOA ; *Raspail*, avec les MELICA ; *Trinius*, avec les UNIOLA.

*

Deux étamines.

163° **Orthoclada.** (*P. de Beauvais*).

Plantes droites. — Chaume simple. — Feuilles planes, pétiolées. — Panicule rameuse, terminale, à rameaux droits, verticellés, fertiles à l'extrémité. — Épillets pédicellés, articulés avec le pédicelle, triflores, comprimés. — Fleurs distantes : la sup. ou moyenne incomplète ; les latérales complètes, hermaphrodites.

2 glumes carénées, mutiques, presque égales, plus courtes que les fleurs.

Fleur incomplète :

Constituée le plus souvent par une glumelle irrégulière.

Fleurs complètes :

2 glumelles herbacées : l'inf. carénée, acuminée, mucronée ; la sup. naviculaire, comprimée, bicarénée sur le dos, souvent soudée en bas et par le dos avec le rachis de l'épillet. — 2 glumellules en forme de hache, latérales, glabres. — 2 étamines. — Ovaire glabre. — 2 styles terminaux, courts.—Stigmates plumeux. — Caryopse oblique, oblong, libre, mais inclus entre les glumelles.

Habitat : l'Amérique du Sud.   *2 espèces connues.*

NOTE. — *Rich.* a classé la seule espèce de ce genre avec les Aira ; *Brown*, avec les Poa.

DEUXIÈME SECTION.

Glumes inégales.

I.

QUATRE ÉTAMINES.

168° **Tetrarrhena.** (R. Brown).

Chaume simple ou rameux. — Feuilles planes. — Panicule rameuse, simple, à rameaux égaux.— Épillets triflores.— Fleurs distiques, imbriquées : les 2 inf. incomplètes ; la sup. complète, hermaphrodite.

2 glumes petites, concaves, inégales, aiguës, plus courtes que les fleurs.

Fleurs incomplètes :

Très-inégales, l'inf. plus petite, constituée par une glumelle ovale, elliptique, tronquée, arrondie, carénée, concave, à 7 nervures ; la sup. plus grande, constituée par une glumelle absolument semblable à celle de la fleur hermaphrodite.

Fleur complète :

2 glumelles ; l'inf. ovale, oblongue, arrondie, émarginée, naviculaire, roide, à sept nervures ; la sup. un peu plus petite, étroite, naviculaire, à une seule nervure. — 2 glumellules latérales, ovales, membraneuses, glabres. — 4 étamines. — Ovaire glabre, comprimé latéralement. — 2 styles. — Stigmates plumeux. — Caryopse bicorne.

Habitat : la Nouvelle-Hollande   4 *espèces connues.*

NOTE. — *Labil., Spreng.,* ont classé les espèces de ce genre avec les EHRHARTA.

II

TROIS ÉTAMINES.

✲

Glumelle inf. aristée.

§

Arête tordue, genouillée.

169° Pentameris. (*P. de Beauvais*).

Feuilles roides, enroulées, étroites, à gaine aussi longue que les entre-nœuds; à ligule pubescente sur les bords. — Panicule rameuse, terminale, à rameaux géminés en haut, quaternés en bas. — Epillets longuement pédicellés, triflores. — Fleur terminale sup. très-incomplète; les 2 fleurs inf. complètes, hermaphrodites, l'une sessile, l'autre pédicellée.

2 glumes membraneuses, carénées, acuminées, subulées ou mutiques, persistantes, une fois plus grande que les fleurs; l'inf. plus petite.

Fleur incomplète :

Constituée par un simple pédicelle sup. aux deux fleurs fertiles.

Fleurs complètes :

2 glumelles membraneuses; l'inf. concave, arrondie, striée, pubescente sur le dos, quadrifide au sommet; fides latérales linéaires, lancéolées, longuement acuminée; du centre de la division moyenne part une longue arête; arête tordue dans sa moitié inf., genouillée et divergente au milieu; glumelle sup. plus courte, bi-

carénée. — 2 glumellules cunéiformes en forme de hache, bi-trilobées au sommet, membraneuses, glabres. — 3 étamines. — Ovaire stipité, glabre. — 2 styles allongés. — Stigmates plumeux, à poils simples, denticulés, transparents. — Caryopse elliptique, arrondi, tronqué au sommet, glabre, libre, mais inclus entre les glumelles.

Habitat : le Cap de Bonne-Espérance.

Une espèce connue.

NOTE. — *Sieb.* a classé l'espèce de ce genre avec les TRISETUM ; *Trinius*, avec les DANTHONIA ; *Thunb*, *Steud*, avec les AVENA.

§

Arête droite.

170° Streptogyna. (*P. de Beauvais*).

Chaume droit, simple. — Feuilles planes. — Epillets brièvement pédicellés, triflores. — Fleurs sup. incomplètes ; les 2 inf. complètes, hermaphrodites.

2 glumes très-inégales, sub-coriaces, acuminées, étroites, enroulées ; l'inf. moitié plus courte.

Fleur incomplète :

Une seule glumelle, très-étroite, bifide, au sommet, portant une arête courte ou plutôt une soie entre la bifidité.

Fleurs complètes :

2 glumelles coriaces ; l'inf. enroulée, arrondie, comprimée, à 7 nervures, aristée au sommet ; arête droite, grêle ; glumelle sup. linéaire, lancéolée, enroulée, comprimée, arrondie, bicarénée sur le dos, bifide au sommet, portant une soie courte entre la bifidité. — 3 glumel-

lules lancéolées, acuminées, membraneuses, glabres. — Étamines....... — Ovaire glabre, fusiforme, très-grêle et confondu avec le style, dont il n'est séparé que par un bouquet de poils au sommet. — 2 styles allongés, soudés ensemble inf. — Stigmates filiformes, très-longs tordus en crosse au sommet. — Caryopse.....

Habitat : l'Amérique du Sud.   *Une espèce connue.*

※

Glumelles sans arêtes.

171ᵉ Graphephorum. (*Desvaux, P. de Beauvais*).

Plantes droites. — Feuilles planes, scabres, à ligules allongées, membraneuses. — Panicule simple, rameuse. — Épillets triflores, pédicellés, comprimés. — Fleurs pubescentes à la base ; la sup. réduite en un simple pédicelle ; la moyenne pédicellée, complète, hermaphrodite ; l'inf. sessile, complète.

2 glumes membraneuses, oblongues, aiguës, carénées, entourées à la base d'un bouquet de soies fines ; la sup, plus grande.

Fleur sup. incomplète :

Constituée par un simple pédicelle, élargi au sommet, couvert de longues soies fines.

Fleurs complètes :

2 glumelles membraneuses ; l'inf. lancéolée, oblongue, striée, trifide au sommet ; divisions courtes, mucronées, concaves ; la sup. plus courte, bicarénée, à carène ciliée, scabre. — 2 glumellules obliques, ovales, obtuses, irrégulièrement dentées au sommet, glabres. — 3 étamines. — Ovaire glabre, surmonté d'un petit appendice charnu. — Style nul. — Stigmates plumeux, sessiles, à poils finement dentés, simples. — Caryopse

oblong, cylindrique, terminé par un bec court, épais, bifide, obtus.

Habitat : l'Amérique du Nord. *2 espèces connues.*

NOTE. — *Elliott., Mich.,* ont classé les deux espèces de ce genre avec les AIRA ; *Spreng.,* avec les TRIODIA.

DEUXIÈME SOUS-TRIBU.

Epillets en panicule spiciforme.

PREMIÈRE SECTION.

Glumes égales.

---

*

Epillets sessiles parallèles au rachis.

172° Secale. (*Linn.*)

Feuilles planes. — Epi dense et comprimé, à rachis articulé, denté, cilié.—Epillets triflores, sessiles, comprimés, plans, convexes, solitaires et alternes sur les dents du rachis, appliqués, dressés contre l'axe par une de leur face. — Fleurs sessiles, distiques ; la terminale incomplète ; les deux latérales parallèles complètes, hermaphrodites.

2 glumes plus petites que les fleurs, presque égales herbacées, carénées, très-étroites, mutiques ou aristées, opposées, uninervées, scabres.

Fleur incomplète :

Constituée par un rudiment linéaire, plus ou moins scabre.

Fleurs complètes :

2 glumelles herbacées ; l'inf. lanceolée, acuminée, carénée, entière, striée, mutique ou aristée au sommet, scabre sur les stries et sur les bords : arête droite, scabre ; la sup. bidentée, bicarénée, à carène ciliée. — 2 glumellules ovales, oblongues, obtuses, charnues, entières, longuement ciliées. — 3 étamines. — Ovaire pyriforme. — Style nul. — Stigmates sessiles, terminaux, rapprochés, étalés, plumeux. — Caryopse oblong, convexe sur une face, plan, canaliculé sur l'autre, libre, poilu au sommet.

Habitat : l'Asie, la Russie, l'Europe.

5 espèces connues.

NOTE. — *Roem.* a classé une espèce de ce genre avec les Triticum ; *Sieb., Ress.,* 2 avec les Hordeum.

DEUXIÈME SECTION.

Glumes inégales.

⁂

Deux étamines.

---

§

Feuilles planes.

173° **Anthoxanthum.** (*Linn.*)

Plantes aromatiques. — Racines fibreuses. — Feuilles planes, à ligule allongée. — Panicule simple, contractée, spiciforme. — Épillets triflores, très-brièvement pédicellés, comprimés par le côté, un peu convexe sur les deux faces. — Les deux fleurs latérales ou inf. incomplètes : fleur moyenne complète, hermaphrodite.

2 glumes inégales, carénées, striées, mutiques ; l'inf.

moitié plus courte, à une nervure ; la sup. plus grande que les fleurs, à trois nervures.

Fleurs incomplètes :

Constituées chacune par une seule glumelle membraneuse, canaliculée, émarginée, denticulée au sommet ; carénées, naviculaires, pubescentes sur la face externe, aristées sur le dos ; arête droite ou genouillée au milieu.

Fleur complète :

2 glumelles membraneuses, mutiques, glabres, égales; l'inf. presque arrondie, naviculaire, enveloppant la sup.; la sup. uninervée, naviculaire, concave. — Glumellules nulles. — 2 étamines. — Ovaire sessile, glabre. — 2 styles terminaux. — Stigmates très-longs, plumeux, s'étalant au sommet de la fleur. — Caryopse ovale, oblong, arrondi, aigu, un peu comprimé par le côté, non canaliculé, libre.

Habitat : l'Europe, l'Asie.   *6 espèces connues.*

§

Feuilles sétacées.

174° Reynaudia. (*Kunth*).

Plantes cespiteuses. — Feuilles sétacées. — Panicule simple, spiciforme, — Epillets triflores. — Fleur sup. hermaphrodite, complète; fleurs inf. ou latérales incomplètes.

2 glumes carénées, bifides, aristées au sommet; l'inf. un peu plus courte.

Fleurs incomplètes :

Constituées chacune par une seule glumelle en forme de bractée.

Fleur complète hermaphrodite :

2 glumelles herbacées, carénées ; l'inf. bifide et brièvement aristée au sommet, à 5 nervures ; la sup. uninervée, acuminée, mucronée. — 4 glumellules membraneuses, glabres. — 2 étamines, alternativement in-
trorses et extrorses, à anthères linéaires, le plus souvent bilobées. — Ovaire latéral, comprimé, glabre. —
2 styles terminaux. — Stigmates en goupillon, à poils
simples, allongés. — Caryopse.....

Habitat : Saint-Domingue.   *Une espéce connue.*

NOTE. — La seule espéce de ce genre a été classée avec les POLYPO-
GON, par *Spreng.*

---

*

Trois étamines.

---

§

Epillets alternes.

175ᵉ **Opizia.** (*Presl.*)

Plantes annuelles rampantes. — Feuilles linéaires, planes, à
gaines comprimées. — Epi terminal solitaire, à rachis triquêtre,
inarticulé. — Epillets alternes, triflores. — Une fleur inf. complète, hermaphrodite ; 2 sup. incomplètes.

2 glumes ; l'inf. ovale, à cinq dents ; dents du milieu
aristées ; glume sup. beaucoup plus petite, entière,
aiguë, mutique.

Fleurs incomplètes :

Souvent réduites au simple pédicelle, ou une seule

glumelle, carénée, trilobée, étroite à la base ; lobe moyen trifide, déchiré, lacinié au sommet.

Fleur complète :

2 glumelles ovales ; l'inf. bifide au sommet, à lobes obtus, mutiques ; la sup. plus petite, entière, bicarénée, tronquée, acuminée. — Glumellules..... — Étamines..... — Ovaire inégalement ovoïde. — 2 styles. — Stigmates pubescents. — Caryopse presque rond, comprimé.

Habitat : le Mexique.   *Une espèce connue.*

§

Epillets unilatéraux.

176° Eutriana. (*Trinius*).

Plantes rameuses, diffuses. — Feuilles planes. — Rachis de l'épi principal libre, subulé au sommet ; épis secondaires divisés en rameaux courts, disposés régulièrement. — Epillets unilatéraux, sessiles, alternes, bi-triflores.—Fleurs inf. complètes, hermaphrodites ; la supérieure incomplète, stérile.

2 glumes carénées, mutiques, membraneuses ; la sup. plus grande que l'inf., mais plus courte que les fleurs.

Fleur incomplète :

Constituée par une seule glumelle tri-aristée, ou simplement par un pédicelle subulé.

Fleurs complètes :

2 glumelles coriaces, membraneuses ; l'inf. trifide, déchirée, laciniée, à divisions subulées ; la sup. bicarénée. — 2 glumellules glabres, tronquées. — 3 étamines. — Ovaire glabre. — 2 styles terminaux. —Stigmates plumeux, à poils simples. — Caryopse......

Habitat : les Amériques, les Antilles, les Philippines.

12 *espéces connues.*

NOTE. — *Lagasca* a classé 5 espèces de ce genre avec les BOUTELOUA: *Linn.*, 2 avec les ARISTIDA: *Muehl.*, *Roem.*, *Spreng.*, *Nutt.*, 6 avec les ATHEROPOGON; *Pursh.*, une avec les CYNOSURUS; *D. C.*, *Roem.*, *Humb.*, *Presl.*, *P. de Beauvais*, 9 avec les DINEBA; *Roem.*, 3 avec les ATINO-CHLOA; *Desvaux*, une avec les HETEROSTEGA; *Trinius*, une avec les PAP-POPHORUM.

Dineba. *(Delile)*.

Rachis composé ; axe de l'épi terminé en pointe, qui dépasse les épillets. — Epi simple ou composé. — Epillets unilatéraux, alternes, distants, pendants, à 2-5 fleurs.

2 glumes subulées, plus courtes ou plus grandes que l'épillet. — 2 glumelles bifides, émarginées; l'inf. armée d'une soie au-dessous de son sommet. — 2 glumellules obtuses, tronquées ou presque lancéolées. — 3 étamines. — Ovaire ovoïde. — 2 styles. — 2 stigmates en goupillon. — Caryopse.....

Le genre HETEROSTEGA *(Desvaux)* n'a pas été généralement admis ; les espèces qui le composaient ont été réunies au genre ELEUSINA.

TROISIÈME SECTION.

Une seule glume ou glumes nulles.

---

*

Glumes nulles.

177° Asprella. *(Humboldt* et *Willdenow)*.

Plantes droites. — Feuilles planes. — Epi simple, distique, à rachis inarticulé. — Epillets geminés, distants, triflores. — Fleurs distantes, celle du sommet incomplète ; les 2 inf. complètes, hermaphrodites.

Glumes nulles, remplacées par deux petites dents, terminées quelquefois par une soie ou une arête.

Fleur incomplète :

Le plus souvent réduite en une seule glumelle.

Fleurs complètes :

2 glumelles herbacées ; l'inf. canaliculée, aristée au sommet, enveloppant la sup.; la sup. bicarénée. — 2 glumellules lobulées, acuminées, membraneuses, ciliées. — 3 étamines. — Ovaire sub-pyriforme, pubescent au sommet. — Style nul. — 2 stigmates sessiles, terminaux, plumeux. — Caryopse linéaire, oblong, pubescent au sommet, souvent soudé avec la glumelle interne.

Habitat : l'Amérique du Nord, l'Orient.

Une espèce connue.

NOTE. — La seule espèce de ce genre a été classée avec les ELYMUS, par *Linn.* et *Schult.;* les HYSTRIX, par *Mœnch.;* les GYMNOSTICHUM, par *Schreb.*

Les espèces des genres HYSTRIX et GYMNOSTICHUM ont été réunies au genre ASPRELLA.

---

*

Une glume.

178° Mnesithea. (*Kunth*).

Epi rond, articulé. —Epillets triflores, géminés sur le même article. — Les fleurs inf. incomplètes ; la fleur sup. terminale, complète, hermaphrodite.

Une seule glume, oblique, oblongue, coriace.

Fleurs incomplètes :

Constituée chacune par une seule glumelle, elliptico-oblongue, membraneuse.

Fleur complète :

Plus courte que les fleurs incomplètes. —2 glumelles

membraneuses ; l'inf. elliptique, oblongue, concave, trinervée, acuminée, enveloppant la sup.; la sup. plus
courte, oblongue, obtuse, émarginée, binervée. — 2 glumellules cunéiformes, tronquées, entières au sommet,
charnues, glabres, de moitié plus courtes que l'ovaire.
— 3 étamines. — Ovaire glabre. — 2 styles terminaux.
— Stigmates plumeux, le double plus longs que les
styles. — Caryopse.....

Habitat : l'Inde.   *Une espèce connue.*

NOTE. — La seule espèce de ce genre a été classée avec les Rottboellia, par *Retz.*

QUATRIÈME TRIBU.

PLURIFLORÉES.

PLUS DE TROIS FLEURS SUR CHAQUE ÉPILLET.

PREMIÈRE SOUS-TRIBU.

Epillets disposés en panicule rameuse, étalée ou dressée.

PREMIÈRE SECTION.

Glumes égales.

---

*

Une étamine.

179° Uniola. (*Lin.*)

Plantes droites. — Feuilles planes. — Panicule rameuse, lâche. — Epillets pédicellés, comprimés, multiflores. — Fleurs distiques, imbriquées ; les inf. souvent incomplètes ; les sup. hermaphrodites, complètes.

3 glumes plus courtes que les fleurs, carénées, naviculaires, striées.

Fleurs incomplètes :

Composée d'une seule glumelle semblable à celles des fleurs hermaphrodites.

Fleurs complètes :

2 glumelles membraneuses ; l'inf. naviculaire, tronquée, émarginée au sommet, mucronée entre la bifidité, striées ; la sup. bicarénée, à carène ailée, subulée. — 2

glumellules oblongues, bifides au sommet, à divisions finement laciniées, glabres. — 1-3 étamines. — Ovaire
glabre, émarginé. — 2 styles terminaux, courts.—Stigmates allongés, plumeux, à poils simples. — Caryopse
libre, glabre, turbiné, bicorne.

Habitat : l'Europe, l'Orient, l'Amérique du Sud, l'Afrique du
Nord.   *5 espèces connues.*

NOTE. — *Lam.* a classé une espèce de ce genre avec les Briza ; *Lin.*,
une avec les Holcus ; *Link*, une avec les Chasmanthium.

Le genre Chasmanthium (*Link*) n'a pas été généralement admis par les
auteurs.

------

*

Trois étamines.

180° **Danthonia.** (*R. Brown, D. C.*)

Plantes cespiteuses. — Panicule rameuse, plus ou moins
contractée ou étalée. — Epillets pédicellés, bimultiflores, un
peu comprimés par le côté et convexes sur les deux faces. —
Fleurs distiques, la terminale incomplète, stérile.

2 glumes membraneuses, sub-carénées, mutiques,
presque égales, égales ou dépassant les fleurs, à 3-5 nervures.

Fleur incomplète :

Constituée par 1-2 glumelles semblables à celles des
fleurs hermaphrodites.

Fleurs complètes, hermaphrodites :

2 glumelles ; l'inf. sub-coriace, membraneuse, concave, neuf fois nervée, bifide au sommet, mutique ou
subulée, aristée entre les divisions; arête aplanie et
tordue en spirale inférieurement, quelquefois droite et
très-courte : glumelle sup. bicarénée, entière au som-

met. — 2 glumellules un peu charnues, membraneuses, entières, glabres, très-rarement pubescentes au sommet. — 3 étamines. — Ovaire glabre, stipité. — 2 styles terminaux, le plus souvent très-courts. — Stigmates plumeux, à poils simples ou rameux. — Caryopse ovale, libre, comprimé par le dos, convexe sur une face, presque plan sur l'autre, portant au sommet la base persistante des styles.

Habitat : l'Europe, la Nouvelle-Hollande, l'Afrique, les Amériques.   *25 espèces connues.*

NOTE. — *With.* a classé une espèce de ce genre avec les Poa ; *Lin.*, une avec les Festuca ; *Nées,* une avec les Pentameris ; *P. de Beauvais, Spreng.,* 2 avec les Triodia ; *Koel.,* une avec les Bromus ; *All., Forsk., Delile, Vil., Willd., Host., Linn., Mich., Ell., Spreng., Schrad., Steud., Thunb., Lam., Link,* 20 avec les Avena ; *Spreng.,* une avec les Deschampsia ; *Horn.,* une avec les Polypogon ; *Web.,* une avec les Melica ; *Labil.,* une avec les Arundo ; *P. de Beauvais, Pers.,* 2 avec les Trisetum ; *Bernh.,* une avec les Sieglingia.

Le genre Sieglingia (*Bernh.*) n'a pas été généralement admis ; la seule espèce qui le composait a été réunie aux Danthonia.

Six étamines.

---

§

Glumelles carénées, naviculaires, mutiques.

181° **Nastus.** (*Jussieu*).

Chaume ligneux, arborescent, rameux au niveau des nœuds, à rameaux verticellés, florifères au sommet. — Panicule rameuse, étroite. — Epillets oblongs, comprimés, distiques, multiflores, sessiles ou pédicellés. — Fleurs inf. incomplètes ; fleurs sup. complètes, hermaphrodites.

2 glumes coriaces, presque égales, plus petites que
l'épillet, mutiques.

Fleurs incomplètes :

Constituées par une seule glumelle squammiforme.

Fleurs complètes :

2 glumelles sub-coriaces, carénées, naviculaires,
mutiques, presque égales, assez semblables aux glumes,
ciliées sur les bords ; la sup. sillonnée sur le dos, bicarénée. — 3 glumellules ovales, obtuses, ciliées sur les
bords. — 6 étamines. — Ovaire glabre, ovoïde. —
Style nul. — 3 stigmates terminaux, sessiles, plumeux
sur leur face interne. — Caryopse glabre, induré à la
base, conique.

Habitat : les iles Bourbon. Madagascar et Java.

3 *espèces connues.*

NOTE. — *Borr*, *Blum.*, ont classé deux espèces de ce genre avec les
B̄AMBUSA ; *P. de Beauvais*, une avec les STEMMATOSPERMUM.

Stemmatospermum. *(P. de Beauvais.)*

Panicule presque simple ; axe paniculé. — Épillets sessiles. multiflores. — Fleur inf. incomplète; fleurs sup. complètes, hermaphrodites,
la terminale souvent avortée.

2 glumes coriaces, plus courtes que les fleurs. — Glumelle
inf. sub-tridentée ; la sup. entière.—3 glumellules presque hé-
misphériques, concaves, ciliées. — 6 étamines. — Ovaire turbiné, pourvu d'un sillon qui prend le sommet en écharpe, coriace. nu. — 3 styles. — Stigmates plumeux. — Caryopse.....

§

Glumelles concaves, acuminées.

182° **Bambusa.** (*Schreber, Roxburgh*).

Chaume cespiteux, ligneux, très-élevé, rameux au niveau des nœuds, quelquefois épineux à l'origine des rameaux. — Panicule simple. — Epillets lancéolés, comprimés, sessiles ou pédicellés, multiflores, très-rarement polygames. — Fleurs imbriquées, distiques ; les inf. incomplètes, stériles ; les sup. complètes hermaphrodites.

2 glumes petites, mutiques, concaves, presque égales.

Fleurs incomplètes :

Constituées par une seule glumelle semblable aux glumes, ou par un pédicelle court, pubescent, un peu élargi au sommet.

Fleurs complètes :

2 glumelles sub-coriaces ; l'inf. concave, souvent bifide au sommet, mucronée ou subulée ; la sup. étroite bifide, bicarénée. — 3 glumellules entières, lancéolées, aiguës, glabres au sommet. — 6 étamines à filets courts. — 2-3 styles très-longs, rapprochés dans la plus grande partie de leur longueur, pubescents. — Stigmates plumeux. — Ovaire pubescent au sommet. — Caryopse libre, inclus entre les glumelles.

Habitat : l'Asie, l'Océanie, l'Afrique.   14 *espèces connues.*

NOTE. — *Linn., Pour.,* ont classé 7 espèces de ce genre avec les ARUNDO ; *Smith, P. de Beauvais, Raspail,* 5 avec les NASTUS ; *Retz.,* une avec les BAMBOS ; *Rœp.,* une avec les MELOCANNA.

La seule espèce du genre BAMBOS (*Retz.*) et une du genre MELOCANNA (*Rœp.*) ont été réunies au genre BAMBUSA. Les deux autres espèces du genre MELOCANNA l'ont été au genre BEESHA.

DEUXIÈME SECTION.

Glumes inégales.

I.

EPILLETS SESSILES, SUB-UNILATÉRAUX.

183° Lophatherum. *Brongniart.*

Plantes à feuilles lancéolées, à limbe pétiolé, à ligule très-
courte, pubescente, à gaine ouverte. — Panicule rameuse, à
rameaux alternes, simples, distants. — Epillets sessiles, sub-
unilatéraux, multiflores. — Fleurs inf. complètes, hermaphrodites ; fleurs sup. incomplètes, stériles.

2 glumes inégales : l'externe plus courte, obtuse, à
5-7 nervures.

Fleurs incomplètes :

Souvent constituées par une seule glumelle pédicellée,
unilatérale, quelquefois par deux, et des rudiments d'é-
tamines et de styles ; glumelle inf. ovale, oblongue, à
7 nervures, aristée au sommet, arête droite, roide ; la
sup. binervée, plus courte que l'inf., membraneuse.

Fleurs complètes :

2 glumelles ; l'externe inf. ovale, oblongue, plus
grande que les glumes, enroulée, 7 fois nervée, portant
au sommet une arête courte, roide ; l'interne (sup.)
étroite, oblongue, obtuse, binervée. — 2 glumellules
membraneuses, courtes, tronquées, veinées. — 3 étamines. — Ovaire acuminé, glabre. — 2 styles difformes.
— Stigmates.....

Habitat : Amboine.   *Une espèce connue.*

II.

ÉPILLETS PÉDICELLÉS.

***

Glumelles aristées.

---

§

Glumelle inférieure plusieurs fois aristée.

184° Cottea. (*Kunth*).

Chaume rameux, — Feuilles planes, linéaires, à gaine pubescente. — Panicule rameuse, à rameaux diffus, pubescents. — Épillets 6-9 fleurs, brièvement pédicellées, éparses. — Fleurs distantes, distiques ; les sup. incomplètes ; les inf. complètes, hermaphrodites.

2 glumes membraneuses, concaves, multinervées, trilobées au sommet, lobes aigus, mucronés ; la sup. un peu plus petite, souvent entière, acuminée au sommet.

Fleurs incomplètes :

Constituées par une ou deux glumelles.

Fleurs complètes :

2 glumelles membraneuses ; l'inf. ovale, elliptique, quinquefide au sommet, multi-aristée, multinervée, concave, pourvue de longs poils mous à la base et sur les bords ; arêtes droites, inégales, scabres ; la sup. plus courte, bicarénée, bifide au sommet, à lobes aigus, mucronés, pourvus de longs poils blancs sur les bords, carènes ciliées en haut. — 2 glumellules en forme de hache, entières, charnues, membraneuses, glabres. —

3 étamines. — Ovaire glabre, brièvement stipité. —
2 styles terminaux. —Stigmates plumeux. à poils simples,
dentés. — Caryopse oblong, arrondi, oblique, obtus,
inclus entre les glumelles.

Habitat : le Pérou.   *Une espèce connue.*

---

§

Glumelle inferieure une seule fois aristée.

185° **Uralepsis.** (*Nuttal*).

Plantes rampantes ; quelquefois non. — Feuilles étroites,
carénées ou enroulées. — Panicule rameuse. — Epillets multiflores, terminaux des rameaux ou paniculés.—Fleurs distiques,
celles du sommet incomplètes.

2 glumes membraneuses, sub-carénées, mutiques,
inégales, souvent plus courtes que l'épillet.

Fleurs incomplètes :

Constituées par 1-2 glumelles.

Fleurs complètes :

2 glumelles membraneuses ; l'inf. trinervée, concave,
bifide au sommet, mutique ou aristée entre les divisions ;
la sup. bicarénée. — 2 glumellules membraneuses, arrondies, tronquées au sommet, glabres. — 1-3 étamines.
— Ovaire stipité, glabre. — 2 styles terminaux. —
Stigmates plumeux. —Caryopse oblong, arrondi, glabre,
libre.

Habitat : les Amériques, le Cap de Bonne-Espérance, l'Arabie.   *9 espèces connues.*

NOTE. — *Muchlemb.. Walt.*, ont classé **2** espèces de ce genre avec
les Aira ; *Rafi.*, une avec les Diploca ; *Pursh.. Mich.., Poir.*, 3 avec les
Poa : *Nutt.*, 2 avec les Windsoria ; *Trinius.* une avec les Eragrostis ;

Humb., Jacq., Spreng., 3 avec les Triodia ; *Spreng.*, une avec les Koeleria ; *Schult., Nees*, 4 avec les Tridens ; *Poir., Vahl., Forsk.*, 3 avec les Festuca ; *P. de Beauvais*, 2 avec les Triuspis ; *Spreng.*, une avec les Calotheca.

Toutes les espèces qui composaient les genres Tridens (*Nees*), Diploca (*Rafinesque*) et Windsoria (*Nutt.*), ont été réunies au genre Uralepsis. Ces trois genres n'ont pas été généralement admis par les Botanistes.

§

Fleurs incomplètes très-longuement aristées.

186° Ectrosia. (*R. Brown*).

Plantes cespiteuses. — Feuilles étroites, linéaires, enroulées, roides. — Panicule rameuse, contractée. — Epillets multiflores, pédicellés. — Fleurs distiques, distantes : les inf. de chaque épillet hermaphrodites, complètes ; celles du sommet incomplètes, stériles.

2 glumes membraneuses, carénées, mutiques, inégales, plus courtes que l'épillet.

Fleurs incomplètes :

1-2 glumelles, très-longuement aristées.

Fleurs complètes :

2 glumelles membraneuses ; l'inf. trinervée, carénée, bilobée au sommet, aristée entre les lobes ; arête droite, non articulée ; glumelle sup. bicarénée, mutique. — 2 glumellules latérales, cunéiformes, charnues au centre et à la base, membraneuses sur les bords, glabres, déchirées, émarginées ou bilobées au sommet. — 3 étamines. — Ovaire stipité, glabre. — 2 styles terminaux, courts. — Stigmates plumeux, à poils simples. — Caryopse oblong, fusiforme, léger, glabre, libre, caduc.

Habitat : la Nouvelle-Hollande.   *2 espèces connues.*

Glumelles mutiques.

___

§

Glumes plus courtes que l'épillet.

183° Molinia. (*Mœnch, Kœler*).

Plantes roides. — Panicule rameuse, contractée ou diffuse.
— Epillets multiflores, lancéolés, comprimés par le côté, alternes,
violacés, pédicellés ; rachis articulé. — Fleurs du sommet de
chaque épillet incomplètes ; les autres complètes, hermaphrodites.

2 glumes inégales, plus courtes que l'épillet.

Fleurs incomplètes :

Constituées par 1-2 glumelles.

Fleurs complètes :

2 glumelles ; l'inf. arrondie sur le dos, obtuse, concave,
entière, mutique ou mucronée, enveloppant la sup.;
glumelle sup. plus courte, bicarénée, à carène nue,
obtuse. — 2 glumellules glabres, en forme de hache. —
3 étamines. — 2 styles courts, persistants. — Stigmates
plumeux, à poils simples, denticulés. — Caryopse, sub-
fusiforme, glabre, libre, muni d'un sillon longitudinal
sur la face interne.

Habitat : l'Europe, l'Asie.   *3 espèces connues.*

NOTE. — *Linn., Thuil.,* ont classé une espèce de ce genre avec les
AIRA ; *Pill., Lin.,* 2 avec les MELICA ; *Gaud., Roem., Reich.,* 3 avec
les EXODIUM ; *C. D., Lin.,* 2 avec les FESTUCA ; *Hart.,* une avec les HY-
DROCHLOA ; *Lin.,* une avec les AGROSTIS ; *Scop.,* une avec les BROMUS ;
Roem., une avec les CHENODORUS ; *Link,* une avec les DIPLACHNE.

La seule espèce qui composait le genre EXODIUM (*Gaud.*) a été réunie
au genre MOLINIA.

___

§

Glumes égales ou presque égales à l'épillet.

188° Melica. (*Lin.*)

Feuilles planes. — Panicule simple ou rameuse. — Epillets 1-3-5 fleurs, pédicellés, d'abord ovoïdes, puis ouverts et comprimés par le côté. — Les 2-5 fleurs sup. incomplètes, stériles ; les inf. complètes, hermaphrodites.

2 glumes membraneuses, concaves, mutiques, inégales, égalant presque les fleurs, munies de 5-7 nervures.

Fleurs incomplètes :

Souvent réduites au simple pédicelle, qui se termine par une glumelle bractéiforme, dans quelques cas fleurs incomplètes, nulles.

Fleurs complètes :

2 glumelles membraneuses, mutiques ; l'inf. concave, cartilagineuse, à sommet étroitement scarieux, entier, arrondie sur le dos, fortement nervée ; la sup. bicarénée, bidentée. — 2 glumellules charnues, glabres, entières, arrondies au sommet, et dans une espèce soudées ensemble en bas. — 3 étamines. — Ovaire glabre. — 2 styles très-courts, terminaux. — Stigmates plumeux, à poils rameux, denticulés. — Caryopse glabre, libre, elliptique, presque plan sur la face interne, pourvu d'un sillon longitudinal.

Habitat : l'Europe, l'Asie, le Cap de Bonne-Espérance, la Barbarie, les Amériques.   34 *espèces connues.*

DEUXIÈME SOUS-TRIBU.

Epillets en panicule spiciforme.

PREMIÈRE SECTION.

Glumes égales.

✳

Epillets pédicellés.

§

Fleurs imbriquées, distiques.

189° **Calotheca.** (*Desvaux*).

Plantes cespiteuses. — Chaume dressé, simple. — Feuilles très-étroites, roides. — Panicule simple, très-pauvre. — Epillets multiflores, comprimés latéralement, ovales, très-obtus, arrondis à labase, pédicellés ; rachis propre, articulé. — Fleurs imbriquées, distiques, incomplètes, stériles au sommet de l'épillet ; complètes, hermaphrodites à la base.

2 glumes ovales, oblongues, concaves, herbacées ; membraneuses, transparentes sur les bords, plus courtes que l'épillet ; l'inf. trinervée ; la sup., un peu plus grande, à 5 nervures.

Fleurs incomplètes :

Constituées par une seule glumelle semblable à la glumelle des fleurs, hermaphrodite ; quelquefois glumelle sup. rudimentaire.

Fleurs complètes :

2 glumelles : l'inf. herbacée, présentant, un peu au-

dessus de la base et de chaque côté, un appendice ailé, falsiforme, bifide et brièvement aristé au sommet ou mucroné ; la sup. moitié plus courte, plane, bicarénée, à carènes ciliées, portant au sommet un appendice spatulé, court, transparent. — 2 glumellules charnues, glabres, lobées latéralement. — 3 étamines. — Ovaire glabre, pyriforme. — 2 styles terminaux très-courts. — Stigmates plumeux, à poils simples, denticulés. — Caryopse trigône, glabre, libre.

Habitat : Montevideo, le Pérou.   *5 espèces connues.*

NOTE. — *Lam.* a classé une espèce de ce genre avec les Bromus : *Nees,* 2 avec les Briza.

---

§

Fleurs jamais imbriquées, distiques.

190° **Cynosurus.** (*Linn.*)

Panicule spiciforme, quelquefois brièvement rameuse, subunilatérale, à rachis obscurément articulé. — Épillets 2-5 fleurs, disposés par groupes de 3 ; l'inf. d'apparence bractéiforme, pectinée, composée de fleurs complètement stériles ; les sup., de fleurs toutes hermaphrodites, pédicellées. — Fleurs complètes, hermaphrodites, brièvement pédicellées ; fleurs incomplètes 11-15, distiques, alternes sur le rachis de l'épillet.

Fleurs incomplètes :

Constituées par une seule glumelle lancéolée, linéaire, membraneuse sur les bords, inégale, acuminée, carénée, scabre, disposée de chaque côté du rachis de l'épillet à la manière des barbes de plume, formant par leur ensemble une espèce de bractée pectinée qui dépasse et enveloppe en partie les épillets fertiles.

Fleurs complètes, hermaphrodites :

2 glumes lancéolées, membraneuses, presque égales,

uninervées, carénées, brièvement aristées, un peu rudes, scabres sur le dos. — 2 glumelles membraneuses ; l'inf. mucronée ou aristée au sommet, quinquenervée, scabre ; la sup. bidentée, bicarénée. — 2 glumellules entières, glabres. — 3 étamines. — 2 styles très-courts, terminaux. — Stigmates plumeux, à poils simples, denticulés. — Caryopse glabre, oblong, convexe, étroitement enveloppé entre les glumelles.

Habitat : l'Europe, l'Asie, l'Amérique du Sud, l'Afrique du Nord. 5 *espèces connues.*

NOTE. — *P. de Beauvais, Link, Roem ,* ont classé une espèce de ce genre avec les CHRYSURUS.

Deux des espèces qui composaient le genre CHRYSURUS (*Persoon*) ont été réunies au genre CYNOSURUS, les deux autres aux LAMARCKIA.

§

Styles très-longs, capillaires.

191° **Fingerhuthia.** (*Nees ab Esenbeck*).

Panicule spiciforme, oblongue. — Epillets pluriflores, brièvement pédicellés, articulés avec le pédicelle, solitaires sur les dents du rachis, et disposés en spires, imbriqués. — Fleurs inf. complètes, hermaphrodites, aussi longues que les glumes, brièvement pédicellées, à pédicelle glabre, mais entourées de poils fins et courts à la base ; fleurs sup. incomplètes, stériles, plus brièvement pédicellées, dépourvues de poils à la base.

2 glumes égales, opposées, soyeuses à la base, carénées, uninervées, membraneuses.

Fleurs incomplètes :

1-2 glumelles semblables à celles des fleurs hermaphrodites.

Fleurs complètes, hermaphrodites :

2 glumelles roides, parcheminées, inégales ; l'inf.

plus longue, carénée, comprimée latéralement, soyeuse au sommet et à la base, à 5-7 nervures ; la sup. plus courte, naviculaire, comprimée, obtuse, bidentée, étroitement canaliculée sur le dos, binervée. — 2 glumellules obtuses, ob-cordées. — 3 étamines à anthères violettes, barbues au sommet. — Ovaire ob-conique, glabre, longuement stipité. — 2 styles capillaires très-longs, rapprochés à la base. — 2 stigmates courts, étroits. — Caryopse......

Habitat : le midi de l'Afrique.   *2 espèces connues.*

NOTE. — *Lehm.* a classé les espèces de ce genre avec les Lasiotlil-cnos. Ce genre n'a pas été généralement admis.

---

*

Epillets sessiles.

---

§

Epillets géminés ou quaternés sur le rachis.

192° Elymus. (*Linn.*)

Feuilles planes. — Epi simple, très-rarement rameux ; rachis articulé, denté. — Epillets sessiles, multiflores, géminés ou quaternés sur chaque dent du rachis, appliqués contre l'axe. — Fleurs brièvement pédicellées, alternes, incomplètes au sommet ; les autres complètes, hermaphrodites.

2 glumes herbacées, presque égales, mutiques ou aristées, placées en dehors et sur le même plan, de manière à simuler, par leur rapprochement de celles des épillets voisins, une espèce d'involucre à la base du groupe d'épillets.

Fleurs incomplètes :

2 glumelles beaucoup plus petites que celles des fleurs fertiles.

Fleurs complètes :

2 glumelles herbacées ; l'inf. concave, mutique, ou, le plus souvent, se confondant au sommet avec une arête, pubescente sur le dos ; la sup. bicarénée, bidentée, à carène rude, scabre. — 2 glumellules semi-ovales, charnues, ciliées ou pubescentes au sommet. — 3 étamines.— Ovaire stipité, pyriforme, pubescent au sommet. — Style nul. — Stigmates sessiles, terminaux, distants, plumeux, poils simples, finement dentés. — Caryopse pubescent au sommet, linéaire, oblong, convexe sur le dos, largement canaliculé sur sa face interne, adhérent aux glumelles.

Habitat : l'Europe, l'Asie, l'Amérique, l'Egypte.

31 espèces connues.

NOTE. — *Salisb.* a classé une espèce de ce genre avec les Triticum ; *Murr., Willd., D. C , All., Schrank, Desf., Lois.,* 6 avec les Hordeum ; *Huds.,* une avec les Secale ; *Rafi.,* une avec les Sitanion ; *Koel.,* une avec les Cuviera.

Les genres Sitanion *(Rafi.)* et Cuviera *(Koel)*, qui n'étaient chacun composés que d'une seule espèce, n'ont pas été généralement admis.

---

§

Epillets solitaires sur les dents du rachis.

193° .Egilops. (*Lin.*)

Plantes annuelles. — Feuilles planes. — Epi simple, à rachis articulé, denté.— Epillets sessiles, solitaires, distiques, alternes, distants, 3-5 fleurs parallèles sur le rachis. — Fleur terminale de chaque épillet incomplète, stérile ; toutes les autres complètes, hermaphrodites.

2 glumes parallèles en avant de l'épillet, indurées.

coriaces, concaves, striées, scabres, presque égales, tronquées, 2-4 fois dentées au sommet, dents subulées, aristées, scabres, quelquefois toutes, mais le plus souvent 1-2 dents mutiques.

Fleurs incomplètes :

2 glumelles semblables, mais beaucoup plus petites que celles des fleurs fertiles.

Fleurs complètes, hermaphrodites :

2 glumelles herbacées ; l'inf. concave, striée, scabre, tronquée, 2-3 fois dentée au sommet ; dents subulées, aristées, quelquefois une dent mutique ; la sup. bicarénée, émarginée au sommet. — 2 glumellules entières, tronquées, lobées, ciliées au sommet. — 3 étamines. — Ovaire pyriforme, pubescent. — Style nul. — 2 stigmates sessiles, presque terminaux, dressés, plumeux, à poils allongés, simples, finement dentés. — Caryopse oblong, pubescent, convexe sur sa surface externe, plan, canaliculé sur sa face interne, libre.

Habitat : l'Europe, l'Amérique du Nord.

7 espèces connues.

NOTE. — *Scop.* a classé une espèce de ce genre avec les Phleum ; *P. de Beauvais, Godron* et *Grenier,* avec les Triticum.

DEUXIÈME SECTION.

Glumes inégales.

---

*

Deux étamines.

194° Diarrhena. (*Rafinesque, P. de Beauvais*).

Plantes élevées. — Feuilles linéaires, planes, à ligule courte.
— Panicule simple. — Epillets 8-9 fleurs; les 1-2 terminales
incomplètes, stériles ; les autres hermaphrodites.

2 glumes mutiques; l'inf. plus courte.

Fleurs incomplètes :

2 glumelles semblables à celles des fleurs hermaphrodites, mais plus petites.

Fleurs hermaphrodites :

2 glumelles; l'inf. ovale, à dos convexe, coriace, trinervée au sommet; acuminées, mucronées, membraneuses sur les bords; la sup. plus courte, bicarénée. —
2 glumellules rhomboïdales, membraneuses, ciliées. —
2 étamines. — Ovaire stipité, oblique, ovale, glabre,
émarginé au sommet. — Style nul. — 2 stigmates terminaux, sessiles, plumeux. — Caryopse stipité, coriace,
induré, libre.

Habitat : l'Amérique du Nord.   *Une espèce connue.*

NOTE. — *Mich.* a classé l'espèce de ce genre avec les Festuca; *Roem.*
avec les Roemeria ; *Lagasca*, avec les Corycarpus.

Les genres Corycarpus (*Lagasca*) et Roemeria (*Schult.*) n'ont pas été
généralement admis, les espèces qui les composaient se trouvent confondues avec l'espèce du genre Diarrhena.

*

Trois étamines.

---

§

Glume supérieure portant un tubercule au milieu.

195° Ctenium. (*Sprengel*).

Plantes très-grêles. — Epi solitaire, falciforme. — Epillets 4-5 fleurs, unilatéraux, bisériés, imbriqués. — 2 fleurs inf. incomplètes, stériles, aristées; une moyenne complète, hermaphrodite; 1-2 sup. incomplètes, stériles, mutiques.

2 glumes membraneuses; l'inf. beaucoup plus courte, persistante, mutique; la sup. porte sur son milieu un tubercule; tubercule nu ou aristé; arête horizontale.

Fleurs incomplètes :

Les deux inf. à 2 glumelles aristées, semblables à celles de la fleur hermaphrodite; les 2 fleurs sup. beaucoup plus petites, mutiques.

Fleur complète :

2 glumes membraneuses; l'inf. trigône, carénée, mucronée ou aristée au sommet, ciliée sur les bords; la sup. plus longue, bicarénée. — 2 glumellules glabres. — 3 étamines. — Ovaire glabre. — 2 styles terminaux. — Stigmates allongés, plumeux, à poils simples. — Caryopse.......

Habitat : le Sénégal, les Amériques.   *5 espèces connues.*

NOTE. — *Mich.* a classé une espèce de ce genre avec les Chloris; *Desv.*, *Roem.*, avec les Campuloa; *Walt.*, avec les Ægilops; *P. de Beauvais*, *Nées*, avec les Campulosus; *Elliott*, avec les Monocera; *Rafi.*, avec les Monathera; *Lin.*, avec les Nardus; *Roem.*, avec les Monerma. 3 des espèces qui composaient le genre Campuloa (*Desvaux*). (la 4^e

a été réunie aux Harpechloa), 4 du genre Campulosus (*Desvaux*) (la 5me a été réunie au genre Harpechloa), la seule du genre Monocera *(Elliot.)* et enfin la seule espèce du genre Monathera *(Rafi.)*, ont été réunies au genre Ctenium.

Campulosus. *(Desvaux)* _Tête P. de Beauvais.

Axe en épi. — Épi simple, falciforme. — Épillets sessiles, unilatéraux, insérés sur la convexité de l'axe, bisériés, alternes, **3-5 fleurs.**

2 glumes inégales ; l'inf. plus petite, membraneuse, persistante ; la sup. herbacée, nervée, nervure médiane, sétiforme, divergente et devenant horizontale vers le milieu.

Fleurs latérales incomplètes, mâles :

Une glumelle. — Une étamine.

Fleurs fertiles :

Glumelle inf. crénelée, soyeuse au sommet: soies droites ; la sup. entière, mutique.

Fleurs supérieures :

Le plus souvent avortées.

3 étamines. — Glumellules...... — Style..... — Stigmate....
— Caryopse libre, obtus, tronqué, sillonné.

---

§

Glumes mutiques, carénées ; la sup. plus grande que l'épillet.

196° Harpechloa. *(Kunth.)*

Plantes petites. — Feuilles pliées, falciformes, roides, scabres, à gaines pubescentes. — Épi terminal, sessile, multiflore, unilatéral, imbriqué, bisérié. — Fleur inf. complète, hermaphrodite ; les sup. incomplètes, stériles, glabres.

2 glumes mutiques, carénées : la sup. plus grande que l'épillet : l'inf. trois fois plus petite, persistante.

Fleurs incomplètes :

Constituées par 1-2 glumelles glabres, beaucoup plus petites que celles de la fleur fertile.

Fleur complète, hermaphrodite :

2 glumelles membraneuses, mutiques ; l'inf. obovale, carénée, ciliée sur les bords et sur le dos ; la sup. à peine plus courte, bicarénée. — 2 glumellules irrégulières, glabres. — Une étamine. — Ovaire pyriforme, oblique, glabre. — 2 styles terminaux. — Stigmates plumeux, à poils simples. — Caryopse.....

Habitat : le Cap de Bonne-Espérance.

Une espèce connue.

NOTE. — *Swartz* a classé la seule espèce de ce genre avec les CHLORIS ; *Thunb.*, avec les CYNOSURES ; *Lin.*, avec les MELICA ; *Willd.*, avec les DACTYLOCTENIUM, *Desvaux*, avec les CAMPULOA ; *P. de Beauvais*, avec les CAMPULOSUS ; *Spreng.*, avec les ELEUSINE.

§

Glumelle inférieure tronquée, terminée par 9-13 arêtes ou soies scabres.

193° **Pappophorum.** (*Schreber, R. Brown.*)

Panicule brièvement rameuse, très-contractée, d'apparence spiciforme, pédicelle et ramuscules entourés de longs poils soyeux qui dépassent et entourent les épillets. — Épillets 2-4 fleurs. — Fleur inf. complète, hermaphrodite ; les sup. incomplètes, stériles.

2 glumes membraneuses, naviculaires, carénées, acuminées, plus grandes que les fleurs ; l'inf. un peu plus courte.

Fleurs incomplètes :

Glabres, constituées par 1-2 glumelles semblables, mais plus petites que celles de la fleur hermaphrodite.

Fleur complète :

2 glumelles membraneuses, striées ; l'inf. sub-ellip-
tique, concave, tronquée, irrégulière, à 4-7 lobes au
sommet, portant 9-13 soies ou arêtes scabres, ciliée sur
les stries et sur les bords ; arêtes droites, subulées, scabres, inégales, environ deux fois plus longues que la
glumelle ; glumelle sup. ovale, elliptique, obtuse et
mucronée au sommet, bicarénée. — 2 glumellules
glabres, tronquées. — 2-3 étamines. — Ovaire glabre, ovoïde. — 2 styles terminaux. — Stigmates plumeux, à poils denticulés, simples. — Caryopse glabre,
libre, inclus entre les glumelles.

Habitat : le Cap de Bonne-Espérance, l'Asie, la Nouvelle-
Hollande, l'Amérique du Sud.   *17 espèces connues.*

NOTE. — *Roem.*, *Desv.*, *P. de Beauvais*, *Lehm.*, ont classé 5 espèces de ce genre avec les Enneapogon : *Lam.*, une avec les Saccharum.

Toutes les espèces du genre Enneapogon ont été réunies au genre
Pappophorum. Cependant *P. de Beauvais* prétend qu'à cause de la glumelle inf., qui est terminée par 9 soies plumeuses, alors qu'elles sont
seulement scabres dans les Pappophorum, à cause de la glumelle sup. qui
est toujours mutique, alors qu'elle se termine par un mucron dans les
Pappophorum, on doit conserver aux Enneapogon le rang de genre.

Sans nous prononcer sur ce sujet d'une manière formelle, nous allons
donner la description du genre Enneapogon, telle qu'on la trouve dans
l'auteur que nous venons de citer.

Enneapogon. *(Desvaux)*.

Axe paniculé : épi simple : épillets épars, 2-3 fleurs.

Glumes plus grandes que les fleurs. — Glumelle inf. pourvue
de neuf soies, ciliée sur les bords ; la sup. mutique, entière.—
Glumellules...... — 2 styles. — Stigmates.... — Caryopse.....

TROISIÈME SOUS-TRIBU.

*Epillets disposés en une panicule anormale, pourvue
ou non à la base d'une spathe ou d'un involucre.*

I

ÉPI SOLITAIRE SIMPLE, ENVELOPPÉ A LA BASE
PAR UNE SPATHE FOLIACÉE.

198° **Pommereulila.** (*Lin.*)

Plantes rampantes, à rameaux, dressés, courts, feuillés. —
Feuilles distiques. — Epi terminal solitaire, entouré à la base
d'une feuille spathiforme ; feuille spathiforme concave, striée par
des lignes parallèles et terminée sup. par un lobe articulé,
oblong, obtus, strié. — Epillets sessiles, turbinés, à 5-6 fleurs.—
Fleurs serrées, imbriquées : les 2 inf. et les terminales incomplètes, stériles ; les moyennes complètes, hermaphrodites.

2 glumes inégales, distantes, persistantes ; l'inf. lancéolée, concave, acuminée, membraneuse sur les bords,
plus courte que l'épillet ; la sup. un plus petite, concave,
striée, très-brièvement subulée.

Fleurs incomplètes :

Constituées par une seule glumelle semblable à celle
des fleurs hermaphrodites.

Fleurs complètes :

2 glumelles ; l'inf. herbacée, concave, trinervée,
quadrifide, tronquée au sommet, aristée sur le dos ; lobes
triangulaires, aigus, aristés ; arête dorsale sinueuse, très-
grande ; arêtes terminales, très-grêles, petites, plus petites
que les dents et 4-5 fois plus courtes que l'arête dorsale ;
glumelle sup. bicarénée, concave, obtuse, transparente,
membraneuse. — 2 glumellules en forme de faux, mem-

braneuses, glabres. — 3 étamines. — Ovaire glabre.—
2 styles terminaux. — Stigmates plumeux. —Caryopse
ovale, elliptique, convexe sur sa face externe, plan sur
l'interne, glabre, libre.

Habitat : les Indes orientales.　　　　　*2 espèces connues.*

II.

ÉPIS DIGITÉS, FASCICULÉS. — ÉPILLETS UNILATÉRAUX.

§

Glumelle inférieure aristée

199° Chloris. (*Swartz*).

Chaume simple ou rameux. — Feuilles planes. — Epis digités, fasciculés au sommet de la tige, rarement solitaires ou
géminés, entourés à la base d'un involucre, de folioles oblongues, lancéolées, glabres, courtes. — Epillets unilatéraux, sessiles, 2-8 fleurs. — Fleurs distiques ; 1-3 inf. hermaphrodites,
aristées ou mucronées au sommet ; les autres aristées ou mutiques, stériles, incomplètes.

2 glumes membraneuses, persistantes, inégales, concaves, acuminées ou mutiques ; la sup. souvent brière-
ment aristée.

Fleurs incomplètes :

Constituées par une ou deux glumelles mutiques, tronquées, dépourvues de soies au sommet.

Fleurs complètes :

2 glumelles membraneuses ; l'inf. trinervée, trigône,
carénée, tronquée, libre, aristée au sommet, pourvue,

dans les échancrures latérales du sommet, de deux bouquets de soies compactes, dressées ; arête droite prenant naissance sur le dos vers la base, 2-3 fois plus grande que la glumelle ; glumelle sup. obtuse, échancrée au sommet, bicarénée. — 2 glumellules glabres, entières. — 3 étamines. — Ovaire glabre. — 2 styles terminaux. — Stigmates plumeux, à poils simples. — Caryopse allongé, trigône, glabre, libre.

Habitat : les iles Philippines, l'Asie, l'Amérique, la Nouvelle-Hollande, le Sénégal.   *34 espèces connues.*

NOTE. — *Desf.* a classé une espèce de ce genre avec les Tetrapogon ; *Spreng.*, une avec les Calnum ; *Roem.*, une avec les Eustachys ; *P. de Beauvais*, 2 avec les Rabdochloa ; *Lam.*, *Vahl.*, 3 avec les Cynosurus ; *Ait.*, *Lin.*, 4 avec les Andropogon ; *Lin.*, 2 avec les Agrostis ; *Nées*, une avec les Gymnopogon ; *Spreng.*, 2 avec les Eleusine.

Les espèces du genre Rabdochloa ont été réunies aux genres Chloris, Leptochloa et Dactyloctenium ; la seule espèce du genre Tetrapogon l'a été aux Chloris.

Rabdochloa. *(P. de Beauvais).*

Panicule simple, à rameaux spiciformes, épars, filiformes — Épillets presque unilatéraux, distants, pourvus d'une bractée à la base, pluriflores. — Fleurs sessiles.

2 glumes carénées, naviculaires, acuminées, glabres, plus courtes que les fleurs, inégales ; l'inf. plus grande, ciliée sur la carène et sur les bords. — 2 glumelles presque égales, carénées, naviculaires, acuminées ; l'inf. ciliée sur les bords, aristée un peu au-dessous du sommet ; arête droite, denticulée, scabre ; la sup. acuminée. — Glumellules...... — Étamines...... — Ovaire ovoïde, glabre. — 2 styles. — Stigmates plumeux. — Caryopse.......

§

Glumelle inférieure mutique.

200° **Dactyloctenium.** (*Willdenow*).

Plantes diffuses, rampantes. — Feuilles planes. — Epis digités, fasciculés, quelquefois solitaires. — Epillets unilatéraux, bimultiflores. — Fleurs distiques; incomplètes, stériles au sommet de l'épi, complètes, hermaphrodites en bas.

2 glumes carénées, comprimées, membraneuses, plus courtes que les fleurs, finement dentelées sur la carène, scabres; la sup. aristée; l'inf. mucronée, arête courte, falciforme, scabre.

Fleurs incomplètes :

Constituées par 1-2 glumelles de même forme, mais plus petites que celles des fleurs hermaphrodites.

Fleur complète :

2 glumelles membraneuses; l'inf. carénée, naviculaire, acuminée mucronée, denteiée sur la carène, scabre; la sup. bicarénée, plus courte. — 2 glumellules cunéiformes, tronquées, dentelées, ou déchirées ou lobées au sommet, charnues en bas, membraneuses en haut et sur les bords, 3 fois plus courtes que l'ovaire. — 3 étamines. — Ovaire irrégulier, latéral, glabre. — 2 styles terminaux. — Stigmates plumeux, à poils dentelés. — Caryopse libre, verruqueux, glabre, obtus.

Habitat : l'Asie, l'Afrique, les Amériques, la Nouvelle-Hollande.   *4 espèces connues·*

NOTE. — *Lin.* a classé une espèce de ce genre avec les Cynosurus; *Pers., Lam., Rafi., Spreng., P. de Beauvais,* 2 avec les Eleusine; *P. de Beauvais,* une avec les Rabdochloa; *Mich., Poir.,* 2 avec les Chloris; *Lin.,* une avec les Cenchrus; *Walt.,* une avec les Ægilops.

TROISIÈME CLASSE.

POLYGAMÉES.

Panicule contenant des fleurs hermaphrodites et des fleurs mâles ou des fleurs femelles.

PREMIÈRE TRIBU.

UNIFLORÉES.

UNE SEULE FLEUR A L'ÉPILLET.

PREMIÈRE SOUS - TRIBU.

Epillets disposés en panicule rameuse.

*

Deux glumellules.

201° **Andropogon.** (*Linn.*)

Panicule rameuse ou spiciforme, velue. — Epillets géminés, mais ternés au sommet des rameaux, polygames; les uns uniflores, pédicellés, mâles; les autres pédicellés, biflores, composés d'une fleur complète, hermaphrodite, et d'une fleur femelle, ou simplement d'un rudiment de fleur stérile.

Epillets hermaphrodites :

2 glumes égales ou presque égales, devenant indurées, coriaces, après la fécondation ; l'inf. mutique, la sup. carénée, mutique ou aristée. — 2 glumelles petites, carénées, transparentes ; l'inf. membraneuse, arrondie sur le dos, longuement aristée ; la sup. très-petite, quelquefois nulle, aristée. — 2 glumellules tronquées, le plus

souvent glabres. — 3 étamines. — **Ovaire glabre.** —
2 styles terminaux. — Stigmates plumeux en goupillon,
s'étalant sous le sommet de la fleur. — Caryopse glabre,
elliptique, oblong, comprimé par le dos, souvent enveloppé par les glumelles.

Epillets neutres :

Les épillets mâles ont des glumes semblables à celles
des épillets polygames. — Les fleurs mâles, femelles ou
incomplètes, ont des glumelles mutiques, non carénées,
souvent une seule glumelle.

Habitat : l'Europe, l'Asie, la Nouvelle-Hollande, le Cap de
Bonne-Espérance, l'Océanie, l'Afrique, l'Amérique.

152 espèces connues.

NOTE. — *Pers.*, *Roem.*, *Presl.*, *Schult.*, *Nees.* ont classé 10 espèces
de ce genre avec les HETEROPOGON ; *Thunb.*, une avec les STIPA ; *Koel.*,
une avec les BLUMENBACHIA ; *Lin.*, une avec les PHALARIS ; *Nees.* 14 avec
les TRACHYPOGON ; *Lam*, une avec les AGROSTIS ; *Nees* 7 avec les SCHI-
ZACHYRIUM ; *Verev.*, une avec les VETIVERIA ; *Spreng.*, *Schult.*, 10 avec
les POLLINIA ; *Pour.*, une avec les RAPHIS ; *Willd.*, une avec les PITHE-
CURUS ; *Trinius*, une avec les CENTROPHORUM et une avec les LOPEOCERSIS ;
Spreng., *Brouss.*, 5 avec les SACCHARUM ; *Rumph.*, une avec les SCHOE-
NANTHUM ; *Spreng.*, *Link*, *Schult.*, 7 avec les CYMBOPOGON ; *P. de Beau-
vais*, *Spreng.*, *Roem.*, *Nees.* 9 avec les ANATHERUM ; *Spreng.*, une avec
les DEYEUXIA ; *Wail*, 2 avec les CINNA ; *Muehl.*, *Lin.*, *Willd.*, *Brown*,
Gaud., *Forsk.*, *Mieg*, *Gmel.*, *Vahl.*, *Thunb.*, 23 avec les HOLCUS ;
Nees. 2 avec les HYPOGYNIUM ; *Raeusch.*, une avec les DISCHANTHIUM ;
Willd., une avec les ERIANTHUS ; *P. de Beauvais*, une avec les APLUDA ;
Trinius, 3 avec les CHRYSOPOGON ; *Brot.*, *Pers.*, *Roem.*, *Willd.*, *Jacq.*,
P. de Beauvais, *Link*, *Bess.*, 20 avec les SORGHUM.

Toutes les espèces des genres BLUMENBACHIA *(Koel.)*, TRACHYPOGON
(*Nees*), SCHIZACHYRIUM (*Nees*), VETIVERIA (*Vir.*), RAPHIS, PITHECURUS
(*Willd.*), CENTROPHORUM (*Trinius*), LEPEOCERSIS (*Trinius*), SCHOENANTHUM
(*Rumph.*), HYPOGYNIUM (*Nees*). DISCHANTHIUM (*Raeusch.*), CHRYSOPOGON
(*Trinius*), 7 espèces du genre CYMBOPOGON (*Schult.*) et **12** du genre POL-
LINIA ont été réunies au genre ANDROPOGON.

*

Glumellules nulles.

202° Sorghum. (*Persoon*).

Panicule rameuse. — Epillets uniflores, géminés ou ternés, l'un sessile et à fleur hermaphrodite, l'autre pédicellé à fleur mâle ou incomplète, unis à la base.

Epillets hermaphrodites :

2 glumes presque égales, devenant indurées, cartilagineuses après la fécondation, mutiques, ou acuminées; l'inf. tridentée au sommet. — 2 glumelles membraneuses, petites, transparentes; l'inf. longuement ou brièvement aristée; la sup. plus courte, bifide au sommet, mutique ou aristée. — Glumellules nulles. — 3 étamines. — 2 styles terminaux. — Stigmates en goupillon. — Caryopse libre, glabre, ovale, un peu comprimé.

Epillets mâles ou incomplets :

Glumes herbacées, souvent réduite à une seule, striée, pubescente, oblongue. — 1-2 glumelles comme dans la fleur hermaphrodite. — 3 étamines.

Habitat : l'Europe, l'Afrique, l'Asie, l'Amérique, la Nouvelle-Hollande.   18 *espèces connues·*

NOTE. — Ce genre, qui n'a pas été admis par tous les Botanistes, a été formé aux dépens des genres ANDROPOGON, PENTAMERIS, PANICUM et HOLCUS; il diffère du premier par la glume inf. de la fleur herma hrodite, qui est tridentée, et par l'absence des glumelles; du second, parce qu'il est polygame et par ses glumes égales; du troisième, par ses épillets, les uns sessiles les autres pédicellés; enfin du quatrième, par ses épillets sessiles et pédicellés, ne contenant que des fleurs hermaphrodites, ou des fleurs mâles ou incomplètes.

D. C., Willd., Forsk., Lin., Brown, Vahl., Roem., Thunb., ont classé 8 espèces de ce genre avec les HOLCUS; *Kunth, Scop., Elliott,* 16 avec les ANDROPOGON; *Kunth,* 2 avec les PENTAMERIS; *Schrad.,* *Steud., Spreng.,* une avec les AVENA; *Schrad.,* deux avec les DANTHO-

SIA ; *Roem.*, une avec les PANICUM ; *Koel.*, une avec les BLUMENBACHIA ; *Nees.* deux avec les TRACHYPOGON ; *Spreng.*, une avec les SACCHARUM.

DEUXIÈME SOUS-TRIBU.

Epillets réunis en panicule spiciforme.

✳

Glumes égales.

203° Ægopogon. (*Willdenow*).

Plantes cespiteuses. — Panicule spiciforme, à rachis articulé. — Epillets géminés ou ternés ; les latéraux incomplets, mâles ou neutres ; les moyens complets, hermaphrodites. — Fleurs brièvement pédicellées, glabres à la base.

Epillets hermaphrodites :

2 glumes bifides, aristées au sommet, presque égales, plus courtes que l'épillet.—2 glumelles ; l'inf. trinervée, bifide, tri-aristée au sommet, arête moyenne, plus grande ; la sup, binervée, bi-aristée. — 2 glumellules glabres, sub-bilobées. — 3 étamines. — Ovaire glabre. — 2 styles terminaux. —Stigmates plumeux, à poils simples, finement dentés, violacés. — Caryopse libre, glabre·

Epillets mâles ou incomplets :

Glumes et glumelles semblables, seulement les glumelles ne sont pourvues que d'une seule arête, insérée entre les divisions ; elles sont plus petites, quelquefois, il n'y en a qu'une seule.

Habitat : le Mexique.   *6 espèces connues.*

NOTE. — *Lagasca* a classé 4 espèces de ce genre avec les HYMENO-THECIUM ; *Cav.*, 2 avec les CYNOSURUS.

Toutes les espèces du genre HYMENOTHECIUM (*Lagasca*), qui n'a pas été généralement admis, ont été réunies au genre ÆGOPOGON.

---

*

Glumes inégales.

201° **Lycurus.** (*Humboldt* et *Kunth*.)

Chaume rameux. — Feuilles linéaires, à ligule courte. — Epi terminal, simple, à rachis inarticulé. — Epillets géminés, uniflores ; les uns pédicellés, hermaphrodites ; les autres sessiles, ou presque sessiles, mâles ou incomplets. — Fleurs sessiles.

Epillets hermaphrodites :

2 glumes plus courtes que l'épillet ; l'inf. 2-3 fois aristée ; la sup. une seule fois aristée. — 2 glumelles ; l'inf. aristée au sommet ; la sup. binervée. — 2 glumellules tronquées, glabres. — 3 étamines. — Ovaire glabre. — 2 styles terminaux. — Stigmates plumeux, à poils simples, denticulés. — Caryopse libre, glabre.

Epillets mâles ou incomplets :

Semblables, mais plus petits que les hermaphrodites.

Habitat : le Mexique, Montevideo.   *3 espèces connues.*

TROISIÈME SOUS-TRIBU.

Epillets disposés en une panicule anormale, libres,
ou renfermés dans une spathe ou un involucre.

✳

Epillets fasciculés : les 4 extérieurs verticellés, mâles ;
les 3 du centre hermaphrodites.

205° **Perobachne.** (*Presl.*)

Panicule sub-rameuse, à rachis inarticulé. — Gaine de la
feuille sup. colorée, enveloppant comme une spathe la base
de l'épi. — Epillets fasciculés : les 4 externes ou inf. verticellés,
mâles ou incomplets ; les 3 du centre alternes sur un rachis
secondaire ; l'un inf. hermaphrodite, entouré de soies à la base ;
les 2 autres sup. mâles.

Epillets mâles ou neutres, inf. :

Une seule glume lancéolée, membraneuse, mucronée,
acuminée. — 2 glumelles membraneuses, transparentes;
l'inf. lancéolée, linéaire, acuminée, plus courte que les
glumes, enveloppant la sup. — 3 étamines ou pas.

Epillets du centre :

2 glumes membraneuses, linéaires, aiguës ; l'inf. un
peu plus grande, soyeuse sur le dos ; la sup. pubescente. — 2 glumelles membraneuses, transparentes;
l'inf. un peu plus grande, enveloppant la sup. — Glumellules..... — 3 étamines. — Ovaire..... — Style nul.
— Stigmates plumeux, allongés. — Caryopse......

Habitat : le Portugal. *Une espèce connue.*

DEUXIÈME TRIBU.

BIFLORÉES.

DEUX FLEURS A L'ÉPILLET.

PREMIÈRE SOUS-TRIBU.

Epillets disposés en panicule rameuse.

PREMIÈRE SECTION.

Glumes égales.

I

SIX ÉTAMINES.

206° Potamophila. (*R. Brown*).

Plantes aquatiques, cespiteuses, à chaumes rameux. — Feuilles étroites, enroulées, à ligule étroite, lacérée. — Panicule droite, diffuse. — Epillets biflores, pédicellés, articulés avec le pédicelle, polygames, quelquefois monoïques ; les sup. tantôt pourvus d'une seule fleur hermaphrodite, accompagnée du rudiment d'une fleur incomplète, tantôt d'une fleur mâle et d'une fleur rudimentaire ; les inf. femelles 1-2 fleurs. — Fleurs sessiles.

2 glumes petites, membraneuses, mutiques, concaves. — 2 glumelles membraneuses, mutiques, concaves ; l'inf. à 5 nervures ; la sup. à 3 nervures, souvent plus longue. — 2 glumellules acuminées, presque égales à l'ovaire, glabres. — 6 étamines. — Ovaire glabre. — 2

styles terminaux. — Stigmates plumeux, à poils bifides ou dichotomes. — Caryopse libre, glabre.

Habitat : la Nouvelle-Hollande.   *Une espèce connue.*

II.

TROIS ÉTAMINES.

*

Epillets géminés, l'un sessile, l'autre pédicellé.

203° **Ischœmum**. (*Lin., R. Brown*).

Epi solitaire, géminé, digité, fasciculé ou paniculé, articulé. — Epillets géminés sur les dents de l'axe, l'un sessile, l'autre pédicellé : ce dernier, souvent avorté, biflores. — Fleur inf. mâle, quelquefois neutre ; la sup. hermaphrodite.

Fleur hermaphrodite :

2 glumes coriaces, mutiques, rarement aristées, égales ou plus longues que les fleurs. — 2 glumelles plus courtes, transparentes ; l'inf. aristée, arête souvent très-courte. — 2 glumellules obliques, tronquées, lobées, glabres. — 3 étamines. — Ovaire glabre. — 2 styles terminaux. — Stigmates plumeux. — Caryopse glabre, libre d'adhérences, mais inclus entre les glumelles.

Fleurs mâles ou neutres :

2 glumelles plus petites, semblables à celles de la fleur hermaphrodite.

Habitat : la Nouvelle - Hollande, Yemen, l'Asie, l'Océanie, les Amériques, l'Afrique.   *36 espèces connues.*

NOTE. — *Sieb., Spreng.,* ont classé deux espèces de ce genre avec les ANDROPOGON ; *Nees,* une avec les SPODIOPOGON ; *Nees, Rad.,* 2 avec les

ARUNDINELLA ; *Trinius*, une avec les GOLDBACHIA et les RIEDELIA ; *Spreng.*, une avec les AIRA : *Burm.*, une avec les AGROSTIS ; *P. de Beauvais*, une avec les ARTHRAXON, et **2** avec les MEOSCHIUM ; *Spreng.*, une avec les POLLINIA ; *Cav.*, une avec les COLLADOA ; *Presl.*, **2** avec les THYSANACHNE ; *Forsk.*, une avec les SEHIMA.

Toutes les espèces des genres SPODIOPOGON (*Nées*). ARUNDINELLA (*Radd.*), GOLDBACHIA (*Trinius*), RIEDELIA (*Trinius*), ARTHRAXON et MEOSCHIUM (*P. de Beauvais*), THYSANACHNE (*Presl.*), SEHIMA (*Forsk.*), et une du genre COLLADOA, ont été réunies au genre ISCHÆMUM.

1° **Meoschium.** (*P. de Beauvais*).

Panicule composée, spiciforme ; rachis articulé. — Épillets géminés, biflores. — Fleur inf. mâle ; la sup. hermaphrodite.

2 glumes naviculaires, égales, striées, mucronées, scabres, ciliées sur les stries et sur les bords, plus grandes que les fleurs, et pourvues d'un bouquet de poils à la base.

Fleurs hermaphrodites :

2 glumelles membraneuses, égales, acuminées ; l'inf. bifide, dentée au sommet, aristée sur le dos ; arête tordue dans sa moitié inf., genouillée au milieu, trois fois plus longues que l'épillet ; la sup. entière. — Glumellules.... — 3 étamines. — Ovaire ovoïde, émarginé. — 2 styles droits, presque parallèles. — 2 stigmates en goupillon. — Caryopse ovoïde, bicorne.

Fleur mâle :

2 glumelles inégales ; la sup. plus grande, carénée, naviculaire, membraneuse, ciliée sur les bords dans leur moitié sup. — 3 étamines à filets plus grands que les anthères.

2° **Arthraxon.** (*P. de Beauvais.*)

Chaume rameux. — Feuilles ovales, aiguës, cordées, amplexicaules à a base, ciliées sur les bords, à ligule tronquée, dentelée. — Panicule simple. — Épillets pédicellés, biflores. — Fleur inf. incomplète ; fleur sup. hermaphrodite.

2 glumes plus grandes que les fleurs, herbacées, striées, obscurément bifides et mucronées au sommet ; la sup. plus large, embrassante.

Fleur complète :

2 glumelles inégales, sub-coriaces ; l'inf. un peu plus **cour-**

te, bidentée au sommet, mutique, aristée ; arête très-grande,
tordue inf., genouillée dans sa partie moyenne, insérée à la
base de la glumelle ; glumelle sup. naviculaire, aiguë, muero-
née. — Glumellules...... — 3 étamines à filets courts. — Ovaire
émarginé. — 2 styles. — 2 stigmates en goupillon. — Caryopse
bicorne, ovoïde.

Fleur incomplète :

Constituée par une seule glumelle semblable à la sup. de la
fleur hermaphrodite, souvent réduite en un simple pédicelle.

---

*

Tous les épillets pédicellés.

---

§

Glumes plus grandes que les fleurs.

208° Holcus. (*Linn.*)

Feuilles planes. — Panicule rameuse. — Epillets pédicellés,
biflores, comprimés par le côté, convexes sur les deux faces.
— Fleur sup. pédicellée, mâle ; fleur inf. sessile, hermaphrodite.

2 glumes inégales, membraneuses, striées, naviculaires, carénées, plus grandes que les fleurs ; la sup.
plus large et plus longue, trinervée ; l'inf. uninervée,
acuminée.

Fleur hermaphrodite :

2 glumelles presque égales, mutiques ; l'inf. carénée,
naviculaire, parcheminée, charnue en bas, concave ; la
sup. membraneuse, bicarénée, tronquée et dentée au
sommet. — 2 glumellules glabres, lobées. — 3 étamines.
— Ovaire glabre, pyriforme. — 2 styles terminaux,

courts. — Stigmates plumeux, à poils simples, quelquefois bifides au sommet, dentés. — Caryopse glabre, libre.

Fleur mâle :

2 glumelles presque égales : l'inf. oblongue, concave, obscurément carénée, parcheminée, charnue en bas, aristée au-dessous du sommet ; arête droite, aussi longue ou plus longue que la fleur, grêle : la sup. membraneuse, bifide au sommet, bicarénée. — Glumellules nulles. — 3 étamines à filets courts.

Habitat : l'Europe, l'Asie, le Cap de Bonne-Espérance, l'Amérique du Nord, la côte de Coromandel.

8 espèces connues.

NOTE. — Deux espèces de ce genre ont été rangées avec les AVENA, par *Kœl* ; une avec les AIRA, par *Schreb.*

---

§

Deux glumes glabres, plus courtes que les fleurs.

209° Isachne. (*R. Brown*).

Plantes glabres des lieux inondés. — Feuilles planes, à gaines barbues à l'ouverture. — Panicule rameuse. — Épillets pédicellés, continus avec le pédicelle, biflores. — Fleur inf. mâle ou hermaphrodite ; la sup. femelle, quelquefois hermaphrodite.

2 glumes presque égales, concaves, arrondies, mutiques au sommet.

Fleur hermaphrodite :

2 glumelles mutiques, coriaces ; l'inf. binervée, enveloppant la sup. — 2 glumellules collatérales, tronquées, charnues, glabres. — 3 étamines. — Ovaire glabre. —

2 styles terminaux. — Stigmates plumeux. — Caryopse inclus entre les glumelles indurées.

Fleurs mâles et fleurs femelles :

2 glumelles de même forme que celles de la fleur hermaphrodite.

Habitat : les Indes orientales, l'île de France, le Népaul, la Jamaïque, l'Amérique du Sud.   10 *espèces connues.*

NOTE —Quatre espèces de ce genre ont été classées avec les PANICUM, par *Spreng.; Lam., Gaud., Swartz, Roem.,* en ont classé une avec les NEURACHNE.

----

§

Deux glumes pubescentes, plus longues que les fleurs.

210° Monachne. (*P. de Beauvais*).

Panicule rameuse, dressée. — Epillets pédicellés, terminaux ou unilatéraux, ovoïdes, mutiques, pubescents, biflores. — — Fleur inf. mâle ; fleur sup. hermaphrodite, complète.

2 glumes égales, un peu plus longues que les fleurs, naviculaires, carénées, très-pubescentes, acuminées, entières.

Fleur mâle :

Une seule glumelle membraneuse, transparente, plus courte que les glumes, glabre, arrondie, obtuse au sommet. — 3 étamines insérées entre la glumelle et la glume inf. de l'épillet.

Fleur hermaphrodite :

2 glumelles parcheminées, coriaces, indurées, entières, acuminées, naviculaires, concaves, égales, glabres ou pubescentes. — Glumellules..... — Ovaire glabre, émar-

giné au sommet. ou bicorne. — 2 styles. — Stigmates en goupillon allongé. — Caryopse libre, mais inclus entre les glumelles persistantes, sillonné sur l'une de ses faces.

Habitat : le Cap de Bonne-Espérance, l'Amérique du Sud.

2 espèces connues.

NOTE. — *Kunth* a classé les deux espèces de ce genre, l'une avec les ERIOCHLOA, l'autre avec les PANICUM.

DEUXIÈME SECTION.

Glumes inégales.

I.

OVAIRE GLABRE AU SOMMET.

✳

Epillets réunis par trois au sommet des rameaux.

211° **Tristachya.** (*Nees ab Esenbeck*).

Chaume droit, simple, rond. — Feuilles linéaires, planes ou enroulées, roides. — Panicule très-simple. — Epillets biflores, pédicellés, disposés par trois au sommet des rameaux ; le moyen quelquefois très-maigre ; souvent avorté. — Fleur inf. sessile, mâle ou neutre ; la sup. hermaphrodite, pédicellée, entourée de poils à la base.

2 glumes lancéolées, trinervées, canaliculées, herbacées ; la sup. un peu plus longue que les fleurs qu'elles dépassent.

Fleur mâle ou neutre :

2 glumelles herbacées, mutiques : l'inf. semblable aux glumes ; la sup. binervée. — 2 glumellules charnues, entières, glabres. — 2 étamines ou pas.

Fleur hermaphrodite :

2 glumelles presque égales ; l'inf. sub-coriace, bifide au sommet, longuement aristée entre les lobes, cylindrique, enroulée, enveloppant la sup., arête tordue inf., à base articulée. — 2 glumellules charnues, entières, glabres. — 2-3 étamines à anthères très-longues, linéaires, l'une et l'autre bifide, biloculaire. — Ovaire glabre. — 2 styles terminaux, allongés, glabres. — Stigmates plumeux, à poils simples, denticulés. — Caryopse oblong, adhérent aux glumelles.

Habitat : l'Amérique du Sud, le Cap de Bonne-Espérance.

4 espèces connues.

NOTE. — *Presl.* a classé une espèce de ce genre avec les Monopogon. Ce genre, qui n'a pas été généralement admis, a été réuni aux Tristachya.

---

*

Epillets entourés de poils mous à la base.

212° Arthropogon. (*Nees ab Esenbeck*).

Chaume cespiteux, simple, droit. — Feuilles linéaires, lancéolées, striées, multinervées, planes, à gaines molles, pubescentes, à ligule ciliée aux bords. — Panicule simple, droite, à rameaux droits, élargis. — Epillets pédicellés, tous conformes, biflores, articulés avec le pédicelle, entourés de poils mous à la base. — Fleur inf. mâle ; fleur sup. hermaphrodite.

2 glumes coriaces, charnues ; l'inf. subulée ; la sup. naviculaire, carénée, bifide et brièvement aristée au sommet.

Fleur hermaphrodite :

2 glumelles transparentes, membraneuses. mutiques. — 2 glumellules en forme de hache. glabres. — 3 étamines à anthères linéaires, bifides. — Ovaire glabre. — 2 styles terminaux. — Stigmates denses. plumeux, à poils simples. — Caryopse comprimé glabre, libre.

Fleur mâle :

2 glumelles mutiques; l'inf. parcheminée en bas, membraneuse en haut. — 2 glumellules glabres, tronquées, irrégulières. — 3 étamines.

Habitat : le Brésil. *Une espèce connue.*

*

Epillets glabres à la base.

---

§

Fleur inf. hermaphrodite.

213° Brandtia. (*Kunth*).

Chaume couché à la base, genouillé, puis redressé. — Feuilles planes, striées. — Panicule rameuse, droite. — Epillets biflores, pédicellés ou sub-sessiles, articulés à la base. — Fleurs sessiles, très-inégales. à deux glumelles : l'inf. hermaphrodite, mutique; la sup. femelle, aristée.

2 glumes inégales, concaves, herbacées, membraneuses sur les bords.

Fleur hermaphrodite :

2 glumelles inégales, membraneuses; l'inf. mutique, arrondie au sommet. —2 glumellules. cunéiformes, gla-

bres. — 3 étamines. — Ovaire sessile, glabre. — 2 styles.
— Stigmates plumeux. à poils simples. — Caryopse arrondi, elliptique, glabre, libre.

Fleur femelle :

2 glumelles sub-coriaces ; l'inf. aristée au sommet, concave, enveloppant la sup., arête tordue, genouillée. — Glumellules, styles et caryopse comme dans la fleur hermaphrodite.

Habitat : la Chine.   *Une espèce connue.*

§

Fleur sup. hermaphrodite. — Glumes membraneuses.

214° **Oplismenus.** (*P. de Beauvais*).

Feuilles planes. — Panicule simple, composée ou rameuse, rachis non articulé. — Epillets nus, biflores, pédicellés. — Fleur sup. hermaphrodite ; fleur inf. mâle ou femelle.

2 glumes membraneuses, concaves, ou sub-carénées, inégales ou presque égales, le plus souvent aristées.

Fleur hermaphrodite :

2 glumelles coriaces ; l'inf. acuminée, mucronée, concave, enveloppant la sup., émarginée, mucronée au sommet. — 2 glumellules ovales, obtuses, spatulées, charnues, tronquées, glabres, entières, collatérales. — 3 étamines. — Ovaire glabre. — 2 styles terminaux, allongés. — Stigmates plumeux, à poils simples. — Caryopse glabre, comprimé parallèlement à l'embrion, libre d'adhérences, mais inclus entre les glumelles.

Fleur mâle ou femelle :

2 glumelles membraneuses : l'inf. émarginée, aristée

un peu au-dessous du sommet; la sup. beaucoup plus petite, entière.

Habitat : les Amériques, l'Europe, les Indes orientales, la Nouvelle-Hollande, l'île de Guham, les Antilles, l'Ile-de-France.

31 espèces connues.

NOTE. — *Arduini, Wulf., Roem., Lam., Mich., Retz., Burm., Poir., Mer, Lin., Trinius, Forsk., Roth., Link, Gmel., Host., Bieb., Guss., Presl., Kœnig, Nees, Walt., Hornem., Torrey, Roxb., Spreng., Muehl., Schult.,* ont classé à peu près toutes les espèces de ce genre avec les Panicum; *Brown, Jacq., Trinius, Spreng., Nees,* 13 avec les Orthopogon; *Schult., P. de Beauvais, Roem., Link,* 11 avec les Echinochloa; *Spreng.,* une avec les Pollinia; *Willd., Schult.,* 4 avec les Digitaria; *Roem.,* une avec les Setaria; *Nees,* une avec les Chætium.

Toutes les espèces des genres Chætium (*Nees*), Orthopogon (*Brown*), ont été réunies au genre Oplismenus.

---

§

Fleur sup. hermaphrodite. — Glumes herbacées.

215° Ichnanthus. (*P. de Beauvais*).

Feuilles larges, planes, multinervées, membraneuses sur les bords. — Panicule rameuse. — Epillets biflores. — Fleur inf. incomplète, neutre ou mâle; la sup. hermaphrodite, pédicellée, mutique.

2 glumes ovales, acuminées, herbacées, striées, concaves; l'inf. un peu plus courte, émarginée, mucronée au sommet.

Fleur neutre ou mâle :

2 glumelles herbacées; l'inf. semblable aux glumes; la sup. moitié plus courte, bicarénée.

Fleur hermaphrodite :

2 glumelles coriaces, ovales, oblongues, acuminées,

enroulées, concaves : l'inf. plus grande, ciliée en dehors et en bas, la sup. binervée. — 2 glumellules grandes, émarginées, charnues, membraneuses sur les bords, obliques, oblongues, obtuses, glabres. — 3 étamines. — Ovaire glabre. — 2 styles terminaux, libres. — Stigmates en goupillon, à poils simples. — Caryopse.....

Habitat : l'Amérique méridionale.   *3 espèces connues.*

NOTE. — *Nees* et *Spreng.* ont classé deux espèces de ce genre avec les PANICUM : *Raddi,* une avec les NAVICULARIA ; les espèces qui composaient ce dernier genre, qui n'a pas été généralement admis, ont été réunies aux ICHNANTHUS et aux ECHINOLAENA.

§

Glume sup. ventrue, tuberculeuse.

216° Rhynchelytrum. (*Nees ab Esenbeck*).

Panicule rameuse, grêle. — Epillets pédicellés, caducs, biflores. — Fleur inf. mâle ; fleur sup. hermaphrodite.

2 glumes inégales : l'inf. plus petite ; la sup. parcheminée, ventrue, tuberculeuse à la base, pubescente sur le dos, bidentée au sommet, brièvement aristée sur le dos.

Fleur mâle :

2 glumelles : la sup. plus petite, étroite, binervée, bicarénée : l'inf. semblable et égale aux glumes. — 2 glumellules membraneuses, glabres, inégales, obtuses, bidentées. — 3 étamines à anthères courtes.

Fleur hermaphrodite :

2 glumelles petites, mutiques. — 2 glumellules aiguës, petites, bifides. — 3 étamines. — Ovaire glabre. — Un style court. — 2 stigmates longs, denses, plumeux, violet.

— Caryopse comprimé, terminé en bec. court, adhérent aux glumelles persistantes.

Habitat : le Cap de Bonne-Espérance.

Une espèce connue.

II.

OVAIRE COURONNÉ PAR DES POILS.

212° **Arrhenatherum.** *(P. de Beauvais).*

Plantes élevées. — Feuilles planes. — Panicule rameuse, dressée ou étalée, à rameaux verticellés, à base épaissie, bulbeuse. — Epillets biflores, pédicellés, convexe sur les deux faces, alternes, pourvus d'un rudiment sétiforme.— Fleur sup. hermaphrodite ; fleur inf. mâle.

2 glumes membraneuses, concaves, carénées ; la sup. plus longue, plus courte que les fleurs, ou presque égale, ciliée à la base.

Fleur mâle :

2 glumelles herbacées ; l'inf. bi-laciniée, divisions souvent ciliées, portant sur le dos une très-longue arête, genouillée au milieu, tordue en bas, prenant naissance un peu au-dessus de la base de la glumelle ; glumelle sup. membraneuse, transparente, bifide, dentée au sommet. — Glumellules lancéolées, entières, glabres. — 3 étamines.

Fleur hermaphrodite :

2 glumelles herbacées ; l'inf. carénée, concave, bifide, et bidentée au sommet, aristée entre les divisions ; arête courte, droite, denticulée, scabre, naissant un peu au-dessous du sommet. — 2 glumellules très-longues, plus longues que l'ovaire, lancéolées, linéaires, entières.

— 3 étamines. — Ovaire pyriforme, pubescent au sommet. — Style nul. — 2 stigmates terminaux, sessiles, plumeux, à poils simples, finement dentés en scie. — Caryopse velu au sommet, elliptique, comprimé par le côté, canaliculé sur la face interne, libre.

Habitat : l'Europe.   *2 espèces connues.*

NOTE. — *Lin., Schreb., Willd., Thuil., Brot.,* ont classé les deux espèces de ce genre avec les AVENA ; *Scop., Schrad.,* avec les HOLCUS.

DEUXIÈME SOUS-TRIBU.

Epillets disposés en panicule spiciforme.

PREMIÈRE SECTION.

Epillets sessiles.

Une seule glume.

218° **Rhytachne.** (*Desvaux*).

Chaume cespiteux, dressé. — Feuilles enroulées, sétacées, très-glabres. — Epi solitaire, terminal, à rachis articulé, creusé d'excavations. — Epillets biflores, enfoncés dans les excavations du rachis. — Fleurs incluses ; la sup. mâle ; l'inf. hermaphrodite.

Une seule glume coriace, rugueuse transversalement, aristée.

Fleur hermaphrodite :

2 glumelles ovales, aristées. — Glumellules..... —

3 étamines. — Ovaire..... — Style..... — Stigmates.....
— Caryopse....

Fleur mâle :

.   .   .   .

Habitat : les Antilles.   *Une espèce connue.*

NOTE. — La description de ce genre est trop incomplète pour pouvoir le classer définitivement, il devra de nouveau être soigneusement étudié sur les plantes fraîches.

---

*

Deux glumes.

219° **Thrasya.** (*Humboldt, Kunth*).

Chaume simple ou rameux. — Feuilles planes. — Épi solitaire, à rachis membraneux, cilié. — Épillets unilatéraux, imbriqués, uni-sériées, sessiles, biflores. — Fleur inf. mâle ; la sup. plus petite, hermaphrodite.

2 glumes inégales ; l'inf. plus petite, quelquefois avortée, membraneuses, mutiques.

Fleur mâle :

2 glumelles ; l'inf. profondément bi-partite, coriace, laciniée, concave, carénée, carène ciliée, aristée près du sommet ; arête sétiforme, semblant sortir du milieu des cils ; la sup. entière, binervée. — 2 glumellules lobées, tronquées, charnues, glabres. — 3 étamines.

Fleur hermaphrodite :

2 glumelles membraneuses, coriaces, oblongues, concaves, mutiques ; l'inf. enveloppant la sup. — 2 glumellules charnues, glabres, entières. — 2-3 étamines. — Ovaire glabre. — 2 styles terminaux, allongés. — Stig

mates en goupillon, à poils simples. — Caryopse oblong, convexe sur sa face interne, plan sur l'interne, libre d'adhérences, mais inclus entre les glumelles.

Habitat : les Amériques.   *3 espèces connues.*

DEUXIÈME SECTION.

Epillets géminés, l'un sessile, l'autre pédicellé.

I.

GLUMES ÉGALES.

*

Epillets libres.

§

Glumes naviculaires, carénées, acuminées.

220° Anatherum. (*P. de Beauvais*).

Panicule à rameaux simples, spiciforme. — Epillets biflores l'un pédicellé, mâle ou neutre ; l'autre sessile, composé d'une fleur sup. hermaphrodite, et d'une fleur inf. incomplète. — Pédicellé, nu ou entouré de longs poils lanugineux.

Epillets pédicellés, neutres :

Glumes nulles. — 2 glumelles lancéolées, concaves, acuminées, glabres. — 3 étamines à filets courts, à anthères plus longues que les filets ; quelquefois étamines nulles.

Épillets hermaphrodites :

2 glumes presque égales, naviculaires, carénées, acuminées ou mucronées, un peu plus grandes ou égales aux fleurs, ciliées sur la carène, et portant ou non sur le dos des tubercules verruqueux ciliés.

Fleur hermaphrodite :

2 glumelles membraneuses, presque égales, transparentes, glabres, mutiques ou acuminées ; la sup. tridentée ou non au sommet. — 2 glumellules tronquées, dentelées au sommet. — 3 étamines à filets très-courts, dressés, à anthères très-longues, biloculaires, dressées. — Ovaire fusiforme ou ovoïde, glabre. — 2 styles. — 2 stigmates plumeux. — Caryopse....

Fleur incomplète :

Constituée par 1 ou 2 glumelles semblables à celles de la fleur hermaphrodite.

Habitat : la Nouvelle-Hoilande, l'Amérique du Sud, le Cap de Bonne-Espérance, le Mexique.   *14 espèces connues.*

NOTE. — *R. Brown, Valh., Thunb., Muehl.,* ont classé 4 espèces de ce genre avec les Holcus ; *Kunth,* toutes les espèces avec les Panicum, les Andropogon, les Saccharum et les Elionurus ; *Willd.,* une avec les Elionurus ; *Lam.,* une avec les Agrostis ; *Lin,* une avec les Phalaris ; *Trey,* une avec les Vitevenia ; *Roem., Pers.,* 2 avec les Sorghum.

§

Glumes arrondies, ventrues, mutiques.

221° Cœlachne. (*R. Brown*).

Plantes très-petites, glabres. — Chaume rameux en bas. — Feuilles planes, nervées, lancéolées, à ligule nulle. — Panicule étroite, très-pauvre. — Epillets petits, biflores. — Fleur inf.

hermaphrodite, sessile ; fleur sup. pédicellée, plus petite, femelle.

2 glumes arrondies, membraneuses, ventrues, concaves, presque égales.

Fleurs hermaphrodites :

2 glumelles membraneuses, égales, mutiques ; l'inf.
ovale, arrondie, obtuse, ventrue, concave ; la sup.
uninervée, sub - bicarénée. — 2 glumellules transparentes, tronquées sub - bilobées. — 3 étamines. —
Ovaire glabre. — 2 styles. — Stigmates plumeux. —
Caryopse fusiforme, arrondi, glabre, libre.

Fleur femelle :

2 glumelles presque égales, ovales, obtuses, mutiques ; l'inf. concave ; la sup. bicarénée, à carène ciliée, — Étamines nulles. — Les autres caractères de la
fleur hermaphrodite.

Habitat : la Nouvelle-Hollande.   *Une espèce connue.*

---

*

*Epillets composés de fleurs de même nature, enfoncés dans
les excavations du rachis.*

222° **Cymbachne.** (*Retzius*).

Panicule spiciforme, terminale, quelquefois digitée, rachis
articulé, creusé par des excavations profondes. — Epillets biflores, géminés ; l'un hermaphrodite, l'autre femelle, cachés
dans les excavations du rachis.

Epillets hermaphrodites :

2 glumes presque égales ; l'inf. ou externe naviculaire, coriace ; la sup. ou interne manque quelquefois.
— 2 glumelles plus courtes que les glumes, membra-

neuses, presque transparentes ; l'inf. ciliée sur le dos ;
la sup. bicarénée. — 2 glumellules obliques, tronquées,
glabres. — 3 étamines. — Ovaire glabre. — 2 styles
terminaux. — Stigmates plumeux. — Caryopse.....

Epillets femelles :

Glumes nulles. — Une glumelle bifide au sommet. —
Glumellules..... — Etamines nulles. — Tous les autres
caractères des épillets hermaphrodites.

Habitat : le Bengale.   *Une espèce connue.*

NOTE. — La seule espèce de ce genre a été classée avec les Rott-
noellia, par *Kunth.*

II

GLUMES INÉGALES.

---

*

Glume supérieure longuement aristée.

223° **Pogonatherum.** (*P. de Beauvais*).

Plantes cespiteuses. — Chaume rameux. — Epis solitaires
sur les rameaux, simples, articulés. — Epillets biflores, géminés, l'un sessile, polygame, hermaphrodite ; l'autre sessile, polygame, femelle. — Fleur inf. mutique, très-rarement aristée,
quelquefois mâle (2 glumelles), quelquefois neutre (une glumelle); fleur sup. aristée, hermaphrodite, très-rarement femelle.

2 glumes inégales, membraneuses ; l'inf. concave,
mutique ; la sup. carénée, concave, longuement aristée
au-dessous du sommet ; l'une et l'autre pubescentes à la
base, ciliées sur les bords en haut.

Fleur mâle, ou femelle, ou neutre :

La fleur mâle ou la fleur femelle composée de glumelles transparentes, courtes, dépourvues d'arêtes. — Glumellules nulles. — 1-2 étamines pour la fleur mâle. — 1 ovaire sessile pour la fleur femelle.

La fleur neutre n'est constituée que par une seule glumelle mutique, scarieuse, très-petite, pédicellée, à pédicelle pubescent.

Fleur hermaphrodite :

2 glumelles transparentes, très-courtes ; l'inf. longuement aristée au-dessous du sommet, bifide au sommet, à divisions mucronées, glabres, concaves, arrondies sur le dos ; arête tordue, genouillée au milieu, 4-5 fois plus longues que la glumelle ; la sup. bifide au sommet. — Glumellules nulles. — 1-2 étamines. — Stigmates plumeux, à poils simples. — Caryopse oblique, oblong, comprimé, glabre, libre d'adhérences, mais inclus entre les glumelles.

Habitat : les Indes orientales.　　　　*Une espèce connue.*

NOTE. — La seule espèce de ce genre a été classée avec les Perotis, par *Willd.;* avec les Panicum, par *Burm.;* avec les Saccharum, par *Lam.;* avec les Andropogon, par *Thunb.;* avec les Homoplitis, par *Trinius.*

Le genre Homoplitis (*Trinius*) a été réuni au genre Pogonatherum.

*

Glumes mutiques.

§

Glumes membraneuses.

224° **Stenotaphrum.** (*Trinius*).

Plantes rampantes, rameuses. — Feuilles planes. — Epi comprimé, présentant une large excavation pour l'insertion des epillets. — Rachis inarticulé. — Epillets biflores, les uns geminés, les autres pédicellés, tous fertiles, bisériés, alternes. — Fleurs sessiles : l'inf. mâle ; la sup. hermaphrodite.

2 glumes membraneuses ; l'inf. petite.

Fleur hermaphrodite :

2 glumelles coriaces : l'inf. concave, enveloppante ; la sup. bicarénée. — 2 glumellules collatérales, tronquées, charnues, glabres. — 3 étamines. — Ovaire glabre, acuminée entre l'insertion des styles. — 2 styles terminaux allongés. — Stigmates en goupillon, à poils simples. — Caryopse libre, glabre.

Fleur mâle :

Tous les caractères de la fleur hermaphrodite, mais absence des organes femelles.

Habitat : l'Inde orientale, les îles de France et de Bourbon, les Amériques et les îles.　　　　*5 espèces connues.*

NOTE. — Une espèce de ce genre a été classée par *Lin.* avec les Panicum ; 2 l'ont été avec les Rottboellia, par *Swartz*, *Poir.*, *Thunb.*, *Lam.* ; une l'a été avec les Ischoemum, par *Wall.*

---

§

Glumes coriaces, indurées.

225° Echinolaena. (*Desvaux*).

Plantes rameuses, diffuses, rampantes. — Feuilles planes. — Epi terminal, solitaire, infléchi à la base. — Epillets biflores, sessiles, unilatéraux, pédicellés, distants. — Fleur inf. mâle ; la sup. hermaphrodite.

2 glumes coriaces, indurées, naviculaires, concaves, inégales, pubescentes sur la face externe, glabres en bas.

Fleur hermaphrodite :

2 glumelles coriaces, mutiques, concaves ; l'inf. enveloppant la sup. — 2 glumellules charnues, membraneuses, glabres, tronquées, à 2-3 lobes ou arrondies
au sommet. — 3 étamines. — Ovaire glabre. — 2 styles
terminaux, libres. — Stigmates plumeux, à poils simples. — Caryopse glabre, convexe sur la face externe,
plan sur l'interne, libre d'adhérences, mais inclus.

Fleur mâle :

Plus grande, à glumelles sub-coriaces. — 3 étamines. — Absence des organes femelles.

Habitat : l'Amérique du Sud.   *8 espèces connues.*

NOTE. — *Nees. Raddi, Trinius. Swartz, Berth., Schult.*, ont classé
les espèces de ce genre avec les Panicum ; *Mœnch.*, une avec les Milium ;
Poir., Kud, 2 avec les Cenchrus ; *Raddi* et *Bert.*, 2 avec les Navicularia.

§

Glumes striées transversalement.

226° Colladoa. (*Cavanilles, Persoon*).

Panicule spiciforme, quelquefois rameuse, terminale. — Epillets géminés, l'un sessile, l'autre pédicellé, biflores ; fleur inf.
mâle ; fleur sup. hermaphrodite.

2 glumes presque égales, naviculaires, concaves,
acuminées, coriaces, sub-cartilagineuses ; l'inf. striée
transversalement ; la sup. glabre.

Fleur mâle :

2 glumelles égales, lancéolées, naviculaires, acuminées, glabres, membraneuses. — 3 étamines à filets
courts.

Fleur hermaphrodite :

2 glumelles égales, lancéolées, naviculaires, membraneuses, concaves; l'inf. offrant 2 dents courtes au sommet, et sur le dos une longue arête; arête tordue inférieurement, genouillée à la partie moyenne, aplanie, ondulée dans sa moitié sup., 3-4 fois plus longue que l'épillet; glumelle sup. entière. — 2 glumellules lancéolées, subulées.— 3 étamines à filets courts.— Ovaire ovoïde, glabre. — 2 styles courts. — 2 stigmates très-grêles. — Caryopse oblong, obtus, glabre, sillonné sur sa face interne.

Habitat : l'Amérique, les îles Philippines.

2 espèces connues.

NOTE. — *Kunth* a classé une espèce de ce genre avec les Ischoemum et une avec les Anthephora ; *Lin.*, une avec les Tripsacum ; *Trinius*, une avec les Cenchrus.

TROISIÈME SOUS-TRIBU.

Epillets disposés en une panicule anormale, ou renfermés dans une spathe, ou entourés d'un involucre à la base.

PREMIÈRE SECTION.

Epillets pédicellés.

---

*

Involucre unilatéral formé par des poils ou des soies.

227° Setaria. (*P. de Beauvais*).

Feuilles planes. — Panicule spiciforme, quelquefois rameuse ; rachis inarticulé. — Epillets brièvement pédicellés, biflores comprimés par le dos, plans d'un côté, convexes de l'autre ; entourés à la base d'un involucre unilatéral, composé de soies roides, persistantes. — Fleur sup. hermaphrodite ; fleur inf. mâle ou neutre, incomplète.

2 glumes inégales, membraneuses, concaves, mutiques ; l'inf. plus petite.

Fleur hermaphrodite :

2 glumelles coriaces, concaves, mutiques, cartilagineuses, ponctuées ou rugueuses, égales ; l'inf. enveloppant la sup. — Glumellules charnues, tronquées, obtuses, glabres, collatérales. — 3 étamines. — Ovaire glabre, émarginé, bicorne au sommet. — 2 styles allongés, écartés à la base. — Stigmates plumeux, à poils simples. — Caryopse comprimé, glabre, libre d'adhérences, mais inclus.

Fleur mâle ou neutre :

1-2 glumelles membraneuses ; l'inf. nervée, plane sur le dos, mutique ; la sup. membraneuse quand elle existe.

Habitat : l'Europe, l'Asie, l'Afrique, l'Océanie.

56 espèces connues.

NOTE. — Toutes les espèces de ce genre ont été classées avec les PANICUM, par *Trinius, Lin., Nees, Mœnch., Horn., Weig., Lam., Poir., Roth., Link, D. C., Kit., Ell., Swartz, Richard, Willd., Muehl., Ruiz, Ait., Kœnig, Spreng., Roxb.; Brown, Jacq.* et *Nutt.,* 10 avec les PENNISETUM ; *Schult.,* 2 avec les ECHINOCHLOA ; *Schult., Roem.,* 3 avec les OPLISMENUS ; *Poir.,* une avec les CENCHRUS ; *Roth.,* une avec les DIGITARIA.

※

Involucre complet, double.

---

§

Involucre caduc ; rang inf. plumeux.

228° **Pennisetum.** (*P. de Beauvais*).

Plantes rameuses. — Feuilles planes. — Epi simple, terminal, à rachis inarticulé. — Epillets sessiles, biflores, solitaires, géminés ou réunis par groupes de plusieurs dans le même involucre. — Involucre composé de soies roides, caduques, disposées sur deux rangs ; celles du rang intérieur plumeuses. — Fleur sup. hermaphrodite ; l'inf. mâle ou neutre, stérile ; quelquefois femelle, fertile.

2 glumes inégales, membraneuses, concaves ; l'inf. quelquefois avortée.

Fleur hermaphrodite :

2 glumelles coriaces, concaves, sub-cartilagineuses ; l'inf. enveloppant la sup. — 2 glumellules très-petites, le plus souvent nulles. — 3 étamines. — Ovaire glabre. — 2 styles terminaux, allongés, souvent soudés ensemble en bas. — Stigmates plumeux, à poils simples. — Caryopse comprimé parallèlement à l'embryon, glabre, libre d'adhérences, mais inclus.

Fleur mâle ou neutre :

1-2 glumelles membraneuses, naviculaires, acuminées, glabres, presque égales.

Habitat : l'Amérique, l'Afrique, l'Océanie.

26 espèces connues.

NOTE. — *Swartz, Willd., Desf., Lin., Vahl., Thunb.*, ont classé 8 espèces de ce genre avec les Cenchrus : *Richard, Poir., Lam., Forsk.,*

Will., *Thunb.*, *Link*, *Roxb.*, *Lin.*, 15 avec les Panicum ; *Lin.*, une avec les Alopecurus ; *Willd.*, *Roem.*, *Spreng.*, 3 avec les Penicillaria ; *Roem.*, *Sieb.*, 3 avec les Setaria ; *Schult.*, une avec les Gymnotrix ; *Forsk.*, une avec les Phalaris.

---

§

Involucre persistant ; toutes les soies scabres.

228° **Penicillaria**, (*Swartz, Willdenow*).

Plantes dressées, rameuses. — Feuilles planes, membraneuses, à nervure moyenne, épaisse, proéminente en dessous ; à ligule très-courte, ciliée. — Panicule simple, oblongue, cylindrique, à rameaux simples, courts, épars ou verticellés. — Rachis poilu. — Epillets biflores, solitaires ou géminés, entourés d'un involucre sétiforme, scabre. — Involucre simple, sétiforme, scabre, persistant. — Fleur sup. hermaphrodite ; l'inf. mâle, quelquefois hermaphrodite sur le même épillet.

2 glumes courtes, inégales, membraneuses, transparentes.

Fleur hermaphrodite :

2 glumelles herbacées, concaves, carénées, ciliées sur la carène et sur les bords ; la sup. plus courte, à 4 nervures. — Glumellules nulles. — 3 étamines à anthères, à lobes terminaux, surmontés d'un bouquet de poils ou de soies. — Ovaire glabre. — 1 style terminal, allongé. — Stigmate bifide, plumeux, à poils transparents, simples, dentelés. — Caryopse........

Fleur mâle ou neutre :

2 glumellules semblables à celles de la fleur hermaphrodite.

Habitat : les Indes orientales.   *2 espèces connues.*

NOTE — *Lin.* a classé une espèce de ce genre avec les Holcus ;

Roxb., 2 avec les Panicum; *Persoon*, une avec les Pennisetum; *Cav.*, une avec les Cenchrus.

DEUXIÈME SECTION.

Epillets sessiles.

I.

UNE GLUME.

230° Thouarea. (*Petit-Thouars, Persoon, Brown*).

Chaume rampant, très-long, à rameaux redressés, courts, indivis, feuillés. — Feuilles planes, élargies, lancéolées, courtes, le plus souvent pubescentes.—Épi terminal, solitaire, court, à demi-caché pendant le jour dans la gaine spathiforme des feuilles. — Epillets unilatéraux, unisériées, sessiles, rares sur chaque rameau de l'épi ; 1-2 inf. fertiles, les 4-6 sup. incomplets, stériles. — Rachis canaliculé, coriace, non articulé, genouillé à la base. — Fleurs sessiles, à 2 glumelles dans les 1-2 épillets inf. de chaque épi, hermaphrodites ; mâle dans les autres.

Une glume ovale, oblongue, concave, membraneuse, plus courte que les fleurs.

Fleur hermaphrodite :

2 glumelles presque égales, parcheminées, mutiques ; l'inf. concave, enveloppante ; la sup. binervée. — 2 glumellules charnues, tronquées, sub-émarginées, glabres. — 3 étamines. — Ovaire glabre, acuminé entre les styles. — 2 styles terminaux. — Stigmates plumeux, à poils très-longs, simples. —Caryopse elliptique, glabre, comprimé, inclus sans adhérences entre les glumelles.

Fleur mâle :

— 2 glumelles membraneuses ; l'inf. ovale, aiguë, enveloppante, la sup. bicarénée. — 3 étamines. — 2 glumellules semblables à celles de la fleur hermaphrodite.

Habitat : la Nouvelle-Hollande, Madagascar, les iles de la Société.   *4 espèces connues.*

NOTE. — *Forst.* a classé une espèce de ce genre avec les Iscuœmum.

II

DEUX GLUMES.

---

*

Glumes égales.

231° Ophiurus. (*Brown*).

Chaume droit rameux. — Feuilles à gaines pubescentes. — Epi rond, court, articulé, à demi-caché dans une spathe foliacée. — Epillets biflores, cachés en partie dans les excavations d'un rachis articulé. — Fleur extérieure (inf.) mâle ; fleur intérieure (sup.) hermaphrodite.

2 glumes ; l'inf. cartilagineuse, striée, plus longue que les fleurs, concave ; la sup. concave, membraneuse.

Fleur hermaphrodite :

2 glumelles membraneuses, transparentes, naviculaires, concaves, acuminées, presque égales. — Glumellules........ — 3 étamines. — Ovaire ovoïde, cordé au sommet. — 2 styles distants, très-courts. — Stigmates plumeux. — Caryopse........

Fleur mâle :

2 glumelles semblables à celles de la fleur hermaphrodite. — 3 étamines.

Habitat : la Nouvelle-Hollande, le Portugal.

2 espèces connues.

NOTE. — Une espèce de ce genre a été classée avec les *Rottboellia*, par *Lin.*, *Retz.*; l'autre avec les *Aegilops*, par *Lin.*

⁂

Glumes inégales.

---

§

Glumellules nulles.

232° **Cenchrus.** (*P. de Beauvais*).

Plantes le plus souvent rameuses. — Feuilles planes. — Epi terminal, simple, à rachis non articulé. — Epillets biflores, sessiles, solitaires, géminés, ou réunis par groupes de plusieurs dans un même involucre. — Involucre double; l'interne composé de 2-3 folioles tri ou quadrifide dans leur moitié sup., à divisions lancéolées, aiguës; l'externe sétiforme; les deux ensemble un peu plus courts que les épillets. — Fleur sup. hermaphrodite; l'inf. mâle ou neutre.

2 glumes inégales, membraneuses; l'inf. beaucoup plus petite, l'une et l'autre naviculaires, concaves.

Fleur hermaphrodite :

2 glumelles sub-coriaces, concaves, lancéolées, aiguës; l'inf. plus grande, enveloppante. — Glumellules nulles. — 3 étamines à filets courts. — Ovaire glabre. — 2 styles terminaux, allongés, soudés ensemble en bas.—2 stigmates plumeux, à poils simples, sub-denti-

cués. — Caryopse glabre, comprimé parallèlement à
l'embryon, libre d'adhérences, mais inclus.

Fleur mâle ou neutre :

Semblable à la fleur hermaphrodite, moins les organes femelles : quelquefois réduite à une seule glumelle.

Habitat : l'Europe, les Amériques, l'Afrique, l'Océanie.

18 espèces connues.

NOTE. — *Spreng., Nutt.,* ont classé **2** espèces de ce genre avec les
PENNISETUM ; *Elliott.,* une avec les PANICUM.

---

§

Glumellules charnues.

233° Gymnotrix. (*P. de Beauvais*).

Chaume simple ou rameux. — Feuilles planes. — Epi simple, terminal, solitaire ou terne, cylindrique, à rachis inarticulé. — Epillets biflores, presque sessiles, alternes, solitaires,
entourés d'un involucre. — Involucre sétiforme, enveloppant
et dépassant 3-4 fois les épillets, à soies roides, scabres, inégales ; caduc avec l'épillet.

2 glumes membraneuses, inégales, concaves, mutiques ; l'inf. tronquée, dentelée au sommet, plus courte.

Fleur hermaphrodite :

2 glumelles coriaces, concaves, naviculaires, acuminées, souvent mutiques. — Glumellules charnues ,
membraneuses, tronquées, entières ou irrégulièrement
bilobées, collatérales ; l'externe glabre. — 3 étamines.
— Ovaire glabre. — 2 styles terminaux, allongés, très-
rarement soudés ensemble à la base. — Stigmates plumeux, à poils simples. — Caryopse.......

Fleur mâle ou neutre :

1-2 glumelles membraneuses. — 3 étamines.

Habitat : le Cap de Bonne-Espérance, le Japon, l'Ile-de-France, l'Amérique du Sud.   *13 espèces connues.*

NOTE. — *Thunb,, Lam.*, ont classé 3 espèces de ce genre avec les Panicum ; *Lin.*, une avec les Alopecurus ; *Spreng., Trinius, Steud.*, 4 avec les Perotis; *Steud.*, une avec les Catatherophora. Ce dernier genre n'a pas été admis par le plus grand nombre des Botanistes.

TROISIÈME SECTION.

Epillets géminés, l'un sessile, l'autre pédicellé.

*

Rameaux de la panicule enfermés dans une spathe foliacée.

234° Apluda. (*Lin.*)

Plantes très-rameuses. — Epillets biflores, géminés ou ternés à l'extrémité des rameaux, grêles, enveloppés dans la plus grande partie de leur étendue par une feuille spathiforme ; épillet du milieu, sessile, fertile ; les latéraux pédicellés, stériles. — Fleur inf. mâle ; fleur sup. hermaphrodite.

2 glumes herbacées, membraneuses sur les bords, striées ; la sup. lancéolée, sub-canaliculée, bifide au sommet, à divisions acuminées ; l'inf. carénée, naviculaire, bifide au sommet, à divisions acuminées, aristée entre la bifidité ; arête droite, environ de la longueur de la glume.

Fleur hermaphrodite :

2 glumelles plus courtes que les glumes, membraneuses, transparentes, bifides, acuminées au sommet ; l'inf. longuement aristée sur le dos ; arête 4-5 fois aussi

longue que l'épillet, genouillée au milieu, tordue inf.
— 2 glumellules tronquées, sub-lobées au sommet, glabres. — 3 étamines. — Ovaire glabre. — 2 styles terminaux, allongés. — Stigmates plumeux. — Caryopse
glabre, libre.

Fleur mâle :

2 glumelles égales, bifides au sommet, ciliées sur les
bords en haut, dépourvues d'arêtes. — Glumellules.....
— 3 étamines.

Habitat : l'Inde orientale, l'Afrique, l'Espagne.

4 espèces connues.

NOTE. — *Retz.* a classé une espèce de ce genre avec les ANDROPOGON ;
P. de Beauvais, 2 avec les CALAMINA.

---

*

Epillets entourés à la base d'un involucre à 4 valves.

235° **Androscepia.** *(Brongniart).*

Feuilles planes, linéaires, à gaine glabre, scabre. —Panicule
très-grande, à rameaux courts, terminés par des groupes d'é-
pillets, plus ou moins pédicellés, enveloppés à la base dans
une spathe foliacée. — Epillets dissemblables ; 4 inf. sessiles,
géminés, rapprochés, sub-verticellés, mâles, entourés à la base
d'un involucre à 4 valves ; 5-7 supérieurs, géminés ou ternés,
distants, un sessile hermaphrodite ; l'autre ou les deux autres
pédicellés, mâles.

Epillets hermaphrodites :

2 glumes coriaces, enroulées ; l'externe multinervée,
renfermant 2 fleurs ; l'inf. incomplète, neutre ; fleur
sup. hermaphrodite.

Fleur hermaphrodite :

2 glumelles inégales ; l'inf. trinervée, mutique ; la

16

sup. sub-uninervée. — 2 glumellules tronquées, émarginées. — 3 étamines à anthères oblongues. — Ovaire ovale, glabre. — 2 styles filiformes. — Stigmates allongés, plumeux. — Caryopse........

Fleur neutre :

Le plus souvent constituée par une seule glumelle, semblable à celle de la fleur hermaphrodite.

Epillets composés entièrement de fleurs mâles, soit sup., soit inf.

2 glumes planes, multinervées, souvent pubescentes ; l'intérieure enroulée, trinervée, renfermant 2 fleurs ; fleur inf. neutre, à une seule glumelle ; fleur sup. à deux glumelles mâles.

1-2 glumelles semblables pour les deux fleurs, inégales, mutiques. — 2 glumellules tronquées. — 3 étamines ou point.

Habitat : Amboine, Java.   *Une espèce connue.*

NOTE. — La seule espèce de ce genre a été classée avec les ANTHISTIRIA, par *Cav.;* avec les APLUDA, par *Spreng.;* avec les CALAMINA, par *Roem.* et *Schult.*

TROISIÈME TRIBU.

TRIFLORÉES.

TROIS FLEURS A L'ÉPILLET.

PREMIÈRE SOUS-TRIBU.

Epillets disposés en panicule rameuse.

Fleur sup. hermaphrodite, les 2 inf. mâles.

---

§

Glumes égales.

236° Hierochloa. (*R. Brown, Gmelin*).

Plantes odorantes. — Panicule diffuse ou contractée. — Epillets triflores, pédicellés. — 2 fleurs inf. mâles, souvent aristées ; la sup. hermaphrodite, mutique.

2 glumes membraneuses, carénées, presque égales, mutiques.

Fleur hermaphrodite :

2 glumelles ; l'inf. entière, carénée, mutique ou aristée sous le sommet ; la sup. unicarénée. — 2 glumellules sub-orbiculaires, glabres. — 2 étamines. — Ovaire glabre. — 2 styles soudés ensemble. — Stigmates plumeux, à poils fasciculés, rameux. — Caryopse oblique, oblong, elliptique, un peu comprimé par le côté, libre d'adhérences, mais inclus.

Fleurs mâles :

2 glumelles parcheminées, mucronées ; l'inf. entière, mutique ; la sup. bicarénée. — 2 glumellules oblongues, glabres. — 3 étamines..

Habitat : l'Europe, le nord de l'Asie, l'Amérique du Nord, la Nouvelle-Hollande, la Nouvelle-Zélande, le Chili, les îles Malouines, les îles Malvines, la Daourie.   *10 espèces connues.*

NOTE. — *Schrad., Schkuhr, Tim., Host., Swartz, Mich., Willd., Forst.,* ont classé les espèces de ce genre avec les Holcus ; *Pers. Gaud., Roem.,* 4 avec les Avena ; *Wib.,* une avec les Poa ; *Lilje,* une avec les Disarrenum ; *Derous.,* une avec les Melica ; *Roem., P. de Beauvais, Ruiz.,* 3 avec les Torresia.

La seule espèce qui composait le genre Disarrenum, genre qui n'a pas été admis par le plus grand nombre des Botanistes, a été réunie au genre Hierochloa.

§

Glumes inégales.

237° **Torresia.** (*P. de Beauvais*).

Panicule composée, rameuse, à rameaux courts. — Epillets triflores, très-nombreux sur chaque rameau, très-brièvement pédicellés. — 2 fleurs latérales, mâles ; fleur moyenne, hermaphrodite.

2 glumes inégales, naviculaires, mutiques ; l'inf. plus grande.

Fleurs mâles :

2 glumelles striées ; l'inf. ciliée sur les bords et sur la carène, brièvement aristée, plus large que l'inf. qu'elle embrasse ; la sup. bicarénée, plus étroite, bifide au sommet. — 3 étamines à filets courts.

Fleur hermaphrodite :

2 glumelles très-inégales : l'inf. beaucoup plus grande,

naviculaire, enroulée, ciliée sur les bords et au sommet, mucronée ; la sup. plus étroite en haut, entière au sommet. — Glumellules....... — 3 étamines à filets courts. — Ovaire glabre, olivaire. — 2 styles droits parallèles. —Stigmates en goupillon. — Caryopse......

Habitat : le Pérou, Java.   *5 espèces connues.*

NOTE.   *Kunth* a classé une espèce de ce genre avec les AVENA, une avec les HIEROCHLOA et une avec les CENTOTHECA ; *Forst.*, une avec les AIRA, une avec les HOLCUS et une avec les POA ; *Raspail* et *Derous.*, une avec les MELICA ; *Roem.*, 2 avec les AVENA et une avec les OPLISME-NUS ; *Lin.*, une avec les POA et une avec les CENCHRUS ; *Trinius*, une avec les TRISETUM et une avec les UNIOLA ; *Spreng.*, une avec les DANTHONIA.

---

*

Fleur inf. mâle ; la moyenne incomplète, stérile ;
la terminale hermaphrodite.

238° **Ataxia.** (*R. Brown*).

Plantes aromatiques. — Feuilles planes. — Panicule simple, contractée. — Epillets triflores. — Fleur inf. mâle, à 2 glumelles ; fleur moyenne incomplète, stérile ; fleur terminale hermaphrodite.

2 glumes inégales.

Fleurs mâles ou fleurs incomplètes :

. . . .

Fleur hermaphrodite :

Glumelles......—Glumellules...... — Etamines......
— Styles....... — Stigmates....... — Caryopse.......

Habitat : Java.   *Une espèce connue.*

NOTE. — La description de ce genre est trop incomplète pour pouvoir le classer définitivement ; il devra être étudié de nouveau avec plus de soins.

---

§

Glumelles barbues.

238° Trychopteryx. (*Nees ab Esenbeck*).

Panicule rameuse, très-étroite. — Epillets triflores, polygames. — Fleurs sessiles; l'inf. mâle; la sup. hermaphrodite; la moyenne incomplète, avortée.

Glumes inégales, plus grandes que les fleurs, membraneuses, trinervées, glabres: l'inf. ovale, aiguë, subunidentée au sommet; la sup. oblongue, lancéolée, acuminée.

Fleur mâle :

2 glumelles; l'inf. aiguë, lancéolée, acuminée, membraneuse, trinervée; la sup. petite, transparente, bidentée au sommet. — 2 glumellules glabres, émarginées, bidentées. — 3 étamines.

Fleur hermaphrodite :

2 glumelles barbues, bifides, laciniées, soyeuses au sommet; l'inf. trinervée, bifide au sommet, aristée; arête sortant du milieu des poils blancs, à base plane, tordue inf., incurvée supérieurement; la sup. binervée, bidentée au sommet. — 2 glumellules glabres, émarginées, bidentées.— 3 étamines. —Ovaire glabre, obtus, à base étroite. — 2 styles distants. — Stigmates......
Caryopse.......

Fleur incomplète :

Constituée par un simple pédicelle ou une glumelle avortée.

Habitat : le midi de l'Afrique.   *Une espèce connue.*

DEUXIÈME SOUS-TRIBU.

Epillets disposés en panicule spiciforme.

***

Epillets alternes.

240° Pentarrhaphis. *(Humboldt, Kunth).*

Chaume droit, rameux. — Feuilles linéaires, planes. — Epi terminal, solitaire. — Epillets triflores, alternes, sessiles, distants. — Fleur inf. hermaphrodite, sessile ; fleur moyenne, pédicellée, mâle ; fleur sup. incomplète.

2 glumes ; l'inf. constituée par cinq arêtes réunies ensemble à la base ; la sup. bidentée, aristée.

Fleur hermaphrodite :

2 glumelles ; l'inf. à 5 dents ; dents latérales et la moyenne aristées. — Glumellules....... — 3 étamines. — Ovaire...... — 2 styles. — Stigmates plumeux. — Caryopse libre d'adhérences, mais inclus entre les glumelles.

Fleur mâle :

2 glumelles ; l'inf. à 7 dents aristées. — Glumellules....... — 3 étamines.

Fleur incomplète :

Constituée par un simple pédicelle, souvent surmonté d'une glumelle avortée.

Habitat : le Mexique.   *Une espèce connue.*

NOTE. — Description trop incomplète. La seule espèce de ce genre a été classée avec les Atheropogon, par *Spreng.*

*

Epillets géminés.

241° **Bluffia.** (*Nees ab Esenbeck*).

Panicule rameuse, digitée, à rachis étroit, pourvu de brac-
téoles lancéolées, caduques. — Epillets géminés, triflores. —
Fleur inf. mâle, fleur sup. hermaphrodite; la moyenne incomplète, stérile.

2 glumes membraneuses, herbacées, subulées, acuminées, inégales; l'inf., plus petite, à trois nervures; la
sup. à 5 nervures.

Fleur inf. mâle :

2 glumelles; l'inf. subulée, acuminée ou mutique de
même forme que les glumes, mais un peu plus roide; la
sup. courte, membraneuse, laciniée, acuminée. — 2 glumellules courtes, arrondies, membraneuses, planes. — 3
étamines.

Fleur hermaphrodite :

2 glumelles parcheminées, coriaces, presque égales;
l'inf. convexe, brièvement aristée au sommet; la sup.
bicarénée, concave, acuminée, mucronée, auriculée à
la base; auricules membraneuses embrassant les organes de la fructification. — 2 glumellules courtes, arrondies, membraneuses, planes. — 3 étamines. —
Ovaire...... — 2 styles. — Stigmates plumeux. — Caryopse.........

Fleur incomplète :

Constituée par une simple glumelle avortée et quelquefois réduite en un pédicelle sétiforme.

Habitat : le midi de l'Afrique.   *Une espèce connue.*

TROISIÈME SOUS-TRIBU.

*Panicule anormale, ou renfermée dans une spathe,
ou pourvue d'un involucre.*

✳

Involucre velu.

242° **Pleuraphis.** (*Torrey*).

Plantes très-grêles, glabres. — Racines rampantes. — Feuilles très-étroites, scabres. — Panicule anormale. — Epillets peu distincts. — Fleurs ternées en épi, pourvues à la base d'un involucre bractéolé, velu.

Fleur centrale :

2 glumes velues, pourvues de 5 soies à la base. — 2 glumelles ; l'inf. pourvue d'une soie. — Glumellules...... — Etamines...... — Ovaire...... — Style...... — Stigmates..... — Caryopse.......

Fleurs latérales :

2 glumelles ; l'inf. couverte de soies courtes.

Habitat : l'Amérique du Nord.   *Une espèce connue.*

NOTE. — La description de ce genre est bien trop incomplète pour établir son classement définitif.

✳

Epi renfermé dans un involucre monophyle.

243° **Thelepogon.** (*Roth*).

Involucre monophyle, cartilagineux, comprimé. — Epillets triflores. — Fleurs sessiles, la moyenne hermaphrodite ; les latérales mâles.

2 glumes cartilagineuses.

Fleur hermaphrodite :

2 glumelles presque égales. — Glumellules....... — 3 étamines. — Ovaire....... — Style....... — 2 Stigmates. — Caryopse.......

Fleurs mâles :

2 glumelles presque égales ; l'externe de la fleur interne longuement aristée ; arête tordue, genouillée. — Étamines souvent incomplètes. — Styles nuls.

Habitat : l'Inde orientale.   *Une espèce connue.*

NOTE. — La description a besoin d'être plus complète ; il ne pourra être classé définitivement qu'après une nouvelle étude.

Heyne a classé la seule espèce de ce genre avec les ROTTBOELLIA.

QUATRIÈME TRIBU.

PLURIFLORÉES.

ÉPILLETS COMPOSÉS DE PLUS DE TROIS FLEURS.

PREMIÈRE SOUS-TRIBU.

Epillets disposés en panicule rameuse.

I.

SIX ÉTAMINES.

244° Guadua. (*Humboldt, Kunth*).

Chaume ligneux, rameux, jeunes rameaux spinescents. — Feuilles planes, brièvement pétiolées. — Panicule plus ou moins contractée. — Epillets multiflores, cylindriques. — Fleurs distiques; les inf. mâles ou stériles; les autres hermaphrodites.

2 glumes.

Fleurs hermaphrodites :

2 glumelles; l'inf. concave; la sup. bicarénée. — 3 glumellules. — 6 étamines. — Ovaire...... — 2 styles soudés inf. ensemble. — Stigmates plumeux. — Caryopse inclus, mais libre d'adhérences.

Fleurs mâles ou stériles :

.   .   .   .

Habitat : l'Amérique du Sud.   *5 espèces connues.*

NOTE. · La description de ce genre a encore besoin d'être complétée.

Roem., *Humb.*, *Nées*, ont classé les espèces de ce genre avec les Bambusa : *Rasp*, *Spreng.*, avec les Nastus.

II.

TROIS ÉTAMINES.

❋

Chaume ligneux.

245° Arundinaria. (*Richard*).

Chaume ligneux, rameux, à rameaux fasciculés, semi-verticellés. — Panicule rameuse. — Epillets 5-12 fleurs, comprimés, à rachis articulé. — Fleurs imbriquées, distiques, distantes, les unes hermaphrodites, les autres mâles ou stériles.

2 glumes inégales, petites, beaucoup plus courtes que l'épillet, membraneuses, concaves, mutiques, pourvues d'un petit bouquet de poils à la base ; la sup. 2-3 fois plus longue.

Fleurs hermaphrodites :

2 glumelles herbacées ; l'inf. ovale, aiguë, mucronée, concave, multinervée ; la sup. bicarénée. — 3 glumellules entières, aiguës, membraneuses, ciliées ou glabres, plus longues que l'ovaire. — 3 étamines. — Ovaire conique, glabre. — 3 styles très-courts, terminaux. — Stigmates plumeux, à poils longs, simples ou rameux. — Caryopse ovoïde, oblong, arqué, obtus ou terminé par un bec.

Fleurs mâles ou stériles :

Glumelles, glumellules et étamines comme pour les fleurs hermaphrodites.

Habitat : les Amériques, les Indes orientales.

4 espèces connues.

NOTE. — *Nutt.*, *Pers.*, ont classé deux espèces de ce genre avec les Miegia ; *Trinius, Fisch.*, une avec les Triglossum ; *Rafi.*, une avec les Macronax ; *Walt.*, une avec les Arundo ; *Dietr., Willd.*, 3 avec les Ludolfia ; *Rasp.*, une avec les Nastus ; *Lam., Lin.*, une avec les Panicum.

Toutes les espèces qui composaient les genres Miegia (*Persoon*), Triglossum (*Fisch.*), Macronax (*Rafi.*), Ludolfia (*Willd.*), ont été réunies au genre Arundinaria.

※

Chaume herbacé.

---

§

Fleurs hermaphrodites longuement barbues à la base.

246° **Phragmites.** (*Trinius*).

Plantes élevées. — Feuilles lancéolées, planes, finement striées, longuement acuminées. — Panicule rameuse, très-grande, diffuse. — Epillets pédicellés, comprimés par le côté, contenant 3-7 fleurs. — Fleurs distiques, distantes ; l'inf. mâle, nue à la base ; les sup. hermaphrodites, longuement barbues à la base.

2 glumes inégales, membraneuses, oblongues, aiguës, carénées ; la sup. plus grande.

Fleurs hermaphrodites :

2 glumelles membraneuses, entourées à la base de longs poils soyeux, inégales ; l'inf. très-longue, étroite, subulée, concave ; la sup. bicarénée, bimucronée au sommet ; mucrons courts. — 2 glumellules obliques, ovales, aiguës, irrégulièrement dentées au sommet, glabres. —

3 étamines à filets courts. — Ovaire glabre, fusiforme.
— 2 styles terminaux, très-courts. — Stigmates à poils
simples, bifides ou rameux, dentelés, transparents. —
Caryopse libre......

Fleur mâle :

2 glumelles nues à la base, de même forme que
celles des fleurs hermaphrodites. — 3 étamines à filets
courts. — Ovaire rudimentaire.

Habitat : l'Europe, le Caucase, la Sibérie, le Japon, l'Ile-de-
France.   *3 espèces connues.*

NOTE. — *Lam., Lin., D. C., Lejeune, Delile, Forsk., P. de Beauvais,* ont classé 2 espèces de ce genre avec les ARUNDO; *Presl.,* une avec
CZERNYA ; *Merat,* une avec les CALAMAGROSTIS.

La seule espèce du genre CZERNYA (*Presl.*) a été réunie au genre
PHRAGMITES.

---

§

Fleurs glabres à la base.

247° **Triraphis.** (*R. Brown*).

Plantes tropicales. — Feuilles enroulées, striées. — Panicule
rameuse, diffuse ou contractée. — Epillets multiflores. —
Fleurs distiques ; les inf. hermaphrodites ; les sup. mâles ou
stériles.

2 glumes membraneuses, égales, mutiques.

Fleurs hermaphrodites :

2 glumelles membraneuses ; l'inf. trifide au sommet,
à divisions laciniées, subulées, longuement aristées ;
arêtes droites, la moyenne plus longue ; glumelle sup.
bicarénée, mutique. — 2 glumellules cunéiformes,
ovales, glabres. — 3 étamines. — Ovaire glabre. — 2

styles terminaux. — Stigmates plumeux, à poils simples. — Caryopse.. ....

Fleurs mâles ou stériles :

1-2 glumelles, semblables à celles des fleurs hermaphrodites. — 3 étamines ou pas.

Habitat : la Nouvelle-Hollande, l'Afrique centrale.

3 *espèces connues.*

NOTE. — *Spreng.* a classé une espèce de ce genre avec les SESLERIA ; *Trinius,* une avec les PAPPOPHORUM.

DEUXIÈME SOUS - TRIBU.

Epillet en panicule spiciforme.

))

TROISIÈME SOUS-TRIBU.

*Panicule anormale, ou renfermée dans une spathe,
ou entourée d'un involucre.*

✳

Chaume ligneux.

248° **Beesha.** (*Rheede*).

Chaume ligneux, sans épines. — Feuilles larges, pourvues de poils soyeux à la gaine. — Epis fasciculés au niveau des nœuds, enveloppés dans une spathe. — Epillets pluriflores. —

Fleurs distiques ; les inf. mâles ou stériles ; les sup. hermaphrodites.

Glumes........

Fleurs hermaphrodites :

2 glumelles aiguës, mutiques. — Glumellules.........
— 6 étamines. — Ovaire glabre. — Un style terminal.
— 3 stigmates pubescents. — Fruit très-gros, charnu, ovale, acuminé, renfermant les semences.

Fleurs mâles ou stériles :

Une seule glumelle...........
Habitat : les Indes orientales, Amboine.

2 espèces connues.

NOTE. — Description très-incomplète.
Rœp., *Trinius*, ont classé les deux espèces de ce genre avec les Mᴇʟᴏᴄᴀɴɴᴀ ; *Rasp.*, une avec les Nᴀsᴛᴜs ; *Roxb.*, *Poir.*, *Roem.*, 2 avec les Bᴀᴍʙᴜsᴀ ; *Pour.*, une avec les Aʀᴜɴᴅᴏ ; *Rumph.*, une avec les Aʀᴜɴᴅᴀʀʙᴏʀ.

Les genres Aʀᴜɴᴅᴀʀʙᴏʀ (*Rumph.*) et Mᴇʟᴏᴄᴀɴɴᴀ (*Rœp.*) n'ont pas été admis par la généralité des Botanistes.

QUATRIÈME CLASSE.

MONOICÉES.

*Fleurs mâles et fleurs femelles sur la même plante :
jamais de fleurs hermaphrodites.*

PREMIÈRE TRIBU.

UNIFLORÉES.

UNE SEULE FLEUR SUR CHAQUE ÉPILLET.

PREMIÈRE SOUS - TRIBU.

Epillets disposés en panicule rameuse.

PREMIÈRE SECTION.

Fleurs mâles et fleurs femelles sur la même panicule.

---

*

Glumes nulles.

249° **Hydropyrum.** (*Link*).

Plantes aquatiques. — Feuilles planes. — Panicule rameuse,
composée en haut par des épillets mâles, en bas par des épillets femelles.—Epillets pédicellés, uniflores, les uns mâles, les
autres femelles.

Epillets mâles :

Glumes nulles.— 2 glumelles membraneuses, presque
égales ; l'inf. aiguë, mucronée, à 5 nervures, concave,

enveloppante ; la sup. a 3 nervures. — 2 glumellules, presque charnues, glabres. — 6 étamines. — Traces d'un style avorté.

Epillets femelles :

2 glumes rudimentaires, cupuliformes, membraneuses, orbiculaires. — 2 glumelles membraneuses, linéaires ; l'inf. a 3 nervures, aristée, enveloppant la sup. ; arête droite, longue, non articulée ; glumelle sup. très-étroite, à 4 nervures. — 2 glumellules glabres, plus longues que l'ovaire. — Etamines rudimentaires. — Ovaire sessile, oblong, glabre. — 2 styles courts, divergents. — Stigmates plumeux, à poils simples, subulés. — Caryopse grêle, allongé, cylindrique, pourvu d'un sillon longitudinal, libre, mais inclus entre les glumelles, surmonté d'un bec.

Habitat : l'Amérique du Nord.   *2 espèces connues.*

NOTE. — *Lin., Mich.,* ont classé les deux espèces de ce genre avec les Zizania ; *Link* en a classé une avec les Milinum. Ce dernier genre n'a pas été admis par la généralité des Botanistes.

✳

Deux glumes.

---

§

Epillets géminés, l'un sessile, l'autre pédicellé.

250° Pharus. (*Lin., P. Brown*).

Plantes élevées. — Feuilles pétiolées, larges, planes, striées, nervées. — Panicule terminale, à rameaux simples. — Epillets uniflores, géminés ; les uns pédicellés, mâles, les autres sessiles, femelles.

Epillets mâles :

2 glumes membraneuses, mutiques, inégales, plus courtes que les glumelles, herbacées. — 2 glumelles membraneuses, herbacées : l'inf. trinervée, sub-carénée, aiguë ; la sup. binervée. — 2 glumellules entières, glabres. — 6 étamines.

Epillets femelles :

2 glumes membraneuses, concaves, mutiques, plus courtes que les glumes.. — 2 glumelles mutiques ; l'inf. indurée, coriace, enroulée, pubescente, étroite, enveloppant la sup. ; la sup. très-étroite, binervée. — Glumellules nulles. — Etamines nulles. — Ovaire glabre.— 2 styles terminaux, très-longs, soudés ensemble. — 3 stigmates plumeux. — Caryopse linéaire, cylindrique, aigu, libre d'adhérences, mais inclus entre les glumelles indurées.

Habitat : l'Amérique du Sud, les Antilles.

6 espèces connues.

NOTE. — *Spreng.* a classé une espèce de ce genre avec les ABILD-GAARDIA ; mais ce genre n'a pas été conservé.

----

§

Tous les épillets pédicellés.

251° **Zizania.** (*Lin.*)

Racines rampantes. — Chaume élevé. — Feuilles enroulées, canaliculées. — Panicule très-grande, rameuse, ouverte ; rameaux inf. ne portant que des épillets mâles ; les sup. que des épillets femelles. — Epillets uniflores, oblongs, fusiformes ; les uns mâles, les autres femelles.

Epillets mâles :

2 glumes petites, arrondies. membraneuses, soudées

ensemble de manière à n'en former qu'une seule orbiculaire. — 2 glumelles membraneuses, parcheminées, carénées, concaves ; l'inf. aiguë, mucronée, à 5 nervures, souvent terminée par un bouquet de poils au sommet ; la sup. plus courte, acuminée, trinervée. — 2 glumellules entières, transparentes, glabres, tronquées, dentelées au sommet. — 6 étamines à filets courts.

Epillets femelles :

Glumes nulles. — 2 glumelles membraneuses ; l'inf. oblongue, carénée, aiguë, aristée, 7 fois nervée ; arête droite, inarticulée, scabre, ciliée à la base, 3-4 fois plus longue que la glumelle ; la sup. plus courte, oblongue, aiguë, à trois nervures, tricarénée sur le dos, ciliée au sommet. — 2 glumellules entières, glabres. — Etamines nulles. — Ovaire brièvement stipité, lenticulaire, comprimé. — 2 styles terminaux, courts. — 2 stigmates courts, plumeux, poils simples. — Caryopse stipité, lenticulaire, comprimé, glabre, libre.

Habitat : les Indes orientales, l'Amérique du Nord, la Jamaïque. *4 espèces connues.*

NOTE. — *Spreng.* a classé une espèce de ce genre avec les REIMARIA ; *Retz.*, 2 avec les PHARUS.

DEUXIÈME SECTION.

Fleurs mâles et fleurs femelles sur la même plante,
mais non sur la même panicule.

⁂

Glumes nulles.

252° **Lusiola.** (*Jussieu*).

Chaume cespiteux, nageant et rampant, rameux. — Feuilles planes. — Plusieurs panicules; la terminale mâle; 1-2 inf. plus courtes, femelles. — Epillets uniflores, tous mâles sur la panicule terminale, tous femelles sur les autres.

Epillets mâles :

Glumes nulles. — 2 glumelles presques égales, membraneuses, nervées, concaves, mutiques. — 3 glumellules transparentes, glabres. — 6-11 étamines.

Epillets femelles :

Glumes nulles.—2 glumelles égales, herbacées, membraneuses, étroites, acuminées, concaves. — 2 glumellules transparentes, glabres. — Etamines nulles. — Ovaire globuleux, surmonté d'un bec court, charnu, glabre. — 2 styles terminaux, séparés par le bec de l'ovaire. — 2 stigmates plumeux, à poils simples. — Caryopse elliptique, glabre, libre d'adhérences, mais inclus entre les glumelles, surmonté d'un bec court, pourvu d'un sillon.

Habitat : les Amériques centrale et du Sud.

Une espèce connue.

NOTE. — *Spreng.* a classé l'espèce de ce genre avec les MILIUM.

Deux glumes.

---

§

Deux styles.

253° **Arrozia.** (*Schrader.*)

Chaume cespiteux. — Feuilles linéaires, planes. — Panicule rameuse, interrompue, mâle en haut (panicule terminale), femelle en bas (panicule inf.) — Epillets uniflores.

Epillets mâles :

2 glumes mutiques. — Glumelles nulles. — Glumellules........ — 6 étamines.

Epillets femelles :

2 glumes mutiques. — Glumelles....... — Glumellules....... — Etamines nulles....... — Ovaire....... — 2 styles. — Stigmates plumeux. — Caryopse globuleux, libre.

Habitat : le Brésil.   *Une espèce connue.*

NOTE. — La description incomplète de ce genre en rend une nouvelle étude indispensable, pour le conserver ou le classer définitivement.

Trinius a classé la seule espèce de ce genre avec les Caryochloa.

---

§

Un style.

254° **Strephium.** (*Schrader, Nees*).

Chaume cespiteux. — Feuilles distiques. — Plusieurs pani-

cules, toutes axillaires, pauciflores ; la sup. mâle ; les inf. femelles. — Epillets uniflores, mutiques.

Epillets mâles :

2 glumes linéaires, lancéolées ; l'inf. acuminée. —
Glumelles nulles. — Glumellules....... — Etamines......

Epillets femelles :

2 glumes ovales, lancéolées, acuminées. — 2 glumelles cartilagineuses. — Glumellules....... — Etamines nulles. — Ovaire....... — Un seul style. — Stigmates....... — Caryopse.......

Habitat : le Brésil.   *Une espèce connue.*

NOTE. — Comme pour le genre précédent, la description est trop incomplète pour conserver ou classer définitivement le genre STREPHIUM.

DEUXIÈME SOUS-TRIBU.

Epillets disposés en panicule spiciforme.

*

Tous les épillets pédicellés.

255° Leptaspis. (*R. Brown*).

Plantes élevées. — Feuilles pétiolées, larges, lancéolées, an-
siformes.—Panicule lancéolée, pauciflore.—Rachis pubescent.
— Epillets uniflores, monoïques.

Epillets mâles :

2 glumes membraneuses, plus courtes que les glumelles. — 2 glumelles membraneuses ; l'externe ovale,
concave ; l'interne étroite, linéaire, plane. — Glumellules nulles. — 6 étamines.

Epillets femelles :

2 glumes membraneuses, plus courtes que les glumelles. — 2 glumelles; l'externe ventrue, sub-globuleuse, ouverte, étroite au sommet; l'interne petite, linéaire. — Glumellules nulles. — Etamines nulles. — Ovaire......—1 style.— 3 stigmates pubescents. — Caryopse....... libre d'adhérence, [mais inclus entre les glumelles parcheminées.

Habitat : la Nouvelle-Hollande.   *Une espèce connue.*

NOTE. — *Spreng.* a classé l'espèce de ce genre avec les PHARUS.

---

‡

Epillets sessiles et épillets pédicellés sur la même panicule.

---

§

30 étamines.

256° Pariana. (*Aublet*).

Feuilles larges, brièvement pétiolées. — Epis terminaux à rachis articulé. — Epillets ovoïdes, comprimés, verticellés par 5-6, uniflores, mutiques, 4-5 à la circonférence brièvement pédicellés, mâles; un au centre, sessile, femelle.

Epillets mâles :

2 glumes collatérales, lancéolées, petites, égales, plus courtes que les glumelles. — 2 glumelles sub-coriaces, ovales, obtuses; l'inf. concave, trinervée ; la sup. a 4-6 nervures. — 4 glumellules, 2 antérieures ciliées au sommet. — 30 étamines.

Epillets femelles :

2 glumes carénées, naviculaires, presque égales,

presque **aussi longues** ou plus longues que les glumelles, parcheminées. — 2 glumelles aiguës, entières,
carénées, concaves, parcheminées.— 3 glumellules entières, aiguës et ciliées au sommet. — Etamines nulles.
— Ovaire glabre, émarginé. — Styles nuls. — 2 stigmates sessiles, plumeux. — Caryopse bicorne, libre
d'adhérences, mais inclus entre les glumelles.

Habitat : l'Amérique du Sud.   *8 espèces connues.*

NOTE. — *Willd.* a classé une espèce de ce genre avec les PANICUM.

§

Moins de trente étamines.

257° **Pogonopsis.** (*Presl.*)

Plantes cespiteuses, rameuses, annuelles. — Epi terminal,
longuement pédonculé, latéralement inclus dans la gaine;
rachis articulé. — Epillets uniflores, géminés, l'un sessile femelle ; l'autre pédicellé mâle, entourés de longs poils.

Epillets mâles :

2 glumes; l'inf. ovale, lancéolée, aiguë ; la sup. ovale,
oblonguement aristée au sommet; arête droite. — Glumelles..... — Glumellules...... — Etamines........

Epillets femelles :

2 glumes; l'inf. obovale, acuminée, cartilagineuse ;
la sup. ovale, longuement aristée ; arête droite. — Une
glumelle ovale, lancéolée, bifide, aristée ; arête genouillée, mais non tordue. — Glumellules....... — Etamines nulles. — Ovaire oblong, cylindrique. — 2 styles
rapprochés à la base. — Stigmates en goupillon. — Caryopse.....

Habitat : le Mexique.   *Une espèce connue.*

§

Trois glumes.

258° Diaphora. (*Loureiro*).

Plantes monoïques. — Epillets uniflores, polygames.

3 glumes.

Fleurs mâles :

2 glumelles plus longues que les glumes. — Glumel-lules........ — 10 étamines inégales, à filets très-courts.

Fleurs femelles :

2 glumelles plus longues que les glumes. — Glumel-lules....... — Style nul. — 3 stigmates très-longs. — Ovaire...... — Caryopse à trois angles.

Habitat : la Cochinchine.   *Une espèce connue.*

NOTE. — Nous ne pouvons que mentionner ce genre, car sa description est trop incomplète pour le conserver ou le classer définitivement.

TROISIÈME SOUS-TRIBU.

*Panicule anormale, ou renfermée dans une spathe,
ou entourée d'un involucre.*

))

DEUXiÈME TRIBU.

BIFLORÉES.

DEUX FLEURS SUR CHAQUE ÉPILLET.

PREMIÈRE SOUS-TRIBU.

Epillets disposés en panicule rameuse.

❊

Epillets mâles et épillets femelles sur la même panicule.

259° Olyra. (*Lin.*)

Feuilles larges, planes, membraneuses, nervées. — Panicule terminale, simple ou rameuse. — Epillets biflores, mâles et femelles sur la même panicule, pédicellés ; les femelles solitaires au sommet de la panicule. — Fleur inf. de chaque épillet incomplète, stérile.

Epillets mâles :

2 glumes membraneuses, concaves; l'inf. acuminée, aristée ; la sup. binervée. — Glumelles nulles. — 3 glumellules charnues, glabres. — 3 étamines capillaires, courtes.

Epillets femelles :

Une glume membraneuse, concave, acuminée, aristée ; arête terminale. — 2 glumelles coriaces, plus courtes que les glumes, mutiques; l'inf. concave, nervée parallèlement, enveloppant la sup. — 3 glumellules charnues, glabres. — Ovaire glabre. — 1 style court. — 2 stigmates poilus, à poils rameux. — Caryopse libre, glabre, inclus.

Habitat : l'Amérique du Sud, les Antilles, la Cochinchine.

16 *espèces connues.*

NOTE. — *Bert.* a classé une espèce de ce genre avec le genre Raddia, qu'il a créé à cet effet, mais qui n'a pas été généralement admis ;
P. de Beauvais, une avec les Lithachne.

Lithachne. *(P. de Beauvais).*

Chaume rameux. — Feuilles larges, ovales, striées, acuminées, brièvement pétiolées. — Panicule feuillée, mâle au sommet, femelle au centre et au bas, peu garnie d'épillets. — Epillets mâles brièvement pédicellés ; épillets femelles plus ou moins longuement pédicellés, tous uniflores.

Epillet femelle :

Pédicellé, renflé près de l'insertion de l'épillet, ovoïde,
aristé.

2 glumes inégales, naviculaires, concaves, striées, plus
grandes que les glumelles ; l'inf. plus grande, aristée au sommet ; la sup. acuminée.— 2 glumelles coriaces, indurées ; l'inf.
naviculaire, tronquée, gibbeuse, striée transversalement par
des lignes courtes, interrompues, et longitudinalement par
des lignes continues, recourbées en dedans et au sommet. —
2 glumellules courtes, tronquées et irrégulièrement dentelées au sommet. — Etamines nulles. — 1 style plus long que
les glumelles. — 2 stigmates divergents, plumeux. — Ovaire
glabre, irrégulièrement réniforme. — Caryopse libre, glabre,
un peu comprimé latéralement, réniforme.

Epillets mâles :

Brièvement pédicellés, plus petits que les épillets femelles.

2 glumes herbacées, naviculaires, lancéolées, acuminées ;
l'inf. un peu plus grande. — Glumelles nulles. — Glumellules
nulles. — 3 étamines à filets courts, dressés.

DEUXIÈME SOUS-TRIBU.

Epillets disposés en panicule spiciforme.

1

ÉPILLETS MALES ET ÉPILLETS FEMELLES SUR LA MÊME PANICULE.

*

Epillets composés de fleurs mâles et de fleurs femelles.

§

Trois styles.

260° Chamæraphis. (*R. Brown*).

Feuilles planes. — Epi simple à rachis articulé. — Epillets biflores, pédicellés, pourvus à la base d'une longue arête persistante. — Fleur inf. mâle ; fleur sup. plus petite, femelle.

2 glumes inégales ; l'inf. plus petite ; la sup. membraneuse, plus longue que la fleur mâle.

Fleur mâle :

2 glumelles membraneuses, herbacées. — 2 glumellules collatérales, obtuses, glabres. — 3 étamines.

Fleur femelle :

2 glumelles parcheminées, concaves ; l'inf. enveloppant la sup. ; la sup. binervée. — 2 glumellules membraneuses, obtuses, collatérales, glabres. — Ovaire

glabre. — 3 styles. — Stigmates plumeux, à poils simples. — Caryopse libre d'adhérences, mais inclus entre
les glumelles.

Habitat : la Nouvelle-Hollande.   *2 espèces connues.*

NOTE. — Une espèce a été classée avec les Panicum, par *R. Brown.*

---

§

Deux styles.

261° Heteropogon. (*Persoon*).

Panicule spiciforme, simple, longuement aristée. — Epillets
sessiles, imbriqués, ne formant qu'une seule série sur chaque
face, biflores, alternativement mâles et femelles ou polygames.
— Fleur inf. mâle, mutique. — Fleur sup. femelle, longuement
aristée.

Epillets et fleurs mâles :

2 glumes herbacées, inégales ; l'inf. plus grande, pubescente, ciliée. — 2 glumelles membraneuses, transparentes, carénées, ciliées sur les bords. — 2 glumellules tronquées, dentelées au sommet. — 3 étamines
dressées, à filets courts, à anthères très-longues.

Epillets et fleurs femelles :

2 glumes cartilagineuses, inégales, pubescentes, naviculaires, mutiques, à bords un peu enroulés en dedans. — 2 glumelles, souvent une seule ; l'inf. remplacée par une longue arête droite, quelquefois genouillée
près du sommet, tordue inf., couverte de soies scabres,
très-courtes ; quand la glumelle existe, l'arête part du
sommet ; glumelle sup. bicarénée, étroite , membraneuse. — Glumellules....... — Etamines nulles. — Ovai-

re....... — 2 styles grèles. — 2 stigmates pubescents.
— Caryopse........

Habitat : l'Europe, l'Amérique, la Nouvelle-Hollande, l'A-
frique, l'Asie.   *9 espèces connues.*

NOTE. — *Thunb.* a classé une espèce de ce genre avec les STIPA ;
Kunth, Desf., D. C. et *Loiss.,* 8 avec les ANDROPOGON.

✳

Epillets composés de fleurs de même nature.

262° **Tripsacum.** (*Lin.*)

Feuilles planes. — Epi à rachis articulé, solitaire ou terné,
mâle en haut, femelle inférieurement. — Epillets biflores, sessiles, cachés dans les excavations du rachis. — Epillets mâles,
géminés sur chaque article qu'ils dépassent ; 2 fleurs à 2
glumelles ; épillets femelles, solitaires sur chaque article, irrégulier, complètement logé dans l'article ; une fleur à 2 glumelles, l'autre incomplète, à une seule glumelle.

Epillets mâles :

2 glumes herbacées, égales, régulières, oblongues,
mutiques, aussi longues que les fleurs, bifides au sommet. — 2 glumelles herbacées, oblongues, égales, bifides au sommet, acuminées. — 2 glumellules charnues,
émarginées, échancrées au sommet, glabres.—3 étamines
à filets courts. (Les deux fleurs semblables.)

Epillets femelles :

2 glumes coriaces, irrégulières ; l'inf. concave, bifide au sommet ; la sup. naviculaire, concave, bicarénée, glabre, un peu plus courte. — 2 glumelles parcheminées, herbacées, inégales ; l'inf. plus grande, aiguë,
mucronée, concave, élargie à la base ; la sup. beaucoup
plus petite, bicarénée, aiguë.—2 glumellules charnues,
tronquées, émarginées au sommet. — Etamines nulles.

— Ovaire sessile, oblong, glabre. — Styles terminaux.
— Stigmates très-longs, divergents, pubescents, à
poils simples. — Caryopse.........

Habitat : l'Amérique, les Antilles.   *3 espèces connues.*

NOTE. — *Walt.* a classé une espèce de ce genre avec les Ischæmum ;
Mill., avec les Coix.

II.

ÉPILLETS MALES ET ÉPILLETS FEMELLES SUR LA MÊME PLANTE, MAIS NON SUR LA MÊME PANICULE.

263° Amphicarpum. (*Kunth*).

Plantes cespiteuses. — Feuilles planes, pubescentes sur les
gaines. — Epillets biflores, mâles et femelles sur la même
plante ; les uns radicaux, longuement pédonculés, les autres
terminaux paniculés.

*Epillets mâles, biflores ; fleur sup. mâle ; fleur inf.
incomplète :*

Une glume membraneuse, ovale, aiguë, 5 fois nervée,
concave, glabre, verte.

Fleur mâle :

2 glumelles parcheminées, presque égales, elliptiques, aiguës, concaves, glabres ; l'inf. trinervée ; la sup.
binervée. — 2 glumellules charnues, glabres, tronquées,
trilobées au sommet. — 3 étamines. — Les autres organes rudimentaires.

Fleur incomplète :

Constituée par une seule glumelle, semblable aux
glumes, un peu plus longue.

Epillets femelles biflores : fleur sup. femelle ; fleur inf. incomplètes :

Une seule glume oblongue. aiguë, multinervée, concave, membraneuse, glabre.

Fleur femelle :

2 glumelles égales, ovales, aiguës, concaves, coriaces ; l'inf. multinervée ; la sup. binervée. — 2 glumellules en forme de hache, glabres. — Etamines nulles. — Ovaire........ — Styles........ — 2 stigmates pubescents, presque sessiles, persistants sur le fruit, à poils denticulés, bifides, transparents. — Caryopse oblong, elliptique, comprimé, glabre, libre.

Fleur incomplète :

Constituée par une seule glumelle semblable à la glume.

Habitat : . . . .   *Une espèce connue.*

NOTE. — La seule espèce de ce genre a été classée avec les Milium, par *Pursh.* et *Muehl.*

TROISIÈME SOUS-TRIBU.

*Panicule anormale, ou renfermée dans une spathe,
ou entourée d'un involucre.*

---

*

Fleurs mâles et fleurs femelles sur la même panicule.

---

§

Fleurs femelles renfermées dans un involucre complétement clos.

264° Coix. (*Lin.*)

Chaume ferme, élevé, rameux. — Feuilles larges, planes. —
Inflorescence composée : de la gaine des feuilles sup. sortent
plusieurs pédoncules qui portent à leur sommet un involucre
clos, ovoïde, dur, cartilagineux, luisant, d'apparence pier-
reux, lisse, percé d'une ouverture à son sommet ; cet involucre renferme un épillet femelle sessile et deux rachis exerts
qui portent chacun plusieurs épillets mâles. — Epillets mâles
géminés ou ternés, sessiles ou pédicellés, plus ou moins distants, biflores ; fleurs sessiles. — Epillets femelles pluriflores ; fleur sup. femelle fertile ; fleurs inf. très-incomplètes.

Fleur femelle :

2 glumes charnues, concaves, mutiques ; la sup. carénée sur le dos. — 2 glumelles charnues, membraneuses ; la sup. binervée. — Glumellules nulles. —
Etamines nulles. — Ovaire sessile, sub globuleux,
glabre.—1 style terminal, court.—2-3 stigmates allongés, poilus, à poils simples. — Caryopse presque rond,
surmonté de la base persistante du style, convexe sur
sa face externe, creusé d'un sillon sur l'interne, glabre,
libre.

Fleurs incomplètes :

Constituées chacune par une seule glumelle membraneuse, étroite, linéaire, concave.

Fleurs mâles :

2 glumes mutiques; l'inf. aplanie, sub-coriace, bifide au sommet, à bords carénés, ailés; la sup. beaucoup plus courte, trigône, concave. — 2 glumelles membraneuses, mutiques; la sup. bicarénée, bifide au sommet.—2 glumellules charnues, tronquées, glabres.— 3 étamines.

Habitat : les Indes orientales, l'Amérique.

5 espèces connues.

NOTE. — *Gaert.* a classé une espèce de ce genre avec les LITHA-GROSTIS; mais ce genre n'a pas été conservé.

------

§

Fleurs femelles jamais renfermées dans un involucre clos.

265° Zeugites. (*P. Brown, Schreber, Willdenow*).

Feuilles lancéolées, larges, acuminées, striées, à nervures convergentes, atténuées en pétiole, qui s'élargit en forme de gaine ventrue pour former une espèce de spathe à la panicule.—Panicule rameuse. — Epillets 2-3 fleurs ; l'inf. femelle, sessile, la ou les sup. pédicellées, mâles ou incomplètes.

2 glumes presque égales, plus courtes que les glumelles, tronquées, membraneuses au sommet, nervées, scabres.

Fleurs mâles :

2 glumelles herbacées, égales, bifides au sommet, naviculaires, concaves; l'inf. nervée; la sup. membraneuse, lisse. — Glumellules...... — 3 étamines.

Fleurs femelles :

2 glumelles ; l'inf. herbacée, tronquée. pourvue d'un appendice membraneux au sommet, striée, embrassante, aristée ; arête droite, un peu plus longue que la glumelle ; la sup. membraneuse, bicarénée, bifide au sommet. — Glumellules....... — Etamines nulles. — Ovaire oblong, émarginé. — Style bifide. — Stigmates longs, pubescents. — Caryopse oblong.

Habitat : la Jamaïque.   *Une espèce connue.*

NOTE. — *Lin.* a classé la seule espèce de ce genre avec les APLUDA.

§

Epillets insérés dans les excavations du rachis.

266° Xerochloa. (*R. Brown*).

Plantes jonciformes, glabres. — Feuilles subulées, striées, à ligule très-courte. — Epis pauciflores, sortant des gaines des deux dernières feuilles, qui leur forment comme un involucre, composés chacun de 2-4 rameaux courts. — Epillets biflores ; l'externe mâle, l'interne femelle.

2 glumes inégales, plus courtes que les fleurs, parallèles et à demi-cachées dans les excavations du rachis ; l'externe plus petite.

Fleur femelle :

2 glumelles membraneuses, subulées. — Glumellules nulles. — Etamines nulles. — Ovaire oblong. — 2 styles soudés ensemble à la base. — Stigmates en goupillon. — Caryopse oblong, arrondi, surmonté de la base persistante du style, glabre, libre d'adhérences, mais inclus entre la glumelle inf. devenue parcheminée.

Fleur mâle :

2 glumelles membraneuses, subulées. — Glumellules nulles. — Etamines......

Habitat : la Nouvelle-Hollande.   *2 espèces connues.*

NOTE. — Ce genre a besoin d'être étudié de nouveau avec soin sur les plantes fraîches, pour pouvoir être classé définitivement.

Spreng. a classé les deux espèces de ce genre avec les ROTTBOELLIA.

⁂

Fleurs mâles et fleurs femelles sur des panicules séparées.

---

§

Deux glumes.

267° **Zea.** (*Lin.*)

Plantes droites, annuelles, à chaume épais, plein.— Feuilles larges, planes, lancéolées, à ligule membraneuse, courte ; soyeuses, ciliées. — Panicule terminale, mâle, rameuse, simple, étalée ; panicules axillaires, femelles, spiciformes, entourées d'un involucre foliacé, membraneux, composé de plusieurs folioles oblongues, enveloppantes. — Epillets mâles, biflores, géminés, très-brièvement pédicellés ; épillets femelles, sessiles.

Epi mâle — fleurs sessiles :

2 glumes presque égales, herbacées, acuminées, ciliées sur les bords et sur le dos, concaves, mutiques ; l'inf. trinervée: la sup. binervée. — 2 glumelles membraneuses, mutiques, concaves, bifides au sommet ; l'inf. trinervée ; la sup. binervée. — 2 glumellules collatérales, en coin, obliques, tronquées, charnues, glabres. — 3 étamines.

Epi femelle :

Epillets multiséries, biflores. — Fleurs latérales incomplètes, stériles ; fleur centrale fertile.

2 glumes charnues, membraneuses, larges, concaves, courtes, à bords irréguliers, ciliés.

Fleur centrale :

2 glumelles charnues, membraneuses, concaves, mutiques, à bords irréguliers, obscurément ondulés, ciliés, glabres. — Glumellules nulles. — Ovaire oblique, sessile, convexe sur la face externe, plan sur l'interne, glabre. — Style indivis, terminal, comprimé, très-long, pubescent. — Stigmate indivis ou double ; pubescent, subulé. — Caryopse sub-globuleux, réniforme, coloré, luisant, entouré des glumes et des glumelles persistantes.

Fleurs incomplètes :

Constituées par 1-2 glumelles de même forme que celles de la fleur femelle.

Habitat : l'Amérique du Sud.   *2 espèces connues.*

NOTE. — *Gaert.*, des espèces de ce genre, avait formé le genre Mays.

---

§

Glumes nulles.

268° Hydrochloa. (*P. de Beauvais*).

Chaume rameux, feuilles lancéolées, larges, striées. — Panicules très-pauvres, spiciformes, la terminale mâle ; les axillaires femelles. — Epillets uniflores, accompagnés ou non d'une seconde fleur très-rudimentaire, brièvement pédicellés

Epillets mâles :

Glumes nulles. — 2 glumelles naviculaires, un peu
inégales, acuminées : l'inf. plus longue. — Glumellules...... — 6 étamines.

Epillets femelles :

Glumes nulles. — 2 glumelles herbacées, égales,
acuminées, entières, glabres. — Glumellules...... —
Etamines nulles. — Ovaire glabre, irrégulièrement cylindrique. gibbeux.—2 styles soudés ensemble à la base,
courts, naissant sur la face latérale près du sommet de
l'ovaire. — 2 stigmates très-longs, divergents, ondulés, pubescents. — Caryopse irrégulièrement réniforme, présentant sur le côté et près du sommet la base
persistante des styles, libre entre les glumelles, présentant un sillon sur l'une de ses faces.

Habitat : l'Europe, l'Amérique du Nord, la Sibérie, Java.
2 espèces connues.

NOTE. — Les espèces de ce genre ont été classées avec les Zizania,
par *Mich.;* avec les Poa, par *Huds.*, *Trinius*, etc.; avec les Glyceria,
les Catabrosa, les Molinia, par *Kunth. Mert.*, etc.

TROISIÈME TRIBU.

TRIFLORÉES.

TROIS FLEURS SUR CHAQUE ÉPILLET.

PREMIÈRE SOUS-TRIBU.

Épillets disposés en panicule rameuse.

"

DEUXIÈME SOUS-TRIBU.

Épillets disposés en panicule spiciforme.

---

*

Glumes indurées, coriaces, bifides au sommet, brièvement aristées.

269° Hilaria. (*Humboldt, Kunth*).

Plantes rameuses, rampantes. — Feuilles planes, à ligule courte, laciniée. — Épi terminal, solitaire, simple, à rachis inarticulé. — Épillets rapprochés, groupés par trois sur les dents du rachis ; groupes alternes, articulés ; les 2 antérieurs à 2-3 fleurs mâles ; le postérieur à une seule fleur femelle.

Épillet mâle à 2-3 fleurs :

2 glumes inégales, carénées, inéquilatères, indurées, coriaces ; l'inf. plus courte, bifide au sommet, brièvement aristée ; la sup. mucronulée. — 2 glumelles membraneuses, arrondies, émarginées au sommet ; l'inf. ca-

rénée ; la sup. plus longue, bicarénée. — Glumellules nulles. — 3 étamines.

Epillets femelles uniflores :

2 glumes égales, presque opposées, carénées, naviculaires, inéquilatères, indurées, coriaces, bifides, aristées entre les lobes. — 2 glumelles comprimées, carénées, parcheminées, membraneuses, arrondies, émarginées au sommet : l'inf. à trois nervures ; la sup. étroite, bicarénée, binervée en haut. — Glumellules nulles. — Etamines rudimentaires. — Ovaire sessile, oblong, glabre, comprimé latéralement. — 2 styles terminaux réunis ensemble inférieurement. — Stigmates allongés, pubescents, exerts. — Caryopse glabre, comprimé, libre d'adhérences, mais inclus entre les glumelles.

Habitat : le Mexique.   *Une espèce connue.*

---

*

Glumes irrégulièrement trifides, laciniées au sommet.

270° Hexarrhena. (*Presl.*)

Chaume cespiteux, rameux à la base, dressé, comprimé, glabre, pubescent sur les nœuds. — Feuilles linéaires, planes, soyeuses, scabres sur les bords. — Epi cylindrique, à rachis triquètre, scabre sur les angles, flexueux, inarticulé.—Epillets unisériés, groupés par trois sur les dents du rachis ; les deux antérieurs triflores, mâles ; le postérieur uniflore, femelle.

Epillets mâles triflores :

2 glumes soudées ensemble en bas, irrégulières, trifides, laciniées, inégales, tantôt sétiformes, tantôt lancéolées. — 2 glumelles membraneuses, nervées, transparentes, mutiques. — Glumellules nulles. — 3 étamines.

Epillets femelles uniflores :

2 glumes trifides, ventrues, soudées ensemble en bas ;
laciniées, subulées. — 2 glumelles : l'inf. naviculaire,
lenticulaire, terminée par un aiguillon spatulé, membraneuse, transparente, trinervée, enveloppant la sup. ;
la sup. plus petite, uninervée. — Glumellules nulles. —
Etamines nulles. — Ovaire lenticulaire, glabre. —
2 styles terminaux, allongés, soudés ensemble en bas. —
2 stigmates plumeux. — Caryopse......

Habitat : le Mexique.   *Une espèce connue.*

TROISIÈME SOUS-TRIBU.

*Panicule anormale, ou renfermée dans une spathe,
ou entourée à la base par un involucre.*

QUATRIÈME TRIBU.

PLURIFLORÉES.

PLUS DE TROIS FLEURS SUR CHAQUE ÉPILLET.

PREMIÈRE SOUS-TRIBU.

Epillets disposés en panicule rameuse.

---

*

Epillets longuement pédicellés.

271° **Despretzia.** (*Kunth*).

Chaume cespiteux, rameux à la base, rampant, genouillé, redressé. — Feuilles ovales, aiguës, arrondies à la base, pétiolées, planes, membraneuses, multinervées, à gaine arrondie, fendue jusqu'à la base, à ligule nulle. — Panicule rameuse, très-ouverte, mais très-pauvre. — Epillets longuement pédicellés, lancéolés, composés de 3-4 fleurs. — Fleur inf. femelle ; les sup. mâles, quelquefois la sup. avortée.

2 glumes égales, fermées, membraneuses, mutiques, trilobées au sommet ; l'inf. réticulée, à 7 nervures ; la sup. réticulée, à 3 nervures.

Fleur femelle :

2 glumelles membraneuses ; l'inf. concave, à 9 nervures, quadrilobée au sommet ; la sup. un peu plus longue, bicarénée. — Glumellules nulles. — Etamines nulles. — Ovaire sessile, glabre. — 1 style. — 2 stigmates allongés, plumeux, à poils simples. — Caryopse oblong, comprimé, glabre, libre.

Fleurs mâles :

2 glumelles herbacées : l'inf. concave, émarginée, à

5 nervures ; la sup. bicarénée. — 2 glumellules collatérales, cunéiformes. glabres. — 3 étamines à anthères
linéaires, bifides. — Des traces du style avorté.

Habitat : le Mexique.   *Une espèce connue.*

DEUXIÈME SOUS-TRIBU.

Epillets disposés en panicule spiciforme.

Glumes nulles.

272ᵉ Holboellia. (*Wallich*).

Racines fibreuses, annuelles. — Chaume cespiteux, le plus
souvent couché à la base, puis redressé. — Feuilles linéaires,
lancéolées, roides, flexueuses, ondulées, acuminées, striées,
dures, scabres sur les bords, longuement vaginées en bas
du chaume. — Epi rameux, terminal, simple, linéaire, cylindrique, dressé, multiflores ; rachis étroit, strié, un peu
scabre. — Fleurs irrégulières, ressemblant assez pour la forme
à la tête d'un oiseau. — Fleurs monoïques ou polygames.

Glumes nulles. — 2 glumelles comprimées latéralement, aiguës, carénées, à trois crêtes ; crêtes cartilagineuses, membraneuses sur les bords, diaphanes, ciliées,
pectinées ; l'externe à deux crêtes, ciliée, crochue au
sommet, à base globuleuse, en forme de casque ; l'inf.
beaucoup plus petite, ne porte au sommet qu'une seule
crête recourbée en crochet et aristée, ciliée. — Glumellules....... — Etamines....... — Ovaire....... — Style
plumeux. — Stigmates...... — Caryopse oblong, acuminé, gibbeux à la base, comprimé, inclus entre les
glumelles indurées.

Habitat : les Indes orientales.   *Une espèce connue.*

TROISIÈME SOUS-TRIBU.

*Panicule anormale, ou renfermée dans une spathe,
ou entourée à la base d'un involucre.*

»

CINQUIÈME CLASSE.

DIOECÉES.

Fleurs mâles sur une plante, fleurs femelles sur une autre

PREMIÈRE TRIBU.

UNIFLORÉES.

UNE SEULE FLEUR A L'ÉPILLET.

»

DEUXIÈME TRIBU.

BIFLORÉES.

DEUX FLEURS A L'ÉPILLET.

PREMIÈRE SOUS-TRIBU.

Epillets disposés en panicule rameuse.

Fleurs sessiles et pedicellées sur le même epillet.

273° Gynerium. (*Humboldt, Bonpland*).

Plantes cespiteuses, très-grandes. — Feuilles très-longues, dentelées. épineuses. -- Panicule très-ample, rameuse, diffuse. — Epillets pedicellés, biflores, mâle sur une plante, femelle sur l'autre. — Une fleur sessile, l'autre pédicellée.

Fleurs mâles :

2 glumes lancéolées, inégales, membraneuses, transparentes, carénées, plus courtes que les fleurs. — 2 glumelles membraneuses ; l'inf. acuminée, mucronée, uninervée, concave, glabre ; la sup. plus courte, bicarénée. — 2 glumellules collatérales, épaisses, glabres. — 2 étamines.

Fleurs femelles :

2 glumes membraneuses, inégales, transparentes, canaliculées, plus grandes que les fleurs ; la sup. trois fois plus grande que l'inf., aiguë au sommet. — 2 glumelles membraneuses, transparentes ; l'inf. étroite, subulée, cachée au milieu de longs poils ; la sup. petite, bicarénée, ciliée sur les bords et les carènes. — 2 glumellules membraneuses, ciliées, entières, moitié plus courtes que l'ovaire. — Étamines nulles. — Ovaire glabre. — 2 styles terminaux. — Stigmates plumeux, à poils simples, denticulés. — Caryopse......

Habitat : l'Amérique du Sud.   *2 espèces connues.*

NOTE. — *Pers.* a classé une espèce de ce genre avec les ARUNDO ; *Aubl*, avec les SACCHARUM.

DEUXIÈME SOUS-TRIBU.

Epillets disposés en panicule spiciforme.

TROISIÈME SOUS-TRIBU.

Panicule anormale, ou renfermée dans une spathe, ou entourée d'un involucre.

---

*

Épis mâles pédonculés, rapprochés en ombelle compacte, pourvue d'un involucre.

274° **Spinifex.** (*Lin., Brown*).

Plantes polygames ou dioïques, très-rameuses, sous-frutescentes, rampantes sur les plages sablonneuses. — Épis mâles, pédonculés, simples, oblongs, compactes, rassemblés en ombelle compacte, pourvue à la base d'un involucre foliacé polyphille ; rachis terminé par une longue pointe nue, inarticulée.—Épis androgynes ou femelles, rapprochés ou fasciculés, en tête terminale, entourée d'un involucre semblable à celui des fleurs mâles, à épillets solitaires à la base du rachis ; rachis très-long, strié, scabre, convexe sur le dos, canaliculé en dedans, acuminé, subulé, denticulé sur les stries et sur les bords. — Fleurs sessiles ou très-brièvement pidicellées ; mâles sur une plante, femelles ou polygames sur une autre.

Épillets mâles biflores : fleurs égales :

2 glumes membraneuses, canaliculées ; la sup. un peu plus longue. — 2 glumelles membraneuses ; l'inf. oblongue, canaliculée ; la sup. bicarénée, ciliée sur la carène. — 2 glumellules charnues, entières, glabres. — 3 étamines.....

Épillets femelles ou androgynes biflores ; fleur inf. à 1-2 glumelles stérile ou mâle : la sup. hermaphrodite.

Fleur hermaphrodite :

2 glumes membraneuses, ovales, concaves, presque égales. — 2 glumelles parcheminées, oblongues, concaves ; l'inf. plus grande, enveloppant la sup. — 2 glu-

mellules charnues, arrondies au sommet. — 3 étamines à filets très-longs. — Ovaire glabre. — 2 styles très-longs, terminaux, soudés ensemble à la base. — 2 stigmates plumeux, allongés, à poils simples. — Caryopse oblong, libre, glabre, comprimé, inclus entre les glumelles.

Fleurs incomplètes :

Constituées par une ou deux glumelles membraneuses.

Habitat : la Nouvelle-Hollande, les Indes orientales.

3 espèces connues.

NOTE. — *Lin.* a classé une espèce de ce genre avec les STIPA.

ADDITIONS

1. Amagris. (*Raf.*)

Synonyme de AMMOPHILA (*Host.*), page 137.

2. Diplopogon. (*Brown*).

Plantes cespiteuses. — Racines rampantes. — Panicule globuleuse. — Épillets uniflores.

2 glumes larges, membraneuses, aristées. — 2 glumelles; l'externe tri-aristée au sommet; arête moyenne dissemblable, tordue; l'interne bi-aristée. — Glumellules..... — Ovaire..... — Étamines..... — Style..... — Stigmate..... — Caryopse.....

Habitat : la Nouvelle-Hollande.   *Une espèce proposée.*

NOTE. — *P. de Beauvais* a proposé pour ce genre le nom de DIPOGONIA.

La description est trop incomplète pour qu'il soit possible de classer définitivement la plante qui s'y rapporte. En attendant mieux, le genre pourra prendre place dans la 3ᵉ sous-tribu de la 1ʳᵉ tribu de la première classe, après le genre AMPHIPOGON, n° 44, page 40.

3. Prionachne. (*N. ab. E.*).

Synonyme de CHONDROLAENA dans l'ouvrage de *Lindley* (Introd. Ed. 2, p. 379 et 447), et celui de *Endlicher* (Gen. p. 106, n° 931).

4. Stipagrostis. (*Nees ab Esenbeck*).

Plantes grêles. — Feuilles enroulées, sétacées. — Panicule rameuse. — Épillets uniflores.

2 glumes membraneuses, égales, plus longues que la fleur. — 2 glumelles ; l'inf. parcheminée, membraneuse, enroulée, émarginée, bilobée au sommet, aristée entre les lobes; arête articulée, trifide, caduque ; la sup. plus courte, obtuse. — 2 glumellules membraneuses, grandes, spatuliformes. — Étamines..... — Ovaire.... — Style.... — Stigmate..... — Caryopse sub-cylindrique, libre.

Habitat : l'Égypte, le Cap de Bonne-Esp.   *3 espèces connues.*

NOTE. — Ce genre a beaucoup de rapport avec les Stipa, mais il en diffère par son arête trifurquée.

Jusqu'à ce qu'une étude plus complète et plus exacte en soit faite, sa place se trouve tout naturellement indiquée après le genre Stipa, nᵒ 7, page 10.

---

5. Xenochloa. (*Lichtenstein*).

Plantes très-grandes, offrant l'aspect des roseaux. — Chaume articulé, glabre, finement strié. — Feuilles linéaires, enroulées. — Panicule fusiforme, comprimée. — Épillets sub-biflores.

2 glumes. — 2 glumelles laineuses à la base..........

Habitat : le Cap de Bonne-Espérance.   *Une espèce connue.*

NOTE. — La description est trop incomplète pour qu'un classement, même provisoire, soit possible.

TABLE

DES AUTEURS CITÉS.

N°. d'ordre	Abrév.	Noms.	Nationalités.
		A	
1	Abd.	Abdallatif	Arabe
2	Adans.	Adanson	Français
3	Acost.	Acosta	Espagnol
4	Agar.	Agardh	Suédois
5	Ait.	Aiton	Anglais
6	Aldo.	Aldovrandi	Italien
7	All.	Allioni	Piémontais
8	Alp.	Alpin Prosper	Italien
9	Am.-Lu.	Amatus-Lucitanus	Portugais
10	And.	Andrews	Anglais
11	Ang.	Anguilara	Italien
12	Anax.	Anaxagore	Grec
13	Ard.	Arduini	Italien
14	Aris.	Aristote	Grec
15	Arn.	Arnauld de Villeneuve	Français
16	Aubl.	Aublet	Français
17	Avi.	Avicenne	Persan
		B	
18	Balb.	Balbis	Piémontais
19	Bau. J.	Bauhin Jean	Français
20	Bau. G.	Bauhin Gaspard	Français
21	Barb.	Barbarus Her.	Français
22	Bel.	Belon Pierre	Français
23	Bernh.	Bernhardi	Italien
24	Bert.	Bertero	Piémontais
25	Berth.	Bertholini	Italien
26	Bess.	Besser	Prussien
27	Bieb.	Bieberstein	Prussien
28	Bill.	Billot	Français
29	Blum.	Blume	Hanovrien
30	Bœh.	Bœhmer	Allemand
31	Ber.	Bergen	Allemand
32	Bœr.	Boerhaave	Hollandais
33	Bois.	Boissier	Suisse
34	Boiss.	Boissieu	Français
35	Bor.	Boreau	Français
36	Bonp.	Bonpland	Français
37	Bory.	Bory Saint-Vincens	Français
38	Borkh	Borkhausen	Allemand
39	Bosc.	Bosc	Français
40	Brasa	Brasavola	Italien

N° d'ordre	Abrév.	Noms.	Nationalités
41	Brong.	Brongniart	Français
42	Brot.	Brotero	Portugais
43	Brow. R.	Brown Robert	Anglais
44	Brow P.	Brown Pierre	Anglais
45	Brouss.	Broussonnet	Français
46	Burm.	Burmann	Hollandais
47	Brunsf.	Brunsfels	Allemand

C

48	Cab.	Cabeia-Vaca	Portugais
49	Car.	Carate	Espagnol
50	Cav.	Cavanilles	Espagnol
51	Chev.	Chevallier	Français
52	Cæs.	Cæsalpin	Italien
53	Cord. Eri.	Cordus Ericius	Allemand
54	Cord. Val.	Cordus Valerius	Allemand
55	Colum.	Columna	Italien
56	Clu.	Clusius	Français
57	Corn.	Cornarius	Allemand
58	Coss.	Cosson	Français
59	Cres.	Crescentius	Italien
60	Cran.	Crantz	Allemand
61	Cub.	Cuba	
62	Curt.	Curtis	Anglais
63	Cuv.	Cuvier	Français
64	Cyr	Cyrillo	Sicilien

D

65	Dale.	Dalechamps	Français
66	D. C. (Cand.)	De Candolle	Français
67	De l'Arb.	De l'Arbres	Français
68	Del.	Delile	Français
69	Demo.	Democrite	Grec
70	Desf.	Desfontaine	Français
71	Desch.	Deschamps	Français
72	Desm.	Desmazières	Français
73	Desv.	Desvaux	Français
74	Diet.	Dietrich	Allemand
75	Dios.	Dioscoride	Grec-Latin
76	Don.	Dondis	Italien
77	Dod.	Dodoens	Allemand
78	Dub.	Duby	Suisse
79	Dum.	Dumont-d'Urville	Français
80	Dumor.	Dumortier	Belge
81	Dupetit.	Dupetit-Thouars	Français
82	Dur.	Durand	Français

N° d'ordre	Abrév.	Noms.	Nationalités.
		E	
83	Ebn.	Ebn-Taitor	Arabe
84	Eckl.	Ecklon	Allemand
85	Ehrh.	Ehrhard	Allemand
86	Ell.	Elliot	Anglais
87	Emp.	Empédocle	Grec
88	Endl.	Endlicher	Allemand
		F	
89	Fab.	Fabricius	Suédois
90	Fis.	Fischer	Prussien
91	Fors.	Forskahl	Danois
92	Forst.	Forster	Suédois
93	Fri.	Fries	Suédois
94	Fus.	Fuschi	Allemand
		G	
95	Ga.	Gaza	Grec
96	Gar.	Garcias.ab Horto	Portugais
97	Gaudi.	Gaudichaud	Français
98	Gaud.	Gaudin	Suisse
99	Gay	Gay	Français
100	Gast.	Gastenhof	Allemand
101	Gært.	Gærtner	Allemand
102	Ger.	Germain	Français
103	Gili.	Gilibert	Français
104	Gir.	Girard	Français
105	Gm.	Gmelin	Allemand
106	Ghi	Ghini Luc	Italien
107	Ges.	Gesner	Allemand
108	Gled.	Gleditsch	Allemand
109	God.	Godron	Français
110	Gou.	Gouan	Français
111	Goup.	Goupil	Français
112	Gre.	Grenier	Français
113	Gris.	Grisebach	Allemand
114	Guil.	Guilandinus	Italien
115	Guet.	Guettard	Français
116	Guss.	Gussonne	Italien
117	Guy	Guy-la-Brosse	Français
		H	
118	Haller Al.	Haller Al.	Suisse
119	Ham.	Hamilton	Anglais
120	Hart.	Hartmann	Allemand

N° d'ordre	Abrév.	Noms.	Nationalités
121	Hay.	Havene	Allemand
122	Herm.	Hermann	Saxon
123	Hild.	Hildegarde	Allemande
124	Hipp.	Hippocrate	Grec
125	Hœnk	Hœnk	Allemand
126	Hoff.	Hoffmann	Allemand
127	Hom.	Homère	Grec
128	Hook.	Hooker	Anglais
129	Hop.	Hoppe	Autrichien
130	Hor.	Hornemann	Danois
131	Host	Host	Allemand
132	Hout.	Houttuyn	Hollandais
133	Hud.	Hudson	Anglais
134	Humb.	Humboldt	Prussien

J

135	Jacq. N.	Jacquin N.-J.	Français
136	Jacq. F.	Jacquin J.-F.	Français
137	Juss. A.-L.	Jussieu Ant-Laur.	Français
138	Juss. A.	Jussieu Ad.	Français

K

139	Kit.	Kitaibel	Allemand
140	Koch	Koch	Allemand
141	Kœl.	Kœler	Allemand
142	Kœn.	Kœnig	Allemand
143	Knaut Christ.	Knaut Christ	Saxon
144	Knaut Chre.	Knaut Chre.	Saxon
145	Kunth	Kunth	Allemand

L

146	Labil.	La Billardière	Français
147	Lace.	Lacena	Espagnol
148	Lagas.	Lagasca	Espagnol
149	Lam.	Lamarck	Français
150	Lede.	Ledebourg	Russe
151	Leers	Leers	Allemand
152	Lej.	Lejeune	Français
153	Leoni.	Leonicene	Italien
154	Léry	Léry	Français
155	Les.	Lesson	Français
156	Lest.	Lestiboudois	Français
157	Leh.	Lehmann	Allemand
158	L'her.	L'heritier	Français
159	Lich.	Lichtenstein	Allemand
160	Lilje.	Liljeblad	Allemand

N°	Abrév.	Noms.	Nationalités
161	Lind.	Lindley	Anglais
162	Link	Link	Allemand
163	Lin.	Linnée	Suédois
164	Lloyd	Lloyd	Anglais
165	Lobe.	Lobelius	Français
166	Lois.	Loiseleur des Longchamps	Français
167	Lop.	Lopes de Gomera	Portugais
168	Lour.	Loureiro	Portugais

M

N°	Abrév.	Noms.	Nationalités
169	Mac.	Macer Em.	Italien
170	Mar.	Maranta	Italien
171	Marc.	Marcellus V.	Italien
172	Mag.	Magnol	Français
173	Mat.	Mathiole	Italien
174	Me.	Merat	Français
175	Merc.	Mercatus	Italien
176	Mert.	Mertens	Allemand
177	Mev.	Meyer	Allemand
178	Mich.	Michaud	Français
179	Mich.	Micheli	Italien
180	Mill.	Miller	Anglais
181	Mir.	Mirbel	Français
182	Mœn.	Mœnch	Allemand
183	Moris.	Morisson	Ecossais
184	Mon.	Monardes	Espagnol
185	Mueh.	Muehlemberg	Allemand
186	Murr.	Murray	Anglais
187	Mut.	Mutel	Français

N

N°	Abrév.	Noms.	Nationalités
188	Nec.	Necker	Allemand
189	Nees.	Nees-ah-Esenbeck	Anglais
190	Nut.	Nuttal	Anglo-Américain

O

N°	Abrév.	Noms.	Nationalités
191	OEtt.	OEttel	Allemand

P

N°	Abrév.	Noms.	Nationalités
192	P. de Beauvais	Palissot de Beauvais	Français
193	Panz.	Panzer	Allemand
194	Parl.	Parlatore	Napolitain
195	Pers.	Persoon	Hollandais
196	Pill.	Pilleterius	Allemand
197	Poir	Poiret	Français

N° d'ordre	Abrév.	Noms.	Nationalités
198	Pline	Pline	Romain
199	Poit.	Poiteau	Français
200	Poll.	Pollich	Allemand
201	Polli.	Pollini	Italien
202	Ponte.	Pontedera	Italien
203	Pour.	Pourret	Français
204	Presl.	Presl	Allemand
205	Purs.	Pursh	Anglais
206	Pytha.	Pythagore	Grec

R

207	Raf.	Rafinesques	Sicilien
208	Rad.	Raddi	Italien
209	Rain.	Rainville	Français
210	Rasp.	Raspail	Français
211	Rau.	Rauch	Français
212	Ray	Ray	Anglais
213	Reich.	Reichenbach	Allemand
214	Retz.	Retzius	Suédois
215	Rha.	Rhazes	Persan
216	Rhe.	Rheede	Hollandais
217	Rich. Cl.	Richard Claude	Français
218	Rich. A.	Richard Ach.	Français
219	Rich.	Richer de Belval	Français
220	Riv.	Rivin	Saxon
221	Roem.	Roemer	Allemand
222	Rœp.	Rœper	Allemand
223	Rottb.	Rottbœli	Hollandais
224	Roth	Roth	Allemand
225	Roxb.	Roxburgh	Anglais
226	Rou.	Rouwolf	Russe
227	Ruel.	Ruel Jean	Français
228	Rud.	Rudge	Anglais
229	Ruiz	Ruiz	Espagnol
230	Rump.	Rumph	Hollandais
231	Rup.	Ruppius	
232	Ryf.	Ryflius	Français

S

233	Salis.	Salisbury	Anglais
234	Sav.	Savi	Allemand
235	Sau.	Sauvage	Français
236	Schlec.	Schlechtendal	Allemand
237	Schrad.	Schrader	Allemand
238	Schran.	Schrank	Allemand
239	Schreb.	Schreber	Allemand
240	Schk.	Schkuhr	Allemand
241	Schul	Schultz	Allemand

N° d'ordre	Abrév	Noms.	Nationalités
242	Scop.	Scopoli	Italien
243	Seg.	Seguier	Français
244	Scheu.	Scheuchzer	Suisse
245	Seid.	Seidel	Allemand
246	Sera.	Serapion	Egyptien
247	St-Hil.	Saint-Hilaire	Français
248	Sieb.	Siebold	Hollandais
249	Smith	Smith	Anglais
250	Sol.	Solander	Suédois
251	Spren.	Sprengel	Allemand
252	Sternb.	Sternberg	Allemand
253	Steud.	Steudel	Allemand
254	Stev.	Stevens	Allemand
255	Sw.	Swartz	Allemand

T

256	Ten.	Tenore	Napolitain
257	Théop.	Théophraste	Grec
258	The.	Thevet	Français
259	Thuil.	Thuilier	Français
260	Thunb	Thunberg	Suisse
261	Tim.	Timm	Allemand
262	Tor.	Torrey	Anglo-Américain
263	Tourn.	Tournefort	Français
264	Tra.	Tragus	Allemand
265	Trin.	Trinius	Russe

V

266	Vahl	Vahl	Danois
267	Vall.	Valla	Italien
268	Val.	Valdes	Espagnol
269	Van-Royen	Van-Royen	Hollandais
270	Vill.	Villard	Français
271	Vol.	Volpré	Français
272	Vrie.	Vriese	Hollandais
273	Vivi.	Viviani	Italien

W

274	Wach.	Wachendorf	Hollandais
275	Wahl.	Wahlenberg	Suédois
276	Wald.	Waldsten	Allemand
277	Wall.	Wallich	Anglais
278	Walt.	Walter	Anglo-Américain
279	Web.	Webel	Allemand
280	Weig	Weig	Allemand
281	Wernis.	Wernischeck	

N° d'ordre	Abrév.	Noms	Nationalités.
282	Wib.	Wibel	Allemand
283	Wight	Wight	Anglais
284	Willd.	Willdenow	Anglais
285	Witt.	Witthering	Anglais
286	Wulf.	Wulfen	Allemand

Z

287	Zucc.	Zuccarini	Italien

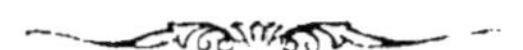

TABLE DES GENRES.

A

1 Abildgaardia(*Spreng.*) 259
119 Acratherum (*Link*) . . 114
2 Achnatherum (*P. de Beauvais*) 4-19
3 Achneria (*P.de Beauvais*) 19
4 Achnodonton (*P. de Beauvais*) 29
5 Acicarpa (*Raddi*) . . . 118
6 Actinochloa (*Roem.*) 132
7 Ægialina (*Schult.*) . . . 84
8 Ægialitis (*Trin.*) 84
193 Ægilops (*Lin.*) . . . 193
203 Ægopogon (*Willd.*) . . 207
88 Ærulopus (*Trin.*) . . 86
9 Agraulus (*P.de Beauvais*) 3
96 Agropyrum (*Roem., Gaertner*) 93
10 Agrosticula (*Raddi*) . 5
2 Agrostis (*Lin.*) 2
11 Aikinia (*Wahl.*) . . . 118
52 Aira (*Lin.*) 47
12 Airochloa (*Link*) . . . 84
53 Airopsis (*Desv.*) 48
13 Alloiatheros (*Ell.*) . . 126
112 Alloteropsis (*Presl.*) 108
55 Alopecurus (*Lin.*) . . 53
14 Amagris (*Raf.*) . . . 290
140 Ammophila (*Host.*) . . 137
76 Ampelodesmos (*Link*) 75
203 Amphicarpum (*Kunth*) 272
44 Amphipogon (*Brown*) 40
220 Anatherum (*P. de Beauvais*) 225
201 Adropogon (*Lin.*) . . 204
233 Androscepia (*Brong.*) 241

15 Anemagrostis(*Trin.*) 3
102 Anisopogon (*Brown*) . 99
158 Anthephora (*Schreb.*) . 154
115 Anthœnantia (*P. de Beauvais*) 111
155 Anthistiria (*Lin.*) . . . 151
16 Anthopogon (*Nut.*) . 126
173 Anthoxanthum (*Lin.*) . 171
17 Antinoria (*Parl.*) . . . 46
18 Antitragus (*Gaert.*) 25
19 Apera (*P. de Beauvais*) 3-19
234 Apluda (*Lin.*) 240
20 Aristella (*Bert.*) . . . 10
4 Aristida (*Lin.*) 6
217 Arrhenantherum(*P. de Beauvais*) 222
255 Arrozia (*Schrad.*) . . . 262
21 Arthratherum (*P. de Beauvais*) 7
22 Arthraxon (*P. de Beauvais*) 212
212 Arthropogon (*Nees*) . . 217
23 Arthrostachya (*Link*) 73
24 Arundarbor(*Rumph.* 256
245 Arundinaria (*Rich.*) . . 252
25 Arundinella (*Raddi*) 212
65 Arundo (*Lin.*) 60
177 Asprella (*Humb.*) . . . 175
233 Ataxia (*Brown*) 245
155 Atheropogon(*Willd.*) . 132
75 Avena (*Linn.*) 72
26 Aulaxanthus (*Ell.* 112-118
27 Aulaxia (*Nut.*) 112-118
28 Axonopus (*P. de Beauvais*) 3

Pages.

29 Baldingera (*Dam.*) . 103
30 Bambos (*Retz.*).... 182
182 Bambusa (*Schreb.*) . . 182
56 Beckmannia (*Host.*). . 51
248 Beesha (*Rheed.*) . . .255
149 Berchtoldia (*Presl.*) . 145
241 Bluflia (*Nees*). 248
31 Blumenbachia (*Koel.*) 205
32 Bouteloua (*Lagas.*). 132

Pages.

101 Brachylitrum (*Roem.*) 98
33 Brachypodium *Roem.* 68
34 Braconnotia *Gaudr.*. . 93
213 Brandtia (*Kunth*) . . .218
68 Briza (*Lin.*) 63
35 Brizopyrum *Link* . . 66
71 Bromus (*Lin.*) 67
36 Bruchmannia *Nat.* . 51

C

37 Cabrera (*Lagas.*).. 136
225 Cœlachne (*R. Brown*). 226
6 Calamagrostis(*Adans.*) 9
156 Calamina (*Roem.*). . .152
189 Calotheca (*Lin.*) . . .189
38 Campelia (*Link*) 56
39 Campuloa (*Gay*) . . . 196
40 Campulosus (*Nees*).. 196
60 Caryochloa (*Spreng.*). 54
50 Catabrosa(*P. de Beau-
vais*) 45
41 Catapodium *Reich.* 79
42 Catatherophora
(*Steud.*) 240
98 Cathestecum (*Presl.*). 94
232 Cenchrus (*P. de Beauvais*). 238
166 Centotheca (*Desv.*). . 164
43 Centrophorum *Trin.* 205
44 Ceratochloa (*Roem.*) 68
28 Ceresia (*Pers.*). . . . 27
45 Chætaria (*P. de
Beauvais*)......... 7
46 Chætium (*Nees*).... 220
24 Chætotropis (*Kunth*). 24
260 Chamæraphis(*Brown*) 269
40 Chamagrostis(*Borkh.*) 37
80 Chascolytrum (*Desv.*) 77
47 Chasmanthium(*Link*) 179
103 Chilochloa (*P. de
Beauvais*) 100
199 Chloris (*Swartz*) . . .301
72 Chœtobromus (*Nees*) . 69
38 Chœturus (*Link*) . . . 36
59 Chondrolaena (*Nees*) . 54

154 Chondrosium (*Desv.*). 131
48 Chrysopogon (*Trin.*) 205
49 Chrysurus (*P. de
Beauvais*).......... 190
164 Chusquea (*Kunth*) . . 162
8 Cinna (*Lin.*) 11
50 Cleomena (*Roem.*). . 19
51 Clomena(*P. de Beau-
vais*) 19
52 Coelorachis (*Brong.*) 142
264 Coix (*Lin.*). 274
54 Coleanthus (*Seidel*). . 32
226 Colladoa (*Cav.*) . . .231
53 Colobachne (*P. de
Beauvais*)........ 33
100 Colpodium (*Trin.*) . . 97
45 Cornucopia (*Lin.*) . . 41
54 Corycarpus (*Lagas.*) 195
51 Corynephorus (*P. de
Beauvais*). 46
184 Cottea (*Kunth*) 184
55 Crarpalia (*Schrank*). 94
25 Crypsis (*Ait.*) 25
56 Critesium (*Raf.*)... 124
195 Ctenium (*Panz.*). . . 196
57 Curtopogon (*P. de
Beauvais*)........ 7
58 Cuviera (*Koel.*).... 193
222 Cymbachne (*Retz.*). . .227
59 Cymbopogon(*Schult.*)152
130 Cynodon (*Rich.*). . . .127
190 Cynosurus (*Lin.*). . . .190
60 Czernya (*Presl.*)....234

D

Pages.

69 Dactylis (*Lin.*) 64
200 Dactyloctenium
   (*Willd.*) 203
   61 Dactylon 118
180 Danthonia (*D. C.*) . . .179
61 Deschampsia (*P. de
   Beauvais*) 56
271 Despretzia (*Kunth*). . 283
   62 Desvauxia (*P. de
   Beauvais*) 76
117 Deyeuxia (*Clar.*) . . .115
258 Diaphora (*Lour.*) . . .266
194 Diarrhena (*Raf.*) . . . 195
123 Diectomis (*P. de Beauvais*) 120
   63 Digitaria (*Haller*)118·136
   64 Digraphis (*Trin.*) . . 103

65 Dilepyrum (*Raf.*) . . 12
113 Dimeria (*Brown*) . . . 109
   66 Dineba (*Jacq.*) 52
   67 Dinebra (*Delile*) . . . 175
DIŒCÉES 286
   68 Diplachne (*Presl.*) . 79
   69 Diplocea (*Raf.*) 186
Diplopogon (*Brown*) . 290
Dipogonia (*P. de Beau-
   vais*) . . . . *id.*
   70 Disarrhenum (*Lab.*). 244
   71 Dischanthium
   (*Raeusch*) 205
   72 Distichlis (*Raf.*) . . . 66
   73 Donax (*P. de Beau-
   vais*) 61
65 Dupontia (*Brown*) . . 57

E

74 Eatonia (*Raf.*) 50
75 Echinalysium (*Trin.*) 82
189 Echinaria (*Desf.*) . . . 188
122 Echinochloa (*P. de
   Beauvais*) 119
225 Echinolaena (*Desv.*) . 230
103 Echinopogon (*P. de
   Beauvais*) 101
186 Ectrosia (*Brown*) . . . 186
162 Ehrharta (*Thunb.*) . . .159
91 Eleusine (*Gaert.*) . . . 88
146 Elionurus (*Willd.*) . . .142
192 Elymus (*Lin.*) 192
83 Elytrophorus (*P. de
   Beauvais*) 81

76 Enneapogon (*Desv.*) 199
77 Enodium (*Gaud.*) . . 187
39 Epicampes (*Presl.*) . . 36
78 Eragrostis (*P. de
   Beauvais*) 67
54 Eriachne (*Brown*) . . . 49
125 Erianthus (*Rich.*) . . .122
185 Eriochloa (*Humb.*) . . 149
15 Eriochrysis (*P. de
   Beauvais*) 16
79 Eriocoma (*Nut.*) . . . 10
80 Eriolytrum (*Desv.*). 118
144 Eulalia (*Kunth*). . . . 141
133 Eustachys (*Desv.*) . . 130
176 Eutriana (*Trin.*) . . . 174

F

82 Festuca *Lin.*) 78
81 Fibigia (*Koel.*) 128

191 Fingerhuthia (*Nees*). . 191

G

92 Gaudinia (*P. de Beau-
   vais*) 89
82 Goldbachia (*Trin.*) . 212

36 Gastridium (*P. de
   Beauvais*) 34
79 Glyceria (*Brown*) . . . 76

Pages

171 Graphephorum (*Desv.*) 169
 83 Greenia (*Nut.*)..... 13
244 Guadua (*Kunth*) . . 231
128 Gymnopogon (*P. de Beauvais*) 125

 84 Gymnosthicum (*Schreb.*)......... 173
233 Gymnotrix (*P. de Beauvais*) 239
273 Gynerium (*Humb.*) . . 286

H

 22 Haplachne (*Presl.*) . . 23
196 Harpechloa (*Kunth*) . 197
 30 Helcochloa (*Host.*) . . 29
 85 Helopus (*Nees*).... 147
 86 Helycotrichum (*Bes.*) 73
152 Hemarthria (*Brown*) . 148
 87 Hemisacris (*Steud.*). 62
HERMAPHRODITÉES VERÉES . 1
HERMAPHRODITÉES INCOM-PLÈTES 96
261 Heteropogon (*Roem.*) . 270
 88 Heterostega (*Desv.*). 175
270 Hexarrhena (*Presl.*) . 281
236 Hierochloa (*Gmel.*) . . 243

269 Hilaria (*Humb.*).... 280
272 Holboellia (*Wal.*). . . 284
208 Holcus (*Lin.*)..... 213
 89 Homolacenchrus (*Poll.*) 15
 90 Homoplitis (*Trin.*). 229
126 Hordeum (*Lin.*) . . . 123
268 Hydrochloa (*P. de Beauvais*) 278
249 Hydropyrum (*Link*) . . 287
132 Hymenachne (*Nees*). . 129
 91 Hymenothecium (*Lagas.*)............. 207
 92 Hypogynium (*Nees*) 205
 93 Hystrix (*Moench.*).. 176

I

215 Ichnanthus (*P. de Beauvais*) 220
143 Imperata (*Cyr.*) . . . 140

209 Isachne (*Brown*). . . 214
207 Ischaemum (*Lin.*). . . 211

J

 94 Jarava (*Ruiz.*)..... 10

 95 Joachimia (*Ten.*) . . 51

K

 96 Knappia (*Smith*)... 37

 85 Koeleria (*Pers.*).... 83

L

 97 Lachnagrostis (*Trin.*) 114
107 Lagurus (*Lin.*).... 103
161 Lamarckia (*Moench*).. 157
108 Lappago (*Schreb.*) . . 104
  1 Lasiagrostis (*Link*). . 1
 94 Lasiochloa (*Kunth*). . 91
 98 Lasiotrichos (*Lehm.*) 192
 99 Latipes (*Kunth*).... 96
 13 Leersia (*Soland.*). . . 14
 99 Lepeocercis (*Trin.*) 205

 58 Lepideilema (*Trin.*). . 55
233 Leptaspis (*R. Brown*). 263
 87 Leptochloa (*P. de Beauvais*) 85
100 Leptocoryphium (*Nees*)............ 113
101 Leptostachys (*Mer*) 86
 20 Leptothrium (*Kunth*) . 21
129 Lepturus (*Brown*) . . 126
102 Libertia (*Lejeu.*) ... 68

Pages.

21 Limnas (*Trin.*) 22
103 Limnetis (*Rich.*) . . 24
104 Lithachne (*P. de Beauvais*) 268
105 Lithagrostis (*Gaert.* 275
106 Lodicularia (*P. de Beauvais*) 149
97 Lolium (*Lin.*) 94

Pages.

183 Lophatherum (*Brong.*) 183
107 Lophocloa (*Reichen.* 84
114 Lucaea (*Kunth*) 110
108 Ludolphia (*Willd.*) 253
252 Luziola (*Juss.*) 261
204 Lycurus (*Humb.*) . . . 208
43 Lygeum (*Lin.*) 39

M

5 Macrochloa (*Kunth*) . . 8
109 Macronax (*Kunth*). 253
10 Maltebrunia (*Kunth*) . 12
110 Manisuris (*Lin.*) . . . 106
110 Matrella (*Pers.*) . . 31
111 Megastachya (*Roem.* 66
188 Melica (*Lin.*) 188
120 Melinis (*P. de Beauvais*) 116
112 Melocanna (*Trin.*) 182-256
113 Meoschium (*P. de Beauvais*) 212
154 Merostachys (*Spreng.*) 150
114 Mibora (*Ad.*) 38
115 Michelaria (*Dum.*). 68
26 Microchloa (*Brown*) . 26

165 Microlaena (*Brown*) . . 161
116 Miegia (*Nut.*) 253
117 Milinum (*Link*) . . . 258
116 Milium (*Lin.*) 112
178 Mnesithea (*Kunth*) . . 176
187 Molinia (*Mœnch*) . . . 187
49 Molineria (*Parl.*) . . . 44
210 Monachne (*P. de Beauvais*) 215
118 Monathera (*Raf.*) . 197
55 Monerma (*Roem.*) . . . 31
119 Monocera (*Ell.*) . . . 197
MONOICÉES 257
120 Monopogon (*Presl.*) 217
18 Muchlembergia (*Schreb.*) 18
121 Mygalurus (*Link*) . 79

N

42 Nardus (*Lin.*) 38
181 Nastus (*Juss.*) 180
122 Navicularia (*Raddi*) 221

141 Neurachne (*Brown*) . . 138
123 Neuroloma (*Raf.*). 64
37 Nowodworskya (*Presl.*) 35

O

124 Œdipachne (*Link*). 150
259 Olyra (*Lin.*) 267
231 Ophiurus (*Brown*) . . 237
173 Opizia (*Presl.*) 173
214 Oplismenus (*Kunth*) . 219
125 Oreochloa (*Link*) . . 83
104 Oropetium (*Trin.*) . . 101

167 Orthoclada (*P. de Beauvais*) 165
126 Orthopogon (*Brown*) 220
12 Oryza (*Lin.*) 14
9 Oryzopsis (*Rich.*) . . . 12
127 Otachyrium (*Nees*) . 118
128 Oxydenia (*Nut.*) . . . 86

P

Pages

129 Panicastrella (Mœnch) 156
121 Panicum (Lin.). . . . 117
197 Pappophorum (Schreb.). 198
151 Paractaenum (P. de Beauvais) 128
256 Pariana (Spreng.) . . 264
153 Paspalum (Lin.). . . 153
130 Pechea (Pourr.) . . 25
111 Peltophorus (Desv.) . 107
229 Penicillaria (Swartz). 233
228 Pennisetum (P. de Beauvais) 234
169 Pentameris (P. de Beauvais) 167
16 Pentapogon (Brown) . 17
240 Pentarrhaphis (Humb.) 247
45 Pereilema (Presl.) . . 42
131 Periballia (Trin.) . 47
205 Perobachne (Presl.) . 209
41 Perotis (Ait.). 38
106 Phalaris (Lin.) 102
250 Pharus (Lin.) 258
19 Phippsia (Brown) . . 20
29 Phleum (Lin.) 28
132 Pholiurus (Trin.) 127
142
246 Phragmites (Trin.). . 253

14 Piptatherum (P. de Beauvais) 13
133 Piptochaetium (Presl. 10
134 Pithecurus (Willd.) 205
163 Platonia (Kunth) . . . 163
135 Plazerium (Willd.) 16
242 Pleuraphis (Torr.) . . 249
127 Pleuroplitis (Trin.). . 124
81 Pleuropogon (Brown). 77
70 Poa (Lin.) 63
136 Podosaenium (Desv.) 5
223 Pogonatherum (P. de Beauvais) 228
237 Pogonopsis (Presl.). . 205
137 Pollinia (Spreng.). 120
POLYGAMÉES 204
142 Polyodon (Humb.) . . 139
31 Polypogon (Desf.) . . 50
147 Polyschistis (Presl.) . 143
198 Pommereulla (Lin.). . 200
138 Ponceletia (Petit-Thou.) 24
206 Potamophila (Brown). 210
139 Psionachne (Nees). 290
140 Psamma (Roem.). . 138
141 Psilatera (Link). . . 83
137 Psilurus (Trin.) . . . 134
48 Pterium (Desvaux) . . 43

R

89 Rabdochloa (P. de Beauvais) 87-202
142 Raddia (Bert.) . . . 268
143 Raphis (Lour.) . . . 205
144 Raspaila (Presl.) . . 35
51 Ratzeburgia (Kunth) . 147
55 Reboulea (Kunth). . . 50
145 Reidelia (Trin.) . . . 212
136 Reimaria (Fluegge). . 133

47 Remirea (Aublet). . . 42
146 Rettbergia (Raddi). 163
174 Reynaudia (Kunth) . . 172
216 Rhynchelytrum (Nees) 221
218 Rhytachne (Desv.) . . 223
147 Ripidium (Trin.). . 122
148 Roemeria (Roem.). 195
149 Rostraria (Trin.) 84
145 Rottboellia (Brown). 141

S

124 Saccharum (Lin). . . 121
150 Santia (Savi) 30

66 Schismus (P. de Beauvais) 61

Pages.

151 Schizachyrium (Nees)........ 205
109 Schizostachyum (Nees) 105
152 Schmidtia (Sternb.) 32
153 Schœnanthum (Rumph.)....... 205
27 Schœnefeldia (Kunth). 27
154 Schœnodorus (P. de Beauvais)....... 69
155 Schœnus (Lin.).... 25
156 Schultesia (Spreng.) 130
11 Sclerachne (R. Brown) 13
90 Sclerochloa (P. de Beauvais).... 87
86 Scleropoa (Gris.)... 84
157 Scolochloa (Koch). 61
172 Secale (Lin.)..... 170
158 Schima (Forsk.).. 212
78 Serrafalcus (Parl.).. 75
84 Sesleria (Ard.).... 82
227 Setaria (P. de Beauvais)........ 232
159 Sieglingia (Bernh.). 180
160 Sitanion (Raf.)... 193

Pages.

202 Sorghum (Persoon).. 205
23 Spartina (Schreb.).. 23
161 Sphenopus (Trin.) 79
274 Spinifex (Lin.).....288
162 Spodiopogon (Nees) 212
3 Sporobolus (Brown). 3
163 Stegosia (Lour.)... 142
164 Stemmatospermum (P. de Beauvais).. 184
224 Stenotaphrum (Trin.). 229
7 Stipa (Lin.)..... 10
165 Stipagrostis (Nees). 290
254 Strephium (Schrad.). 262
17 Streptachne (Brown). 17
166 Streptochæta (Schrad.)...... 53
170 Streptogyna (P. de Beauvais)......168
160 Streptostachys (P. de Beauvais).....156
167 Sturmia (Hoppe)... 37
168 Suardia (Schrank). 116
169 Syntherisma (Schrad.)....118-136

T

170 Tetrapogon (Desf.) 202
168 Tetrarrhena (Brown). 166
171 Thalasium (Spreng.)118
243 Thelepogon (Roth).. 249
172 Themeda (Forsk.). 152
230 Thouarea (Petit-Thouars)......236
219 Thrasya (Humb.)...224
173 Thysanachne (Presl.)........ 212
237 Torresia (P. de Beauvais)........244
174 Tozzettia (Savi)... 33
175 Trachynia (Link).. 92
176 Trachynotia (D. C.) 24
177 Trachypogon (Nees) 205
157 Trachys (Pers.)...155
178 Trachystachys (Dietr.)........ 154
179 Tragus (Nees).... 105
139 Triaena (Humb.)...136

148 Triathera (Desv.)...144
180 Trichachne (Nees). 118
181 Trichochloa (Roem.)....... 11-19
182 Trichodium (Presl.) 1
64 Trichœta (P. de Beauvais)........ 58
183 Tricholæna (Schult.)118
184 Trichoon (Roth.).. 61
259 Trichopteryx (Nees). 246
67 Tricuspis (P. de Beauvais)........ 62
185 Tridens (Schult.).. 186
186 Triglossum (Fesch.)253
74 Triodia (Brown)... 71
93 Triplasis (P. de Beauvais)........ 90
75 Tripogon (Roem.).. 70
262 Tripsacum (Lin.)...271
247 Triraphis (Brown)..254
118 Trisetaria (Forsk.)..114

Pages.

77 Trisetum (*Pers.*) . . . 74
211 Tristachya (*Nees*) . . 216
187 Tristigis (*Nees*) . . . 116

95 Triticum (*Lin.*) 92
188 Trochera (*P. de Beauvais*) 160

U

179 Uniola (*Lin.*) 178
189 Urachne (*Trin.*) . . . 3-16
185 Uralepsis (*Nut.*) . . . 185

180 Urochloa (*P. de Beauvais*) 146

V

62 Ventenata (*Koel.*) . . 57
190 Ventenatia (*Koel.*) 75
191 Vetiveria (*Trin.*) . . . 205

192 Vilfa (*Adans.*) . . . 4
193 Vulpia (*Link*) 79

W

57 Wangeinheimia (*Mœnch*) 52

194 Weingaertneria (*Bernh.*) 47
195 Windsoria (*Nut.*) . . 186

X

Xenochloa (*Lich.*) . . 291
266 Xerochloa (*Brown*) . . 276

196 Xystidium (*Trin.*) 38

Z

267 Zea (*Lin.*) 277
197 Zeocriton (*P. de Beauvais*) 124

265 Zeugites (*Willd.*) . . . 275
251 Zizania (*Lin.*) 259
32 Zoysia (*Willd.*) 31